新世纪高职高专
电气自动化技术类课程规划教材

U0735365

模拟电子技术及其应用

MONI DIANZI JISHU JIQI YINGYONG

新世纪高职高专教材编审委员会 组编

主 编 王成安 张君双 王 春

副主编 刘玉富 薛 蕊

主 审 王玉湘

大连理工大学出版社
DALIAN UNIVERSITY OF TECHNOLOGY PRESS

图书在版编目(CIP)数据

模拟电子技术及其应用 / 王成安,张君双,王春主编. — 大连:大连理工大学出版社,2010.6(2016.1重印)
新世纪高职高专电气自动化技术类课程规划教材
ISBN 978-7-5611-5607-0

Ⅰ. ①模… Ⅱ. ①王… ②张… ③王… Ⅲ. ①模拟电路－电子技术－高等学校－教材 Ⅳ. ①TN710

中国版本图书馆 CIP 数据核字(2010)第 115438 号

大连理工大学出版社出版
地址:大连市软件园路 80 号 邮政编码:116023
发行:0411-84708842 邮购:0411-84708943 传真:0411-84701466
E-mail:dutp@dutp.cn URL:http://www.dutp.cn
大连美跃彩色印刷有限公司印刷 大连理工大学出版社发行

幅面尺寸:185mm×260mm 印张:16.5 字数:399 千字
2010 年 6 月第 1 版 2016 年 1 月第 4 次印刷

责任编辑:吴媛媛 责任校对:王淑娟
封面设计:张 莹

ISBN 978-7-5611-5607-0 定 价:29.80 元

总　序

我们已经进入了一个新的充满机遇与挑战的时代,我们已经跨入了21世纪的门槛。

20世纪与21世纪之交的中国,高等教育体制正经历着一场缓慢而深刻的革命,我们正在对传统的普通高等教育的培养目标与社会发展的现实需要不相适应的现状作历史性的反思与变革的尝试。

20世纪最后的几年里,高等职业教育的迅速崛起,是影响高等教育体制变革的一件大事。在短短的几年时间里,普通中专教育、普通高专教育全面转轨,以高等职业教育为主导的各种形式的培养应用型人才的教育发展到与普通高等教育等量齐观的地步,其来势之迅猛,发人深思。

无论是正在缓慢变革着的普通高等教育,还是迅速推进着的培养应用型人才的高职教育,都向我们提出了一个同样的严肃问题:中国的高等教育为谁服务,是为教育发展自身,还是为包括教育在内的大千社会? 答案肯定而且唯一,那就是教育也置身其中的现实社会。

由此又引发出高等教育的目的问题。既然教育必须服务于社会,它就必须按照不同领域的社会需要来完成自己的教育过程。换言之,教育资源必须按照社会划分的各个专业(行业)领域(岗位群)的需要实施配置,这就是我们长期以来明乎其理而疏于力行的学以致用问题,这就是我们长期以来未能给予足够关注的教育目的问题。

众所周知,整个社会由其发展所需要的不同部门构成,包括公共管理部门如国家机构、基础建设部门如教育研究机构和各种实业部门如工业部门、商业部门,等等。每一个部门又可作更为具体的划分,直至同它所需要的各种专门人才相对应。教育如果不能按照实际需要完成各种专门人才培养的目标,就不能很好地完成社会分工所赋予它的使命,而教育作为社会分工的一种独立存在就应受到质疑(在市场经济条件下尤其如此)。可以断言,按照社会的各种不同需要培养各种直接有用人才,是教育体制变革的终极目的。

新世纪

随着教育体制变革的进一步深入,高等院校的设置是否会同社会对人才类型的不同需要一一对应,我们姑且不论。但高等教育走应用型人才培养的道路和走研究型(也是一种特殊应用)人才培养的道路,学生们根据自己的偏好各取所需,始终是一个理性运行的社会状态下高等教育正常发展的途径。

高等职业教育的崛起,既是高等教育体制变革的结果,也是高等教育体制变革的一个阶段性表征。它的进一步发展,必将极大地推进中国教育体制变革的进程。作为一种应用型人才培养的教育,它从专科层次起步,进而应用本科教育、应用硕士教育、应用博士教育……当应用型人才培养的渠道贯通之时,也许就是我们迎接中国教育体制变革的成功之日。从这一意义上说,高等职业教育的崛起,正是在为必然会取得最后成功的教育体制变革奠基。

高等职业教育还刚刚开始自己发展道路的探索过程,它要全面达到应用型人才培养的正常理性发展状态,直至可以和现存的(同时也正处在变革分化过程中的)研究型人才培养的教育并驾齐驱,还需要假以时日;还需要政府教育主管部门的大力推进,需要人才需求市场的进一步完善发育,尤其需要高职教学单位及其直接相关部门肯于做长期的坚忍不拔的努力。新世纪高职高专教材编审委员会就是由全国100余所高职高专院校和出版单位组成的旨在以推动高职高专教材建设来推进高等职业教育这一变革过程的联盟共同体。

在宏观层面上,这个联盟始终会以推动高职高专教材的特色建设为己任,始终会从高职高专教学单位实际教学需要出发,以其对高职教育发展的前瞻性的总体把握,以其纵览全国高职高专教材市场需求的广阔视野,以其创新的理念与创新的运作模式,通过不断深化的教材建设过程,总结高职高专教学成果,探索高职高专教材建设规律。

在微观层面上,我们将充分依托众多高职高专院校联盟的互补优势和丰裕的人才资源优势,从每一个专业领域、每一种教材入手,突破传统的片面追求理论体系严整性的意识限制,努力凸现高职教育职业能力培养的本质特征,在不断构建特色教材建设体系的过程中,逐步形成自己的品牌优势。

新世纪高职高专教材编审委员会在推进高职高专教材建设事业的过程中,始终得到了各级教育主管部门以及各相关院校相关部门的热忱支持和积极参与,对此我们谨致深深谢意,也希望一切关注、参与高职教育发展的同道朋友,在共同推动高职教育发展、进而推动高等教育体制变革的进程中,和我们携手并肩,共同担负起这一具有开拓性挑战意义的历史重任。

新世纪高职高专教材编审委员会

2001 年 8 月 18 日

前　言

　　《模拟电子技术及其应用》是新世纪高职高专教材编审委员会组编的电气自动化技术类课程规划教材之一。

　　随着电子技术的发展和高职教育要求的不断提高，现有的模拟电子技术教材中的有些内容已经不适应现代高职教育的需要，"以工作过程为导向，采用项目式任务驱动引领知识的学习"是高职教材改革的一大特色。在高职教学过程中，要特别重视技能的教学和训练。所以在此次编写的过程中，在知识内容和编写形式方面都做了很大改革，以实际项目引领知识学习，在具体任务中体现技能要求。

　　在各种电子新器件、新电路、新技术、新工艺如雨后春笋般涌现的今天，大规模集成电路已经被广泛应用，电子技术正朝着专用集成电路（ASIC）方向、硬件和软件合为一体的电子系统（CPLD 和 FPGA）方向发展，以硬件电路设计为主的传统设计方法，正朝着充分利用器件内部资源和外部引脚功能的设计方法转化。

　　高职教育培养的人才是面向生产第一线的技术型人才。这类人才不同于将学科体系转化为图纸和设计方案的工程技术人员，而主要是如何把方案和图纸转化为实物和产品的实施型高级技术人才，因此课程的教学内容必须要按照高职教育的培养目标来制定。只有培养学生会思考、会学习、会应用，才能使培养出的高职学生适应飞速发展的社会要求。

　　本教材在编写过程中着重于理论联系实际，主要突出了如下特点：

　　1. 电子技术作为一门专业基础性质的课程，既要有知识的连续性，又要有知识的先进性，所以在内容的安排上，除了包含模拟电子技术的基本内容外，还增加了模拟电子技术的发展和应用实例，将更多新技术介绍给大家。考虑到稳压电源在电子技术中的重要性，在教材中专门为其设立了一个项目。对于这些知识的处理，不是讲不讲而是怎样讲的问题。要遵循循序渐进的原则，由浅入深，深入浅出，从历史到现代，使电子技术教材的内容跟上时代的发展步伐。

新世纪

2. 在知识的讲解上,以"必须"和"够用"为原则。对典型电路进行分析时,不做过于繁杂的理论推导;对于电子器件着重介绍其外部特性和主要参数,重点放在其使用方法和实际应用上;对分立元件组成的电路尽可能精简,明确分立元件为集成电路服务的方向;对精选的集成电路主要介绍最新器件的型号、特点和典型应用。

3. 从高职教育的培养目标出发,在内容安排上突破了传统的模式,以项目为中心,在每个项目中明确提出了知识目标和技能目标,并精心设计了练习题,以方便教师和学生对该项目的学习效果进行检查;更有特色的是,结合每个项目的知识内容,精心安排了"实用资料"和"新器件和新技术"等内容,为学生提供了花钱少、取材方便、容易制作、有实用价值的电子电路和一些不容易查找的新资料,相信会对提高学生的电子技术技能和开拓学生的视野有所帮助,为学生迈入电子世界的大门起到引路的作用。

本教材既可作为高职高专院校的电气自动化及相关专业的教材,还可供中等专业学校学生或电子技术工程人员参考。

本教材由浙江工贸职业技术学院王成安教授、辽宁石化职业技术学院张君双和辽宁地质工程职业学院王春任主编,锦州师范高等专科学校刘玉富和青岛黄海职业学院薛蕊任副主编。具体编写分工如下:王成安编写绪论、项目1、项目10～12和附录;王春编写项目2～4;张君双编写项目5～7;刘玉富编写项目8～9;薛蕊参与了部分章节的编写。全书由王成安教授负责统稿和定稿。沈阳航空职业技术学院王玉湘老师和天津机电职业技术学院徐红英老师审阅了全书,并提出了许多宝贵的意见和建议,在此深表感谢! 本教材在编写过程中,参考了大量的资料和文献,在此对书后所列参考文献的各位作者表示诚挚的感谢!

尽管我们在《模拟电子技术及其应用》教材的特色建设方面做了许多努力,但由于作者水平所限,书中不妥之处在所难免,敬请兄弟院校的师生给予批评和指正。我们衷心盼望本教材能对有志于从事电子技术应用的读者有所帮助,请您把对本教材的意见和建议告诉我们,以便修订时改进。

编 者

2010 年 6 月

所有意见和建议请发往:dutpgz@163.com

欢迎访问教材服务网站:http://www.dutpbook.com

联系电话:0411-84707424 84706676

目　录

绪　论 ……………………………………………………………………… 1

项目1　晶体二极管及其应用 …………………………………………… 4
  1.1　半导体与PN结 ……………………………………………………… 8
  1.2　二极管及其应用 …………………………………………………… 10
  1.3　单相整流滤波电路 ………………………………………………… 20
  项目小结 …………………………………………………………………… 30
  项目练习题 ………………………………………………………………… 30

项目2　晶体三极管及其应用 …………………………………………… 33
  2.1　三极管的电流放大作用 …………………………………………… 36
  2.2　三极管的伏安特性和主要参数 …………………………………… 38
  2.3　三极管的型号命名法 ……………………………………………… 41
  2.4　三极管在电路中的应用 …………………………………………… 43
  2.5　特殊三极管 ………………………………………………………… 45
  项目小结 …………………………………………………………………… 48
  项目练习题 ………………………………………………………………… 48

项目3　场效应管及其应用 ……………………………………………… 49
  3.1　场效应管的类型和结构 …………………………………………… 50
  3.2　场效应管的检测方法 ……………………………………………… 56
  项目小结 …………………………………………………………………… 65
  项目练习题 ………………………………………………………………… 65

项目4　基本放大电路 …………………………………………………… 66
  4.1　三极管基本放大电路 ……………………………………………… 67
  4.2　场效应管基本放大器 ……………………………………………… 79
  4.3　多级放大器及其频率响应 ………………………………………… 80
  项目小结 …………………………………………………………………… 87
  项目练习题 ………………………………………………………………… 88

项目5　集成运放与负反馈放大器 ……………………………………… 91
  5.1　集成运算放大器 …………………………………………………… 92
  5.2　集成运放的发展和应用 …………………………………………… 96
  5.3　负反馈放大器 ……………………………………………………… 100
  项目小结 …………………………………………………………………… 111
  项目练习题 ………………………………………………………………… 112

项目6　集成运放的线性应用 …………………………………………… 113
  6.1　集成运放组成的基本运算放大电路 ……………………………… 113
  6.2　集成运放组成的运算电路在实际工程中的应用 ………………… 119
  项目小结 …………………………………………………………………… 127

项目练习题 …………………………………………………………………… 127

项目 7 集成运放的非线性应用 ……………………………………………… 130
7.1 集成运放组成的基本电压比较器 ……………………………………… 131
7.2 专用集成电压比较器 LM339 及其应用 ………………………………… 134
7.3 运算放大器与专用电压比较器的区别 ………………………………… 137
项目小结 …………………………………………………………………… 138
项目练习题 …………………………………………………………………… 139

项目 8 信号的产生和波形变换 ……………………………………………… 140
8.1 正弦波振荡器 …………………………………………………………… 141
8.2 非正弦信号振荡器 ……………………………………………………… 150
8.3 555 集成时基电路与应用 ……………………………………………… 152
8.4 5G8038 多种函数信号发生集成电路 …………………………………… 155
项目小结 …………………………………………………………………… 158
项目练习题 …………………………………………………………………… 158

项目 9 集成功率放大器及其应用 …………………………………………… 161
9.1 功率放大电路 …………………………………………………………… 164
9.2 集成功率放大器及其应用 ……………………………………………… 171
项目小结 …………………………………………………………………… 176
项目练习题 …………………………………………………………………… 176

项目 10 直流稳压电源的设计与装调 ……………………………………… 178
10.1 线性直流稳压电源 …………………………………………………… 180
10.2 非线性直流稳压电源 ………………………………………………… 188
10.3 脉宽调制控制型（PWM）集成电路 ………………………………… 197
项目小结 …………………………………………………………………… 204
项目练习题 …………………………………………………………………… 205

项目 11 收音机电路的安装、焊接与调试 ………………………………… 206
11.1 电子元器件装配前的加工 …………………………………………… 206
11.2 电子元器件的焊接 …………………………………………………… 210
11.3 工厂焊接设备与工艺 ………………………………………………… 218
项目小结 …………………………………………………………………… 232
项目练习题 …………………………………………………………………… 232

项目 12 正弦波信号发生器的安装、焊接与调试 ………………………… 233

附 录 模拟电子技术的基本实验 …………………………………………… 237
实验一 固定偏置式三极管放大器 ……………………………………… 237
实验二 带有负反馈的三极管放大器 …………………………………… 239
实验三 集成运放的线性应用 …………………………………………… 241
实验四 集成运放的非线性应用——电压比较器 ……………………… 244
实验五 正弦波信号发生器 ……………………………………………… 248
实验六 集成功率放大器 ………………………………………………… 249
实验七 直流稳压电源 …………………………………………………… 250

参考文献 ……………………………………………………………………… 254

绪 论

　　世纪交替,风云际会。世界正在受到新科技革命浪潮的冲击,科学技术正处在历史上最伟大的变革时期。在 20 世纪为人类生产和生活条件的改善作出巨大贡献的电子技术,仍然充当着新世纪高新技术的领头羊。电子技术的发展历史很短,迄今不过百年,却从根本上改变了世界的面貌。纵观电子技术的发展历程,炎黄子孙将感到振兴中华的责任重大而迫切,中国的科学技术面临着国情的挑战,面临着世界的挑战,面临着 21 世纪的挑战。

　　电子技术的发展大致可分为三个阶段。20 世纪 20 年代到 40 年代为第一阶段,以电子管为标志,由此促使了电子工业的诞生,发展了无线电广播和通讯产业。1946 年诞生的世界上第一台电子计算机(美国制造,名为 ENIAC)可以认为是这个阶段的典型代表和终极产品。虽然它的运算速度有 5000 次/秒,却是一个重为 28 吨、体积为 85 立方米、占地 170 平方米的庞然大物。它由 18000 个电子管组成,耗电 150 千瓦,其内部的连线总长可以绕地球20 圈。

　　1948 年,第一只半导体三极管的问世,标志着电子技术第二阶段的开始,掀起了电子产品向小型化、大众化和高可靠性、低成本进军的革命风暴。半导体进入电子领域,促进了无线广播电视和移动通讯的高度发展,使得计算机的小型化变为现实,导致了人造地球卫星遨游太空。电子产品逐渐由科研和军用领域向民用领域普及,极大地改善了人们的生活质量。

　　到 20 世纪 70 年代,集成电路的使用已经不再新奇,电子技术步入了第三个发展阶段。正是在这个阶段,电子技术飞速发展,各种电子产品如雨后春笋般涌现,世界进入了空前繁荣的电子时代。电子计算机朝着大型化和微型化发展,其应用领域由科研转向工业及各个行业,自动控制、智能控制得以真正实现,航天工业得到从未有过的发展。随着制造工艺的提高,在一块 36 平方毫米的硅片上制造 100 万只三极管已经不是梦想。1999 年美国英特尔公司宣布,其生产的奔腾 4CPU,在一块芯片上集成了 2975 万只三极管,使微型机的运算速度远远超过以往的大型计算机。掌上电脑已经问世,移动通讯已发展到全球通,数字式CDMA 通讯技术已非常成熟,手机已不再是奢侈品。笔记本电脑正在把人们的工作地点从办公室里解放出来。家用电器基本普及,使人们的生活质量大幅提高,中国古代传说中的"千里眼"和"顺风耳"都在电子技术的发展过程中变成现实。人们可以"上九天揽月",能够"下五洋捉鳖"。2003年,人类将高度智能化的火星探测器送上火星,研制成功了可用于修补大脑的集成电路芯片,量子计算机的基本电路也研制成功。这一切都有赖于电子技术的巨大成就。可以预料,在新的世纪里,电子技术仍将高速发展,其所能达到的水平和发展速度,无论你如何想象都不过分。

我国的电子工业在新中国成立前基本上是空白。新中国成立后,在一批归国科学家的引领下,于1956年自主生产出第一只半导体三极管,1965年生产出第一块集成电路,1983年研制出银河Ⅰ型亿次计算机,标志着中国的计算机行业迈入了巨型机的行列。1992年我国又研制出银河Ⅱ型十亿次计算机,1995年研制成功的曙光1000型并行处理计算机,其运行速度可达25亿次/秒。2003年,曙光4000L百万亿数据处理超级服务器研制成功,每秒峰值速度达到6.75万亿次。2009年,千万亿次/秒的数据处理超级计算机在国防科技大学研制成功,标志着中国的计算机设计与制造水平步入了世界最前沿。神舟5号、神舟6号和神舟7号载人飞船成功地进行了航天飞行,实现了中国人在太空漫步。我国的电子工业从无到有,从小到大,虽然起步晚,但起点高,现在我国家用电器的产量已居世界第一,质量提高也很快。神舟系列载人飞船的成功发射和回收,标志着我国在空间技术领域已跃居世界前列。这些成就的取得,电子技术功不可没。尽管如此,我国在电子核心元器件的生产和高级电子产品等方面,与发达国家相比还有较大差距。努力缩小差距,赶超世界先进水平,这正是历史赋予我们这一代人的光荣使命。

电子技术的知识范围很广,其分支也很多,有些分支已发展成为一门独立的学科,如计算机、单片机、晶闸管、可编程控制器等。但这些学科的知识基础仍然是电子技术。

从对信号的处理方式上来分,电子技术可分成模拟电子技术和数字电子技术。模拟电子技术是研究使用硅、锗等半导体材料做成的电子器件组成的电子电路,对连续变化的电信号(如正弦波)进行控制、处理的应用科学技术。比如我们日常生活中使用的固定电话、收音机、电视机等都属于模拟电子技术应用的产品。数字电子技术是研究处理二值数值信号的应用科学技术。像VCD机、DVD机、数码照相机、数码摄像机和计算机都是数字电子技术应用的典型产品。现代电子技术的发展,已经将模拟电子技术和数字电子技术融为一体,在一个电路甚至是一个芯片中,将模拟信号和数字信号同时进行处理,比如移动通信所使用的手机,就是将语音这样的模拟信号进行数字化处理后再发射出去。

从电子技术所包含的内容上来分,电子技术可以分成电子元器件和电子电路两部分。在电子元器件这部分内容中,主要研究各种电子元器件的结构、特点、主要参数和生产工艺,其设计和制造属于电子技术的一个重要领域,但不在本书的研究范围内。电子电路是把电子元器件按照对电信号处理的要求进行一定的连接,以实现预定的功能。

高等职业技术院校电类专业的学生都必须学习模拟电子技术这门课,这是电子技术入门性质的课程。这本教材将把现代电子技术中最需要的基础内容加以阐述,当然也要涉及到一些电子技术在生产和生活方面的实际应用。我们要学习现代电子技术中的基本概念和基本原理,学习基本的电子电路和新型的电子电路,掌握电子电路的分析方法,认识和使用现代电子技术中常用的电子元器件和新型元器件,要学习现代电子电路设计的新思想和新方法,了解现代电子技术的新工艺和新技术,还要学习电子电路中常用的传感器件,学会读电子电路图,这样才能掌握比较扎实的电子技术基础,为学习电子技术专业课打下良好的基础。

电子技术是一门实践性很强的课程,我们要在学习理论的基础上,多参与实践,通过做电子实验和参加电子技能实训,学习和掌握电子技术方面的基本技能。同学们通过学习电子技术要达到四会:会认识和检测常用电子元器件;会认识和分析常用基本电子电路;会焊接和安装小型电子电器产品;会调试和维护小型电子系统。

通过实践你会发现,电子技术就在你的身边,学习电子技术,会激起你的极大兴趣,会给你带来无穷的欢乐。让我们共同遨游在电子世界的海洋里,为社会的发展和进步,为人类生活得更加美好,做一名合格的建设者。当然,你也会分享到社会进步带给你的幸福。

晶体二极管及其应用

【**知识目标**】

1. 了解半导体的基本知识,理解 PN 结的单向导电性。

2. 熟悉二极管的电路符号和特性。

3. 熟悉整流二极管和发光二极管的实际应用。

4. 了解其他类型的二极管。

5. 熟悉用万用表检测二极管的方法。

【**技能目标**】

1. 能用目视法判断识别常见二极管的种类,能正确说出各种二极管的名称。

2. 对二极管上标识的型号能正确识读,了解该二极管的作用和用途。

3. 会用万用表对各种二极管进行正确测量,并对其质量做出评价。

4. 会按照电路图连接使用二极管进行整流的实用电路。

【**学习方法**】

通过对各种二极管实物进行认识和检测,学习了解二极管的特点,判别二极管质量的好坏。通过亲自连接一些使用二极管的实际电路,掌握二极管的技术指标和用途。

【**实施器材**】

1. 各种类型、不同规格的新二极管若干。

2. 各种类型、不同规格的已经损坏的二极管若干(可到电子产品维修部寻找)。

3. 每两个人配备指针式万用表和数字式万用表各一只。

4. 在连接电路中用到的其他电子元器件。

【**初识二极管**】

一向沉默于世的半导体自从诞生了二极管和三极管,顿时身价倍增,竟然成为引领世界技术革命的急先锋。你认识二极管吗？其实它就在你的身边,至少如图 1-1 右边所示的两个发光二极管,你会在各种家用电器的面板上见过它们,一般是用来做电源指示灯的。你也许使用过电褥子,实际上你只要把电褥子的开关打到保温挡,就把一个如图 1-1 左下角所示的一个二极管串在了电路里,电褥子消耗的电功率就可大约降为原来的五分之一,电褥子也就不那么热了。

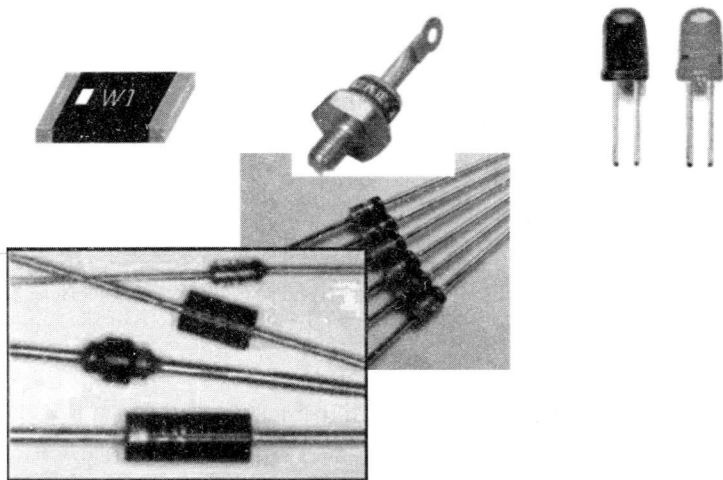

图 1-1　常用二极管的外形

别小看这些二极管,现代世界还真是离不开它们。人们日常使用的手机、MP3 和 MP4,里面都有二极管的身影。电视机、DVD 机、功率放大器等家用电器,表面上看是使用交流 220 V 电压供电,但实质上,在这些家用电器的内部,都是使用了二极管,才把交流电变成直流电,为电子电路的工作提供电源。就连用来给手机充电的充电器,里面也离不开二极管,否则充电器就不能给电池充电了。二极管的作用远不止这些,学习了关于二极管方面的知识,再结合各种实际电路亲手做一下,就会发现:原来二极管的用途还真多,学习电子技术也并不难,电子技术就在你的身边。

【现学现用】

在二极管的外壳上均印有一些字母、数字和符号,它们是用来表示二极管的型号和正负极的。表示二极管正负极的标记方法有箭头、色点和色环三种。用箭头表示二极管的正负极时,箭头所指方向为二极管的负极;通常标有白色或红色色点的一端是二极管的正极;1N40×× 系列二极管上大多标有黑色或银色的色环,靠近色环的一端是二极管的负极。

要注意的是,有些厂家的标记方法例外,这时最好用万用表测量一下再做出判断。

用万用表的欧姆挡对二极管的正负极和质量进行判别,具体过程如下:

(1)判别二极管的极性

将指针式万用表的挡位选在 $R\times 1$ k 挡,两只表笔分别接二极管的两个电极。若测出的电阻值较小(硅管为几百 Ω~几千 Ω,锗管为 100 Ω~1 kΩ),表示二极管处在正向导通状态,此时黑表笔接的是二极管的正极,红表笔接的则是负极;若测出的电阻值较大(几十 kΩ~几百 kΩ),为反向截止,此时红表笔接的是二极管的正极,黑表笔接的则是负极。

(2)判别二极管的好坏

可通过测量正、反向电阻来判断二极管的好坏。一般小功率硅二极管正向电阻为几百 kΩ~几千 kΩ,锗管为 100 Ω~1 kΩ。二极管的反向电阻均应为 200 kΩ 以上,接近无穷大为最好。

(3)判别制作二极管的材料是硅还是锗

制作二极管的材料一般使用单晶硅或者单晶锗,用这两种材料制作的二极管在导通时压降不同,硅材料二极管的正向导通压降是 $0.6 \sim 0.7$ V,锗材料二极管的正向导通压降是 $0.1 \sim 0.3$ V。

可以用数字式万用表直接测量出二极管的材料,将数字式万用表的挡位选在测量二极管的挡位上,当表的屏幕上有数字显示但不是"1"时,此时表上显示的数值就是二极管的正向导通压降,根据显示的数值大小,马上就能判断出该二极管的材料。

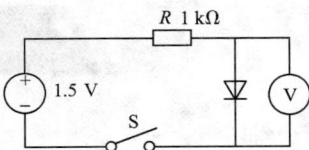

图 1-2　二极管材料判别接线图

也可以将二极管接在一个电源回路中,如图 1-2 所示。合上电源开关,二极管处于导通状态,这时用万用表测出二极管两端的正向压降值,即可判断出该二极管的材料。

【识别与检测】

对各种二极管进行实物认识,读出印刷在二极管上的字母和数字,填在表 1-1 中。

表 1-1　　　用指针式万用表对二极管的正向电阻和反向电阻进行测量的记录表

序号	二极管上的字母和数字	正向电阻值	反向电阻值	万用表挡位	二极管质量判断	备注
1						
2						
3						
4						
5						
6						

(1)将指针式万用表的挡位选择在 $R \times 1$ k 挡,对各种类型的二极管进行测量。每个二极管进行两次检测,分别测量出二极管的正向电阻值和反向电阻值,将测量值填在表 1-1 中。万用表与二极管的连接方法如图 1-3 所示。

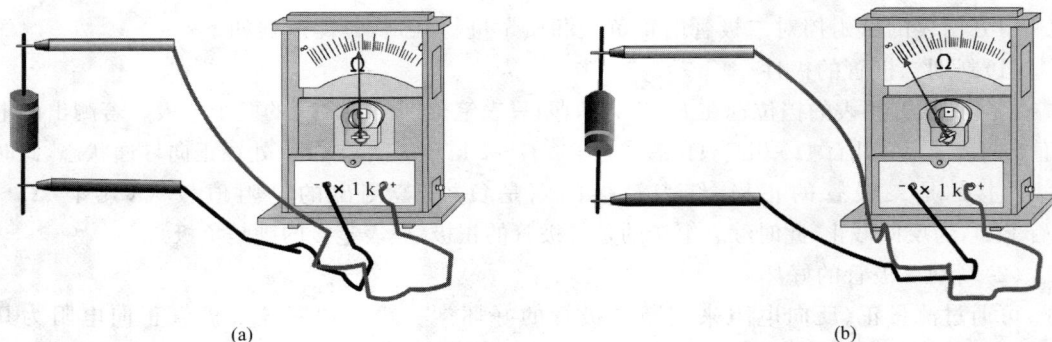

(a)　　　　　　　　　　　　　　　　(b)

图 1-3　用万用表对二极管正向电阻和反向电阻进行测量的连接方法

(2)将数字式万用表的挡位选择在测量二极管的挡位,对各种类型的二极管进行测量,测量出二极管的正向电阻、反向电阻和正向导通压降,将测量值填在表 1-2 中。

表 1-2　用数字式万用表对二极管的正向电阻、反向电阻和正向导通压降进行测量的记录表

序号	二极管上的字母和数字	正向电阻值	反向电阻值	万用表挡位	正向导通压降	二极管材料判断
1						
2						
3						
4						
5						
6						

【实验演示】　利用二极管的单向导电性控制用电器的实际功率

利用二极管的单向导电性,可以把交流电变成直流电,如果采用如图 1-4 所示电路,则输出的直流电压的平均值大约是输入交流电压有效值的一半,利用这一特点可以实现对用电器的功率控制。在这个图中,已经把实际的二极管用一个图形符号表示出来了。人们日常生活中使用的床头灯、电火锅、电褥子,都属于电热产品,当不需要它们工作在额定功率时,可以将其实际功率变为额定功率的大约五分之一。用一个白炽灯泡作为负载时,其亮暗的变化程度非常明显,可以清楚地看到功率控制的作用。

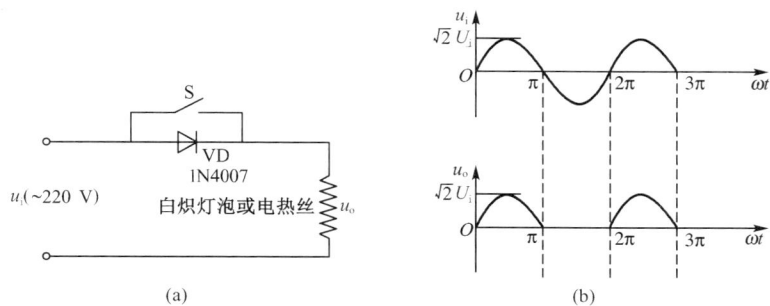

图 1-4　简单实用的功率控制电路和二极管前后的电压波形图

用双踪示波器同时将二极管前后的波形显示出来,能非常明显地看出,交流电已经变成了脉动的直流电,交流电的正半周通过了二极管,而交流电的负半周没有通过二极管,所以说,二极管具有单向导电性。正是利用了这个特点,用电器的实际功率大大减小了。

图 1-4 中的开关可以买一个常见的拉线开关或是按键开关,将二极管接在开关的两个接线柱上,不用考虑正负极。二极管的型号要看被控电器的功率而定,对于家用的床头灯、电热毯而言,选取 1N4004 或者是 1N4007 即可,其耐压分别为 400 V 和 1000 V,允许通过的正向电流为 1 A,对于额定功率在 200 W 以下的用电器都能满足要求。若用电器是一个电火锅,其额定功率一般在 1000 W 左右,可以选用两只 1N5404 或五只 1N4007 并联使用(要注意正极和正极相接),只要电流能满足要求就行。将开关串接在原来用电器电源线中

的一根导线上，可以实现功率控制的用电器就改造成功了。花上不到两元钱，就改造了一个用电器，是不是很实用啊？

【知识链接】

1.1　半导体与 PN 结

自然界中的物质，按其导电能力可分为导体、半导体和绝缘体。金、银、铜、铝等金属材料是导体，塑料、陶瓷、橡胶等材料是绝缘体，这些材料在电力系统中得到了广泛的应用。还有一些物质如硅、锗等，它们的导电能力介于导体和绝缘体之间，被称为半导体。20 世纪 40 年代，科学家在实验中发现半导体材料具有一些特殊的性能，并制造出性能优异的半导体器件，从而引发了电子技术的飞跃。

1.1.1　本征半导体

纯净的半导体被称为本征半导体。本征半导体需要用复杂的工艺和技术才能制造出来，半导体器件的制造首先要有本征半导体，这也是半导体材料没有导体和绝缘体材料应用早的原因。目前用于制造半导体器件的材料主要有硅（Si）、锗（Ge）、砷化镓（GaAs）、碳化硅（SiC）和磷化铟（InP）等，其中以硅和锗最为常用。硅和锗都是四价元素。

1. 本征半导体中的两种载流子——电子和空穴

在室温下，本征半导体中的少数价电子因受热而获得能量，摆脱原子核的束缚，从共价键中挣脱出来，成为自由电子。与此同时，失去价电子的硅或锗原子在该共价键上留下了一个空位，这个空位称为空穴。电子与空穴是成对出现的，所以称为电子-空穴对。在室温下，本征半导体内产生的电子-空穴对数目很少。当本征半导体处在外界电场中时，其内部自由电子逆外电场方向作定向运动，形成漂移电子流；空穴顺外电场方向作定向运动，形成漂移空穴流。自由电子带负电荷，空穴带正电荷，它们都对形成电流作出贡献，因此称自由电子为电子载流子，称空穴为空穴载流子。本征半导体在外电场的作用下，其电流为电子流与空穴流之和。

2. 本征半导体的热敏特性和光敏特性

实验发现，本征半导体受热或光照后其导电能力大大增强。

当温度升高或光照增强时，本征半导体内的原子运动加剧，有较多的电子获得能量成为自由电子，即电子-空穴对增多，所以本征半导体中电子-空穴对的数目与温度或光照有密切关系。温度越高或光照越强，本征半导体内的载流子数目越多，导电性能越强，这就是本征半导体的热敏特性和光敏特性。利用这种特性就可以做成各种热敏元件和光敏元件，它们在自动控制系统中有广泛的应用。

3. 本征半导体的掺杂特性

实验发现，在本征半导体中掺入微量的其他元素，会使其导电能力大大加强。例如，在硅本征半导体中掺入百万分之一的其他元素，它的导电能力就会增加一百万倍。这就是本征半导体的掺杂特性。掺入的微量元素称为杂质，掺入杂质后的本征半导体称为杂质半导体。杂质半导体有 P 型半导体和 N 型半导体两大类。

(1)P型半导体

如果在本征半导体中掺入微量三价元素,如硼(B)、铟(In)等,在半导体内就产生了大量空穴,这种半导体叫做P型半导体。

在P型半导体中,空穴是多数载流子,简称"多子",电子是少数载流子,简称"少子"。但整个P型半导体是呈现电中性的。

P型半导体在外界电场作用下,空穴电流远大于电子电流。P型半导体是以空穴导电为主的半导体,所以它又称为空穴型半导体。

(2)N型半导体

如果在本征半导体中掺入微量五价元素,如磷(P)、砷(As)等,在半导体内就会产生许多自由电子,这种半导体叫做N型半导体。

在N型半导体中,电子载流子数远大于空穴数,所以电子是N型半导体中的多子,空穴是N型半导体中的少子。但整个N型半导体是呈现电中性的。N型半导体在外界电场作用下,电子电流远大于空穴电流。N型半导体是以电子导电为主的半导体,所以它又称为电子型半导体。

半导体中多子的浓度取决于掺入杂质的多少,少子的浓度与温度有密切的关系。

1.1.2 PN结

单纯的一块P型半导体或N型半导体,只能作为一个电阻元件。但是如果把P型半导体和N型半导体通过一定的制作工艺结合起来就形成了PN结。PN结是构成半导体二极管、半导体三极管、晶闸管、集成电路等众多半导体器件的基础。

1.PN结的形成

在一块完整的本征硅(或锗)片上,用不同的掺杂工艺使其一边形成N型半导体,另一边形成P型半导体,在这两种杂质半导体的交界面附近就会形成一个具有特殊性质的薄层,这个特殊的薄层就是PN结。PN结的形成如图1-5所示。

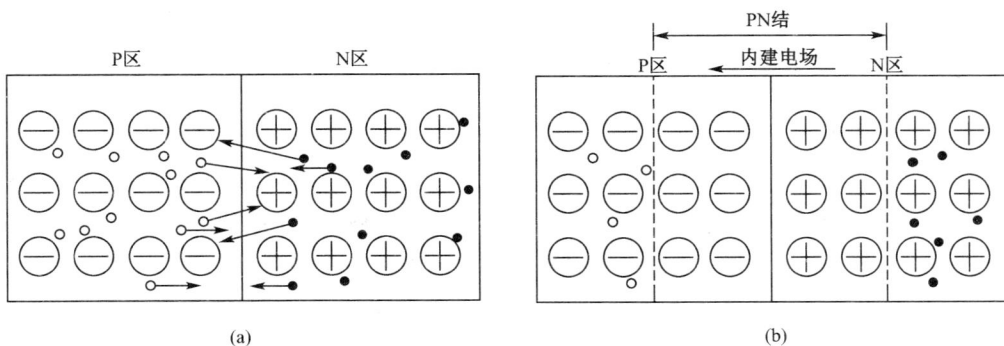

图1-5 PN结的形成

2.PN结的单向导电性

如图1-6所示,是演示PN结单向导电性的实验电路图。

(1)在PN结上加正向偏置

在PN结两端加上电压,称为给PN结偏置。如果将P区接电源的正极,N区接电源的

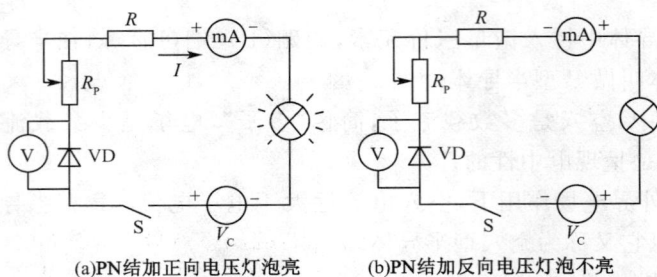

(a)PN结加正向电压灯泡亮　　　　　(b)PN结加反向电压灯泡不亮

图1-6　PN结单向导电性的实验电路图

负极,称为加正向偏置,简称正偏,如图1-6(a)所示。

实验表明:此时在电路中形成较大的电流,电流由 P 区流向 N 区,PN 结呈现导通状态,电灯泡发出亮光。这种现象称为 PN 结的正向导通。

(2)在 PN 结上加反向偏置

如果将 P 区接电源的负极,N 区接电源的正极,则称为加反向偏置,简称反偏,如图1-6(b)所示。

实验表明:此时在电路中只有微小的电流,PN 结呈现截止状态,电灯泡没有发出亮光,这种现象称为 PN 结的反偏截止。

【重要结论】 PN 结加正向电压时导通,加反向电压时截止,所以 PN 结具有单向导电性。

1.2　二极管及其应用

在 PN 结的两端引出金属电极,外加玻璃、金属或用塑料封装,就做成了半导体二极管。

1.2.1　二极管的结构和符号

1.二极管的结构和图形符号

由于用途不同,二极管的外形各异,几种常见二极管的外形和通用图形符号如图 1-7所示。

二极管的结构按 PN 结的制造工艺方式可分为点接触型、面接触型和平面型三种。点接触型二极管 PN 结的接触面积小,不能通过很大的正向电流和承受较高的反向电压,但它的高频性能好,适宜于在高频检波电路和小功率电路中使用;面接触型二极管 PN 结的接触面积大,可以通过较大电流,能承受较高的反向电压,适宜于在整流电路中使用;平面型二极管适宜用作大功率开关管,在数字电路中有广泛的应用。二极管的结构示意图如图 1-8所示。

2.二极管的电极和文字符号

二极管有两个电极,由 P 区引出的电极是正极,由 N 区引出的电极是负极。在二极管图形符号中的三角箭头方向表示二极管中正向电流的方向,正向电流只能从二极管的正极流入,从负极流出。二极管的文字符号在国际标准中用 VD 表示。

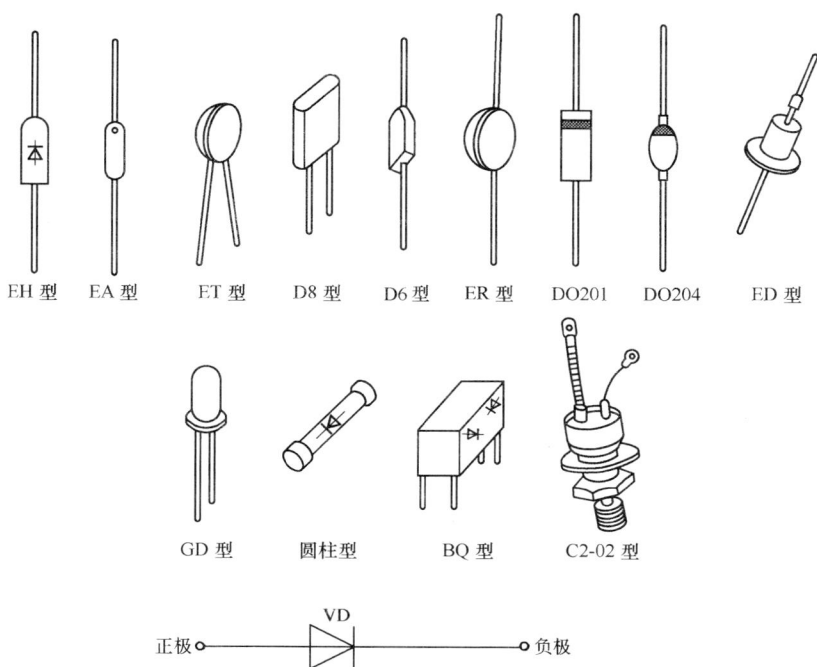

EH 型　EA 型　ET 型　D8 型　D6 型　ER 型　DO201　DO204　ED 型

GD 型　　圆柱型　　BQ 型　　C2-02 型

图 1-7　几种常见二极管的外形和通用图形符号

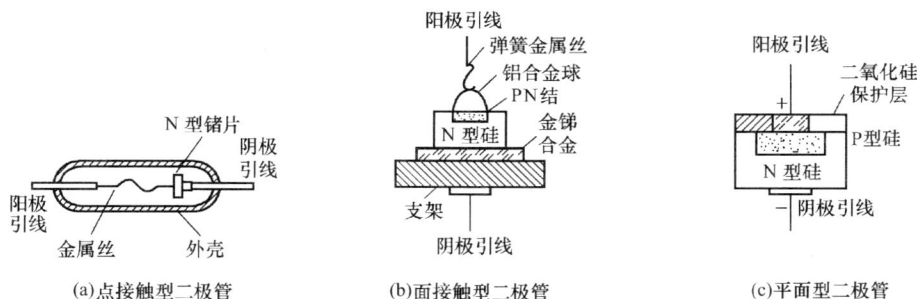

(a)点接触型二极管　　(b)面接触型二极管　　(c)平面型二极管

图 1-8　二极管的结构示意图

1.2.2　二极管的伏安特性

二极管的主要特点是单向导电性,可以通过实验来认识二极管两端的电压和流过二极管电流的关系。由实验所得到的一组数据,见表 1-3。

表 1-3　　　　　　　　　　　　　2CP31 型二极管的实验数据

电压/mV	0	100	500	550	600	650	700	750	800
电流/mA	0	0	0	10	60	85	100	180	300
电压/V	0	−1	−2	−6	−9	−12	−12.5	−12.8	−13.0
电流/μA	0	10.0	10.0	10.0	10.0	25.0	40.0	150	300

将实验数据在坐标纸上标出,并连成线,就得到了 2CP31 型二极管的伏安特性曲线。伏安特性是表示二极管两端的电压和流过二极管电流之间的关系。

如图 1-9 所示,为标准硅二极管和锗二极管的伏安特性曲线。

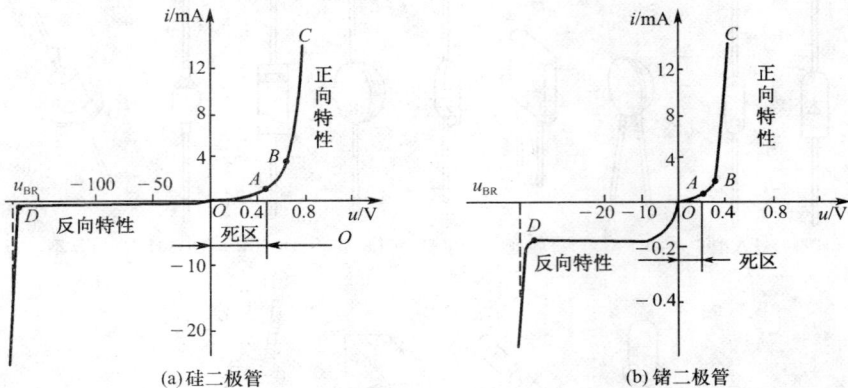

图 1-9　二极管的伏安特性曲线

【伏安特性曲线分析】

1. 正向特性(二极管加正向电压时的电流-电压关系)

OA 段:当外加正向电压较小时,正向电流非常小,近似为零。在这个区域内二极管实际上还没有导通,二极管呈现的电阻很大,该区域常称为"死区"。硅二极管的死区电压约为 0.5 V,锗二极管的死区电压约为 0.1 V。

过 A 点后:当外加正向电压超过死区电压后,正向电流开始增加,但电流与电压不成比例。当正向电压大于 0.6 V 以后(对锗二极管,此值约为 0.2 V),即 B 点之后,正向电流随正向电压增加而急速增大,基本上是线性关系。这时二极管呈现的电阻很小,可以认为二极管是处于充分导通状态。在 BC 区域内,硅二极管的导通压降约为 0.7 V,锗二极管的导通压降约为 0.3 V。但是流过二极管的正向电流需要加以限制,不能超过规定值,否则会使 PN 结过热而烧坏二极管。

2. 反向特性(二极管加反向电压时的电流-电压关系)

OD 段:在外加反向电压下,反向电流的值很小,且几乎不随电压的增加而增大,此电流值被叫做反向饱和电流。此时二极管呈现很高的电阻,近似处于截止状态。硅二极管的反向电流比锗二极管的反向电流小,约在 1 μA 以下,锗二极管的反向电流达几十微安甚至几毫安以上。这也是现在硅二极管应用比较多的原因之一。

过 D 点后:反向电压稍有增大,反向电流就急剧增大,这种现象称为反向击穿。二极管发生反向击穿时所加的电压叫做反向击穿电压。一般的二极管是不允许工作在反向击穿区的,因为这将导致 PN 结反向导通而失去单向导电的特性。

【结论】　二极管的伏安特性是非线性的,二极管是一种非线性元件。在外加电压取不同值时,就可以使二极管工作在不同的区域。

二极管的伏安特性对温度很敏感。实验发现,随着温度的升高,二极管的正向压降将减小,即二极管正向压降有负温度系数,负温度系数约为 -2 mV/℃;二极管的反向饱和电流随温度的升高而增加,温度每升高 10 ℃,二极管的反向饱合电流约增加一倍。实验还发现,二极管的反向击穿电压随温度升高而降低。二极管的温度特性对电路的稳定是不利的,在实际应用中要加以克服。但人们却可以利用二极管的温度特性,对温度的变化进行检测,从而实现对温度的自动控制。

【实用资料】　国产半导体二极管型号命名法

根据国家标准 GB/T 249－1989,半导体二极管的型号由五个部分组成:

第一部分:用阿拉伯数字表示器件的电极数目,规定:2 代表二极管。

第二部分:用汉语拼音字母表示器件的材料和类型,规定:A、B 是锗材料,C、D 是硅材料。

第三部分:用汉语拼音字母表示器件的类别,如:P 普通小信号管;Z 整流管;K 开关管;W 稳压管等。

第四部分:用阿拉伯数字表示序号,反映了管子在极限参数、直流参数和交流参数等方面的差别。

第五部分:用汉语拼音字母表示规格,反映了管子承受反向击穿电压的程度。 如 A、B、C、D⋯,其中 A 承受的反向击穿电压最低,B 次之⋯。

国产半导体二极管器件的型号命名法及意义见表 1-4。

表 1-4　　　　　　　　　国产半导体二极管器件的型号命名法及意义

第一部分		第二部分		第三部分		第四部分	第五部分
用数字表示器件的电极数目		用字母表示器件的材料和类型		用字母表示器件的类别		用数字表示序号	用字母表示规格
符号	意义	符号	意义	符号	意义	意义	意义
2	二极管	A	N 型,锗材料	P	普通小信号管	反映了管子在极限参数、直流参数和交流参数等方面的差别	反映管子承受反向击穿电压的程度。其规格号为 A、B、C、D⋯,其中 A 承受的反向击穿电压最低,B 次之⋯
		B	P 型,锗材料	V	混频检波器		
		C	N 型,硅材料	W	稳压管		
		D	P 型,硅材料	C	变容器		
				Z	整流管		
				S	隧道管		
				GS	光电子显示器		
				K	开关管		
				T	半导体闸流管		
				Y	体效应器件		
				B	雪崩管		
				J	阶跃恢复管		
				CS	场效应器件		
				BT	半导体特殊器件		
				PIN	PIN 管		
				GJ	激光管		

1.2.3　二极管的主要参数

在实际应用中,常用二极管的参数来定量描述二极管在某一方面的性能。

二极管的主要参数有:

1. 最大整流电流 I_F

最大整流电流 I_F 是指二极管长期工作时允许通过的最大正向平均电流。I_F 与二极管的材料、PN 结面积及散热条件有关。点接触型二极管的 I_F 较小，面接触型二极管的 I_F 较大。在实际使用时，流过二极管最大正向平均电流不能超过 I_F，否则二极管会因过热而损坏。

2. 最大反向工作电压 U_{RM}

最大反向工作电压 U_{RM} 是指二极管在工作时所能承受的最大反向电压值。通常以二极管反向击穿电压的一半作为二极管的最大反向工作电压，二极管在实际使用时的电压不应超过此值，否则当温度变化较大时，二极管就有发生反向击穿的危险。

此外，二极管还有结电容和最高工作频率等许多参数，在具体使用时，要查阅相关的半导体器件手册。

【实用资料】 1N40××系列硅二极管的主要参数

1N40××系列硅二极管是近年来被广泛使用的电子元件，其主要参数见表 1-5。

表 1-5　　　　　　　　　　　1N40××系列硅二极管的主要参数

参数 型号	最大反向工作电压 U_{RM}/V	额定整流电流 I_F/A	最大正向压降 U_{FM}/V	最高结温 T_{JM}/℃	封装形式	国内对照型号
1N4001	50					
1N4002	100					
1N4003	200					
1N4004	400	1.0	≤1.0	175	DO-41	2CZ11～2CZ11J
1N4005	600					2CZ55B～M
1N4006	800					
1N4007	1000					
1N5391	50					
1N5392	100					
1N5393	200					
1N5394	300					
1N5395	400	1.5	≤1.0	175	DO-15	2CZ86B～M
1N5396	500					
1N5397	600					
1N5398	800					
1N5399	1000					
1N5400	50					
1N5401	100					
1N5402	200					
1N5403	300					2CZ12～2CZ12J
1N5404	400	3.0	≤1.2	170	DO-27	2DZ2～2DZ2D
1N5405	500					2CZ56B～M
1N5406	600					
1N5407	800					
1N5408	1000					

1.2.4 二极管的实际应用

二极管是电子电路中最常用的元件。利用其单向导电性及导通时正向压降很小的特点，来进行整流、检波以及对其他元器件进行保护等，在数字电路中则将二极管当作开关来使用。

1. 整流

所谓整流，就是将交流电变成脉动直流电。利用二极管的单向导电性可组成单相和三相整流电路，再经过滤波和稳压，就可以得到平稳的直流电。整流二极管的外形如图 1-10 所示。二极管在整流电路中的具体应用在后面还要详述。

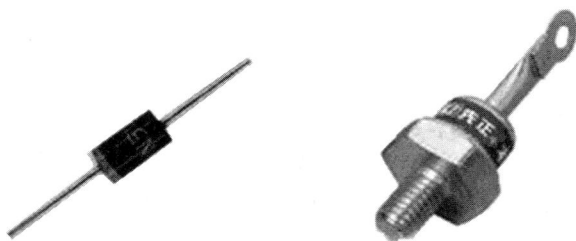

图 1-10 整流二极管的外形

2. 检波

在收音机和电视机中，需要将音频信号和视频信号从载波中分离出来，这个任务就叫做检波，承担检波任务的主要元件就是二极管。检波二极管的结构和外形如图 1-11 所示。用二极管实现检波的电路和波形图如图 1-12 所示。

图 1-11 检波二极管的结构和外形

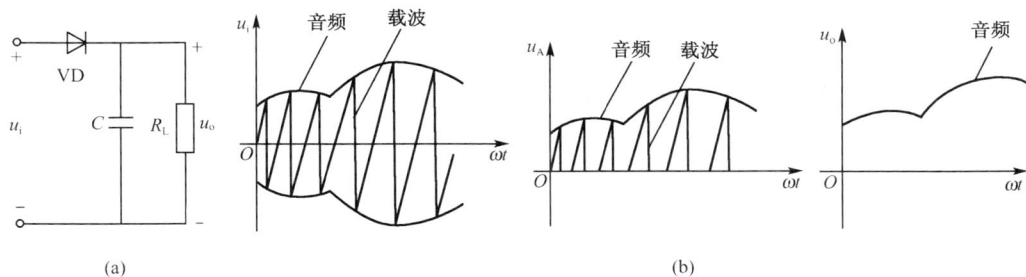

图 1-12 用二极管实现检波的电路和波形图

3. 限幅

利用二极管导通后压降很小且基本不变的特性，可以构成限幅电路，使输出电压幅度限制在某一电压值内，以保证放大器不因为信号过强而造成阻塞。限幅电路用到的二极管和普通的二极管一样，典型的双向限幅电路和波形图如图 1-13 所示。

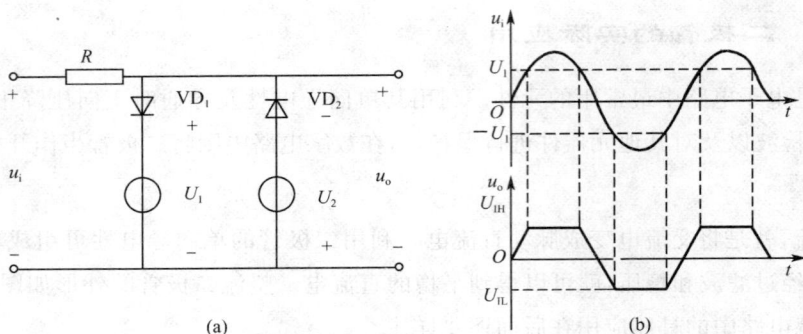

图 1-13　典型的双向限幅电路和波形图

4.电子开关

利用二极管的导通状态和截止状态,将其串联在电路中,就构成了一个电子开关,并且这个电子开关没有机械动作,没有磨损和接触不良现象,更为重要的是,其开关频率可以很高,可达到每秒几百万次,这是机械开关根本办不到的。开关二极管在数字电子技术中有广泛的应用。开关二极管的结构和外形如图 1-14 所示。

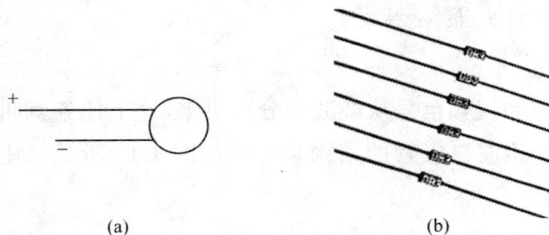

图 1-14　开关二极管的结构和外形

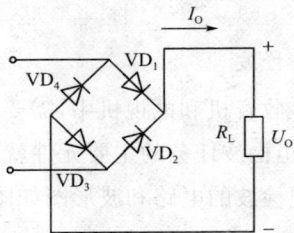

图 1-15　由二极管组成的电源定向电路

5.定向

人们在日常生活中使用的电话机,连接在由电信公司引来的两根电话线上。电话机不仅通过这两根电话线传递信号,还要靠它提供电话机电路所需的直流电。电话机的两根线只要随意和外来线路连接上,电话就能工作,这是为什么呢? 难道直流电没有正负极吗? 其实在电话机里,设计人员已经安装了一个电源定向电路,它能保证电话机的两根线无论怎样连接,都能使电路得到正确的电源电压。如图 1-15 所示,由四只二极管组成电源定向电路,可以使电话机始终得到正确的连接。这种电路还可以用到其他地方,比如盲人需要连接的各种电器,只要随意将两根线连接起来即可。

二极管还有许多应用,比如稳压等。

1.2.5　特殊二极管

1.硅稳压二极管

硅稳压二极管(简称稳压管)是一种用特殊工艺制造的面接触型硅半导体二极管。它工作在反向击穿区,在规定的电流范围内使用时,不会因击穿而损坏。因为二极管在反向击穿区内,其电流变化很大而电压基本不变,利用这一特性可实现直流电压的稳定。稳压二极管的符号和外形如图 1-16 所示。

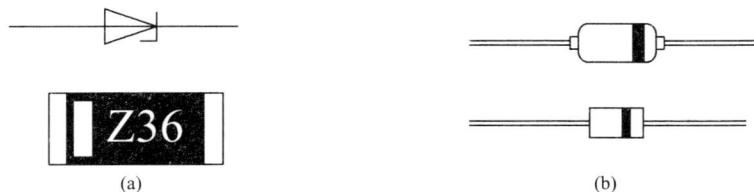

图 1-16　稳压二极管的符号和外形

在实际中使用稳压二极管要满足两个条件:一是要反向运用,即稳压二极管的负极接高电位,正极接低电位,使管子反向偏置,保证管子工作在反向击穿状态;二是要有限流电阻配合使用,保证流过管子的电流在允许范围内。如图 1-17 所示,是稳压二极管的典型应用电路,稳压二极管和负载是并联关系,限流电阻和稳压二极管、负载是串联关系。接下来介绍该电路中元件的选择与计算。

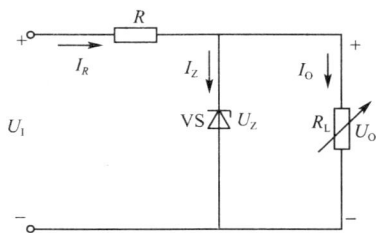

图 1-17　稳压二极管的典型应用电路

(1)稳压二极管 VS 的选择

由稳压电路可以看出 VS 与 R_L 是并联关系,$U_Z = U_O$,所以 VS 的稳压值应与负载要求的稳压值相等。

(2)限流电阻 R 的计算

$$\frac{U_{Imax} - U_O}{I_{Omin} + I_{Zmax}} < R < \frac{U_{Imin} - U_O}{I_{Omax} + I_{Zmin}}$$

式中　U_{Imax}——直流输入电压最大值;

$\quad\quad U_O$——负载电压;

$\quad\quad I_{Omin}$——负载电流最小值;

$\quad\quad I_{Omax}$——负载电流最大值;

$\quad\quad I_{Zmax}$——稳压管最大电流值;

$\quad\quad R$——限流电阻;

$\quad\quad U_{Imin}$——直流输入电压最小值;

$\quad\quad I_{Zmin}$——稳压管最小电流值。

稳压二极管用于稳压时,电路的输出电压是固定值。现在已经有新的并联型稳压器件 TL431 问世,且稳定电压可从 2.5 V 到 36 V 连续可调。如图 1-18 所示,是 TL431 的外形、符号及其应用电路。只要选择合适的精密电阻 R_1 和 R_2,则输出电压

$$U_O = (1 + R_1 / R_2) U_{Zmin}$$

式中,U_{Zmin} 是 TL431 的最小稳压值,为 2.5 V。

TL431 稳压精度可达微伏级,且在 $-55 \sim +125$ ℃ 环境下均能可靠工作,因此其除了用于并联型稳压外,多用作电源电路的基准电压。

2.发光二极管

发光二极管简称 LED,是一种光发射器件,能把电能直接转化成光能。它是由镓(Ga)、砷(As)、磷(P)等元素的化合物制成。由这些材料构成的 PN 结在加上正向电压时,就会发出

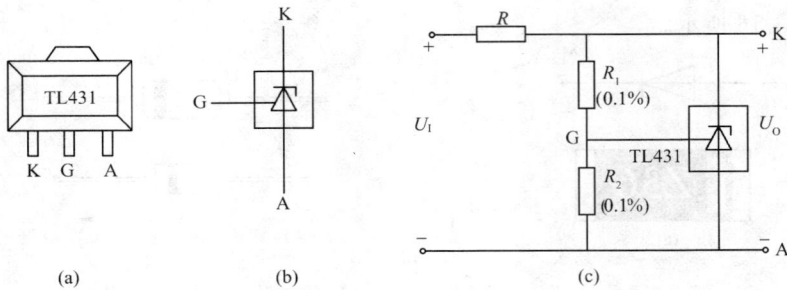

图 1-18 TL431 的外形、符号及其应用电路

光来，光的颜色主要取决于制造所用的材料。如砷化镓发出红色光、磷化镓发出绿色光等。目前市场上发光二极管的颜色有红、橙、黄、绿、蓝五种，其外形有圆形、长方形等数种，如图1-19所示。

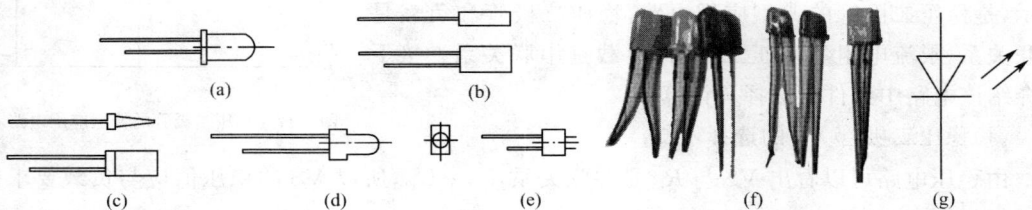

图 1-19 发光二极管的外形和符号

从发光二极管的伏安特性上可看出，它的导通电压比普通二极管大，一般为 1.7～2.4 V 之间，它的工作电流一般取 5～20 mA。应用时，加上正向电压，并接入相应的限流电阻即可。发光强度基本上与电流大小成线性关系。

发光二极管用途广泛，常用作微型计算机、电视机、音响设备、仪器仪表中的电源和信号的指示器，也可做成数字形状，用于显示数字。七段 LED 数码管就是用七个发光二极管组成的一个发光显示单元，可以显示数字（0、1、2、3、4、5、6、7、8、9）。将七个发光二极管的负极接在一起，就是共阴极数码管；将七个发光二极管的正极接在一起，就是共阳极数码管。发光二极管也可以组成字母、汉字和其他符号，多用于广告显示。发光二极管具有体积小、用电省、工作电压低、抗冲击振动、寿命长、单色性好、响应速度快等优点。

【新技术与新器件】

一般的发光二极管由无机半导体材料如镓、砷、磷等制成，工艺复杂，成本较高。另外，普通无机发光二极管为点光源，较难应用于大面积并需要高分辨率的组件，并且不可能做得很薄。由中科院长春应用化学研究所马东阁研究员领导的研究小组，在 2009 年 4 月，利用类似于塑料的碳基有机材料制成了有机发光二极管，其加工比较简单，成本较低，而且这种有机发光二极管是一种光源面积较大的面光源。实验结果表明，这种有机发光二极管不需要多个复杂的发光层，只需要单发光层把单元有机发光二极管串联起来，就可以实现更高的工作效率。这种有机发光二极管在成本、发光模式等方面优势明显，在照明、显示器背光源等领域具有良好的应用前景。

【动手做】 电子保健微光小夜灯

在原有台灯的基础上，加几个小元件，就可以制作一个电子保健微光小夜灯，其电路如

图 1-20 所示。电阻 R 起降压限流作用,其规格为
20 kΩ/3 W,将通过发光二极管($LED_1 \sim LED_4$)的
电流限制在 20 mA 以内,保护二极管 VD_1 采用
1N4007 即可,它的作用是防止 220 V 交流电的负
半周对发光二极管的电压冲击,以免发光二极管
损坏。发光二极管采用四个发绿色光的普通发光
二极管,因为绿色能让人安静和放松。开关 K_1 用
来控制发光二极管的亮灭,开关 K_2 是原有台灯电
路的开关。

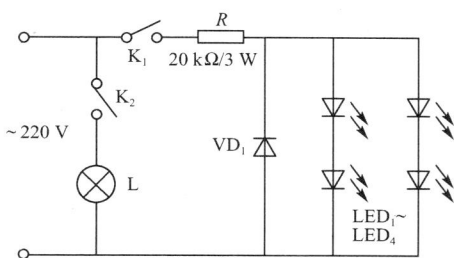

图 1-20　电子保健微光小夜灯电路

　　电子保健微光小夜灯光线柔和,能产生类似月光的照明效果,创造出朦胧温馨的光照环
境,有助于使人平心静气,安然入睡。炎夏之夜,该小夜灯还能给人以清静、凉爽的视觉感
受。由于采用半导体发光元件,该灯功率只有 0.3 W,非常省电,并且经久耐用。

　　3.光电二极管

　　光电二极管又称光敏二极管,是一种光接收器件,其 PN 结工作在反向偏置状态。图
1-21所示为光电二极管的结构和符号。

　　光电二极管的管壳上有一个玻璃窗口,以便接受光照。当窗口受到光照时,就形成反向
电流,接在回路中的电阻 R_L 就可获得电流信号,从而实现了光电转换。光电二极管作为光
电器件,广泛应用于光的测量和光电自动控制系统。如光纤通信中的光接收机、电视机和家
庭音响的遥控接收,都离不开光电二极管。

　　大面积的光电二极管可用作能源,如光电池,是最有发展前途的绿色能源。近年来,科
学家又研制成线性光电器件,通称为光耦,可以实现光与电的线性转换,在信号传送和图形
图像处理领域有广泛的应用。

　　4.变容二极管

　　变容二极管是利用 PN 结的电容效应工作的,它工作在反向偏置状态,它的电容量与反
偏电压大小有关。改变变容二极管的直流反偏电压,就可以改变电容量。变容二极管广泛
应用于谐振回路中。例如,在电视机中就用它作为调谐回路的可变电容器,实现电视频道的
选择。在高频电路中,变容二极管作为变频器的核心元件,是信号发射机中不可缺少的器
件。变容二极管的符号如图 1-22 所示。

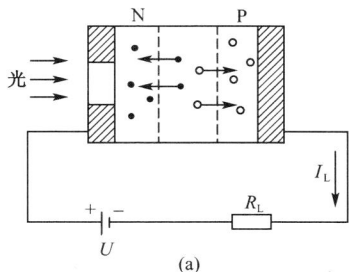

图 1-21　光电二极管的结构和符号

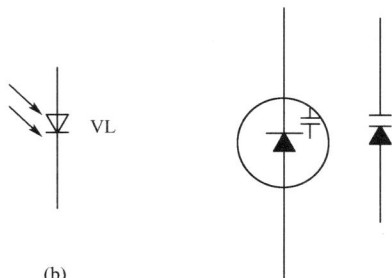

图 1-22　变容二极管的符号

　　5.激光二极管

　　激光(是英文 Laser 的意译)是由人造的激光器产生的,在自然界中尚未发现。激光器

分为固体激光器、气体激光器和半导体激光器。半导体激光器是所有激光器中效率最高、体积最小的一种,现在已投入使用的半导体激光器是砷化镓激光器,即激光二极管。激光二极管的应用非常广泛,计算机的光驱、激光唱机(即 CD 唱机)和激光影碟机(有 LD、VCD 和 DVD 影碟机)中都少不了它。激光二极管工作时接正向电压,当 PN 结中通过一定的正向电流时,PN 结就发射出激光。

1.3　单相整流滤波电路

凡是电子仪器都必须使用直流电才能工作。在生活中用到的许多家用电器,都是把交流电变成直流电再供给电器工作的。利用二极管的单向导电性,就可以把交流电变成直流电,供给电子仪器和许多家用电器使用。

把单相交流电变成直流电的电路叫做单相整流电路。单相整流电路又有半波整流、全波整流、桥式整流和倍压整流四种方式。

【实验演示】　二极管桥式整流电容滤波电路的测量

1. 电路连接

电路连接如图 1-23 所示。

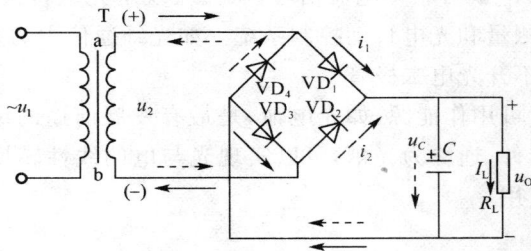

图 1-23　二极管桥式整流电容滤波电路

2. 各部分电路作用

(1)变压部分

变压部分的作用是把电网的 220 V 交流电压通过变压器变成所需要的交流电压值。

(2)整流部分

现在的电源几乎都采用桥式整流电路。桥式整流电路对二极管的最大输出电流和耐压要求是

$$I_{VD}=\frac{1}{2}I_L$$

$$U_{VD}=(2\sim3)\sqrt{2}U_2$$

(3)滤波部分

对于要求输出电流不大的稳压电源来说,采用电容滤波是最好的选择。滤波电容减小了经过整流的脉动成分,对提高输出电压有一定的作用。电容器的选择一般是根据容量和额定耐压两个指标进行选取

$$C\geqslant2\times\frac{T}{R_L}(T\text{ 为交流电压的周期})$$

$$U_C = (1.5 \sim 2)U_2$$

若电容器额定耐压系数取 2,则

$$U_C = 2U_2$$

【工程经验】　在计算出电容器的容量和耐压值后,还要遵从"系列取值、宁高勿低"的选取原则。即在电容器的容量和额定耐压上应选取电容器的系列生产值,而不能按照计算值选取。

3. 实验器材

(1) 1 kVA/AC 220 V/0～220 V 自耦变压器一台。

(2) 1N4004 型二极管四只。

(3) 2200 μF/25 V 电解电容一个,0.1 μF 涤纶电容一个,1 μF/25 V 电解电容一个。

(4) 万用表一只,示波器一台。

4. 操作步骤

(1) 按图 1-23 连线,连接变压器时,要注意分清交流电压的输入端和输出端;连接整流部分时,要注意二极管的正、负极不要接错;滤波电容可先不连接,等测量完整流之后的波形再连接滤波电容。要注意:电解电容的电极有正、负极之分,千万不能接错。

(2) 连接完毕经检查无误后方可通电,观察 3 分钟,在元器件无冒烟、发烫的情况下,再用万用表测试 u_2、u_C 及 u_O 的电压值,用示波器测量输出电压的交流波形。

双踪示波器上显示的变压器副边的交流电压波形和经过桥式整流后的脉动直流电压波形,如图1-24 所示。

测量完上述波形后,再将滤波电容连接上,可以用示波器观察此时的电压波形,可以发现,在示波器上已经没有明显的脉动的直流电压波形了,而是比较平滑的一条直线。

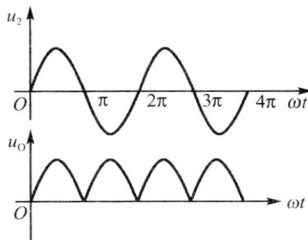

图 1-24　变压器副边的交流电压波形和经过桥式整流后的脉动直流电压波形

1.3.1　半波整流电路

1. 半波整流电路的组成和工作原理

如图 1-25 所示为单相半波整流电路。变压器 T 将电网的正弦交流电 u_1 变成 u_2,设 $u_2 = \sqrt{2}U_2 \sin\omega t$,在变压器副边电压 u_2 的正半周期内,二极管 VD 正偏导通,电流经过二极管流向负载,在负载电阻 R_L 上得到一个极性为上正下负的电压,即 $u_O = u_2$。在 u_2 的负半周期内,二极管反偏截止,负载上几乎没有电流流过,即 $u_O = 0$。所以负载电阻 R_L 上得到了单向的直流脉动电压,负载中的电流也是直流脉动电流。单相半波整流的波形如图1-26 所示。

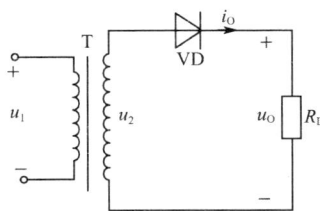

图 1-25　单相半波整流电路

2. 负载上直流电压和电流平均值的估算

在半波整流的情况下,负载两端的直流电压平均值可由下式计算

$$U_O = 0.45\, U_2$$

负载中的电流平均值

$$I_O = 0.45\, U_2/R_L$$

3.二极管的选择

在半波整流电路中，二极管中的电流任何时候都等于输出电流，所以在选用二极管时，二极管的最大整流电流 I_F 应大于负载电流 I_O。二极管的最大反向工作电压 U_{RM} 就是变压器副边电压的最大值。根据 I_F 和 U_{RM} 的值，需要查阅半导体手册，选择参数合适的二极管型号。

半波整流电路的优点是结构简单，使用元件少。但是它也有明显的缺点：只利用了交流电半个周期，输出直流分量较低，且输出纹波大，电源变压器的利用率也比较低。所以半波整流电路只能用在输出电压较低且性能要求不高的地方，如电池充电器电路、电褥子控温电路等。

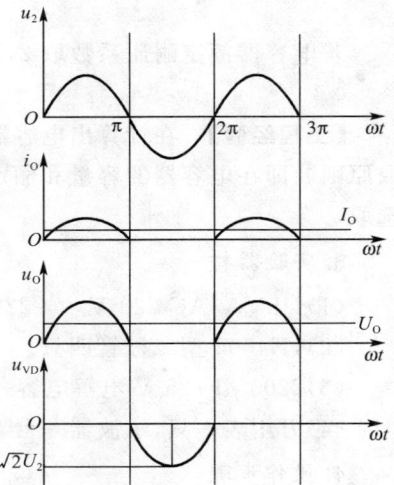

图 1-26　单相半波整流的波形

1.3.2　单相桥式整流电路

1.电路组成和工作原理

单相桥式整流电路如图 1-27 所示，电路中的四只二极管可以是四只分立的二极管，也可以是一个内部装有四只二极管的桥式整流器（桥堆）。

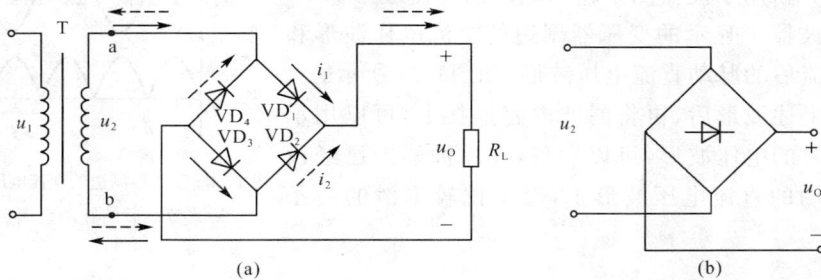

图 1-27　单相桥式整流电路

在 u_2 的正半周期内（设 a 端为正，b 端为负），VD_1、VD_3 因正偏而导通，VD_2、VD_4 因反偏而截止；在 u_2 的负半周期内（b 端为正，a 端为负），二极管 VD_2、VD_4 因正偏而导通，VD_1、VD_3 因反偏而截止。但是无论在 u_2 的正半周期或负半周期，流过 R_L 中的电流方向是一致的。在 u_2 的整个周期内，四只二极管分两组轮流导通或截止，负载上得到了单向的脉动直流电压和电流。单相桥式整流电路中各处的波形如图 1-28 所示。

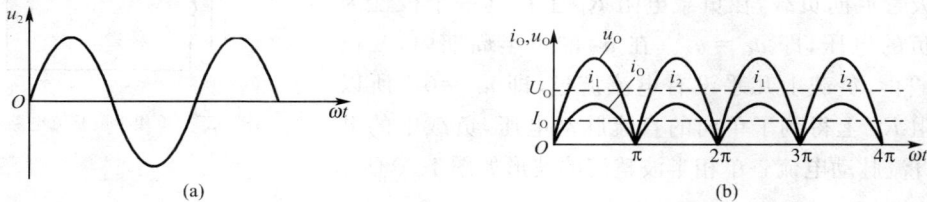

图 1-28　单相桥式整流电路中各处的波形

2.负载上直流电压和电流平均值的估算

由图 1-28 可知,单相桥式整流输出电压波形的面积是半波整流时的两倍,所以输出的直流电压平均值 U_O 也是半波整流时的两倍,即

$$U_O = 0.9U_2$$

输出电流平均值

$$I_O = 0.9 \frac{U_2}{R_L}$$

3.二极管的选择

在单相桥式整流电路中,由于四只二极管两两轮流导通,即每只二极管都只是在半个周期内导通,所以每只二极管流过的平均电流是输出电流平均值的一半,即

$$I_F = \frac{I_O}{2}$$

二极管上承受的最大反向工作电压

$$U_{RM} = \sqrt{2}\, U_2$$

桥式整流电路输出电压的直流分量大,纹波小,且每只二极管流过的平均电流也小,因此桥式整流电路应用最为广泛。为了使用方便,工厂已生产出桥式整流的组合器件,通常叫做桥堆。它是将四只二极管集中制作成一个整体,其外形如图 1-29 所示。其中标示"～"符号的两个接线端为交流电源输入端,另两个接线端为直流输出端,分别标有"＋"号和"－"号。

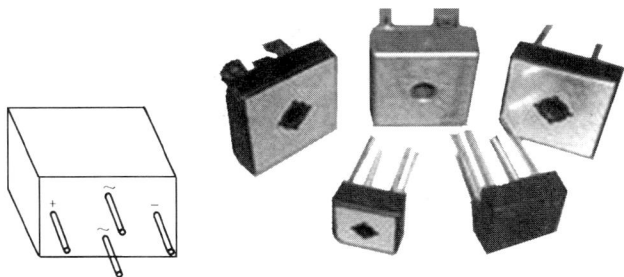

图 1-29　桥堆的外形

桥堆的测量方法可以按照测量二极管的方法,对桥堆内部的四只二极管分别进行测量。只要每只二极管的正反向电阻都符合要求,就是好的桥堆。当然,若测量到哪只二极管的正反向电阻不符合正向导通、反向截止的规律,则这个桥堆就是坏的。对于内部断路的二极管,可以采取在桥堆的外部并联一只好的二极管加以修复,要注意二极管的正负极不要接错。对于内部短路的二极管,则只能将整个桥堆报废了。

1.3.3　滤波电路

单相半波和桥式整流电路的输出电压中都含有较大的脉动成分,除了在一些特殊场合(如电镀、电解和充电电路)可以直接应用外,不能作为电源为电路供电,必须得采取措施减小输出电压中的交流成分,使输出电压接近于理想的直流电压,这种措施就是要采用滤波电路。

构成滤波电路的主要元件是电容器和电感器。由于电容器和电感器对交流电和直流电

呈现的电抗不同,如果把它们合理地安排在电路中,就可以达到减小交流成分,保留直流成分的目的,实现滤波的作用。

常见的几种滤波电路如图 1-30 所示。

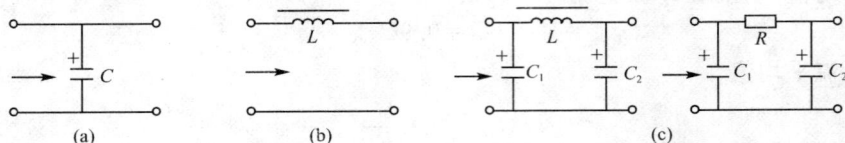

图 1-30 常见的几种滤波电路

1. 电容滤波电路

如图 1-31 所示,是单相桥式整流电容滤波电路。图 1-32 是电容滤波电路的电压波形图。

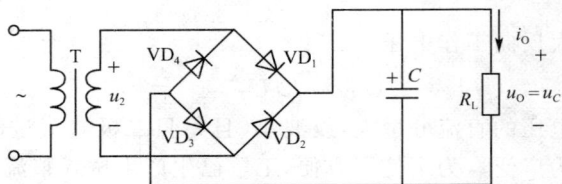

图 1-31 单相桥式整流电容滤波电路

（1）工作原理

设电容 C 上初始电压为零。接通电源时 u_2 由零逐渐增大,二极管 VD_1、VD_3 正偏导通,此时 u_2 经二极管 VD_1、VD_3 向负载 R_L 提供电流,同时向电容 C 充电,因充电时间常数很小($\tau_充 = R_n C$,R_n 是由电源变压器内阻、二极管正向导通电阻构成的总等效直流电阻),电容 C 上电压很快充到 u_2 的峰值,

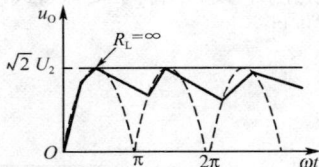

图 1-32 电容滤波电路的电压波形图

即 $u_C = \sqrt{2} U_2$。u_2 达到最大值以后按正弦规律下降,当 $u_2 < u_C$ 时,VD_1、VD_3 的正极电位低于负极电位,所以 VD_1、VD_3 截止,电容 C 只能通过负载 R_L 放电。放电时间常数 $\tau_放 = R_L C$,放电时间常数越大,放电就越慢,u_O(即 u_C)的波形就越平滑。在 u_2 的负半周期,二极管 VD_2、VD_4 正偏导通,u_2 通过 VD_2、VD_4 向电容 C 充电,使电容 C 上电压很快充到 u_2 的峰值。过了该时刻以后,VD_2、VD_4 因正极电位低于负极电位而截止,电容又通过负载 R_L 放电,如此周而复始。负载上得到的是脉动成分大大减小的直流电压。

（2）输出直流电压平均值 U_O 和负载电流平均值 I_O 的估算

一般按经验公式来估算输出直流电压平均值

$$U_O \approx 1.2 U_2$$

负载电流平均值

$$I_O = 1.2 \frac{U_2}{R_L}$$

在半波整流电容滤波电路中,输出直流电压平均值

$$U_O \approx U_2$$

需要注意的是,在上述输出电压的估算中,都没有考虑二极管的导通压降和变压器副边绕组的直流电阻。在设计直流电源时,当输出电压较低时（10 V 以下）,应该把上述因素考

虑进去,否则实际测量结果与理论设计差别较大。实践经验表明,在输出电压较低时,按照上述公式的计算结果再减去 2 V(二极管的压降和变压器绕组的直流压降之和),就可以得到与实际测量相符的结果。

【重要结论】　电容滤波电路的特点是:输出电压高,脉动成分小,可提供的负载电流比较小。

由于二极管在短暂的导电时间内要流过一个很大的冲击电流,才能满足负载电流的需要,所以在选用二极管时,二极管的工作电流应远小于二极管的最大整流电流 I_F,这样才能保证二极管的安全。二极管承受的反向工作电压 U_2 应小于二极管的最大反向耐压值 U_{RM}。

(3)滤波电容器的选择

在负载 R_L 一定的条件下,电容 C 越大,滤波效果越好,电容量的值经过实验可按下述公式选取

$$C \geqslant \frac{2T}{R_L}(T \text{ 为交流电压的周期})$$

电容器的额定耐压值　　　　　　$U_C > 2U_2$

滤波电容器型号的选择应查阅有关器件手册,并取电容器的系列标称值。

【重要结论】　滤波电容器型号的选择一定要取系列标称值,且在规格上要宁大勿小。

电容滤波电路结构简单,使用方便,但是当负载电流较大时会造成输出电压下降,纹波增加。所以电容滤波适合在负载电流较小和输出电压较高的情况下使用。如在各种家用电器的电源电路上,电容滤波是被广泛应用的滤波电路。

2.电感滤波电路

如图 1-33 所示是桥式整流电感滤波电路,电感 L 串联在负载 R_L 回路中。由于电感的直流电阻很小,交流阻抗很大,因此直流分量经过电感后基本上没有损失,而交流分量大部分降在电感上,所以减小了输出电压中的脉动成分,负载 R_L 上得到了较为平滑的直流电压。电感滤波的波形图如图 1-34 所示。

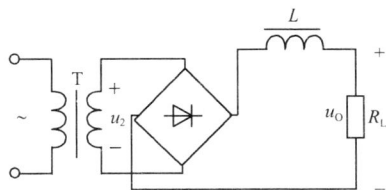

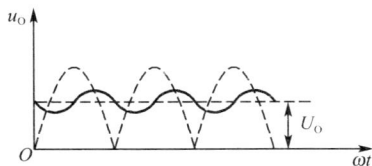

图 1-33　桥式整流电感滤波电路　　　　　图 1-34　电感滤波的波形图

在忽略滤波电感 L 上的直流压降时,输出的直流电压平均值

$$U_O = 0.9U_2$$

电感滤波的优点是输出特性比较平坦,而且电感 L 越大,负载 R_L 的阻值越小,输出电压的脉动就越小,适用于电压低、负载电流较大的场合,如工业电镀等。其缺点是体积大,成本高,有电磁干扰。

【重要结论】　电感滤波电路的特点是:输出电压低,脉动成分小,可提供的负载电流比较大。

3.π 型滤波电路

如图 1-35 所示是 π 型 LC 滤波电路,这种滤波电路是在电容滤波的基础上再加一级

LC 滤波电路构成的。

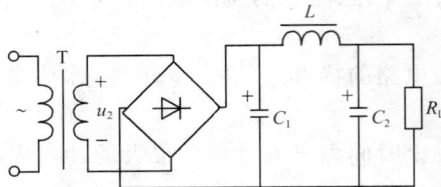

图 1-35 π 型 LC 滤波电路

交流电经过整流后得到的脉动直流电经过电容 C_1 滤波以后,剩余的交流成分在电感 L 中受到感抗的阻碍而衰减,然后再次被电容 C_2 滤波,使负载得到的电压更加平滑。当负载电流较小时,常用小电阻 R 代替电感 L,以减小电路的体积和重量。在收音机和录音机中的电源滤波电路中,就经常采用 π 型 RC 滤波电路。

【例 1-1】 在如图 1-36 所示电路中,已知 $U_2 = 20$ V(有效值),设二极管为理想二极管,操作者用直流电压表测量负载两端的电压值,当测量出现下列五种情况:①28 V;②24 V;③20 V;④18 V;⑤9 V。试讨论:

(1)在这五种情况中,哪几种情况是电路正常工作的情况?哪几种情况是电路发生了故障?

(2)分析故障形成的原因。

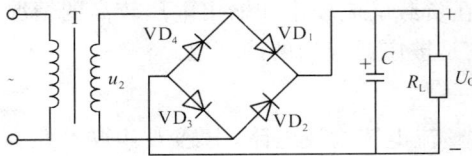

图 1-36 例 1-1 电路

解:单相桥式整流电容滤波电路输出电压的平均值为

$$U_O \approx 1.2 U_2$$

在电路正常工作时,该电路输出的直流电压平均值 U_O 应为 24 V。因此,在这五种情况中,第②种情况是电路正常工作的情况,其他四种情况均为电路不正常工作的情况。

对于第①种情况:$U_O = 28$ V,根据单相桥式整流电容滤波电路的外特性可知,当 R_L 开路时,$U_O = 1.4 U_2$,所以这种情况是负载 R_L 开路所致。

对于第③种情况:$U_O = 20$ V,说明电路已经不是桥式整流电容滤波电路了。因为半波整流电容滤波电路的输出电压平均值估算式为 $U_O \approx U_2$,所以可知这种情况是四只二极管中有一只二极管开路,使其变成了半波整流电容滤波电路。

对于第④种情况:$U_O = 18$ V,这个数值满足桥式整流电路的输出电压平均值 $U_O = 0.9 U_2$,说明滤波电容没起作用。所以,出现这种情况的原因是滤波电容开路。

对于第⑤种情况:$U_O = 9$ V,这个数值正好是半波整流电路输出的直流电压平均值,即 $U_O = 0.45 U_2 = 9$ V。出现这种情况的原因是有一只二极管开路,并且滤波电容也开路。

【技能与技巧】 指针式万用表的使用技巧

技巧 1:"舍近求远"

转动万用表的拨盘时,一定要顺时针旋转,比如原来的挡位是 $R \times 100$,想要扭转到 $R \times 1$ k 挡,就要旋转一大圈才行,这样能有效地保护万用表的多刀多掷开关,使之不损坏。

技巧 2："偷工减料"

测量电路的通断或者是测量二极管和三极管的 PN 结电阻时，不必做欧姆挡的校准工作。

技巧 3："避低就高"

用万用表测量线路的通断或者是一般检查二极管的正反向电阻时，尽量不使用 $R×1$ 和 $R×10$ 低挡位，而应使用 $R×1$ k 挡，以免增加电池电量的消耗。

技巧 4："联合作战"

用万用表测量发光二极管时，若表内没有 9 V 电池而只能用 $R×1$ k 挡进行测量时，就不能测量出发光二极管的正反向电阻值，也看不出发光二极管能否发光。因为此时表内的电池只有 1.5 V，而发光二极管的 PN 结导通压降在 1.7 V 到 2.4 V 之间，所以不能将发光二极管的 PN 结导通，就显示不出正确的阻值来。即使表内有 9 V 电池，可以使用 $R×10$ k 挡进行测量，也只能使发光二极管微弱发光，看不出它发光亮度的大小。

此时可以采用两只指针式万用表，将其串联起来联合作战。使两只表的挡位保持一致，将甲表的红表笔插入乙表的黑表笔插孔中，用甲表的黑表笔和乙表的红表笔来测量发光二极管。此时若采用 $R×1$ k 挡，就能明显看出发光二极管正反向电阻的差别。若采用 $R×10$ 挡，则在发光二极管正向导通时，可使发光二极管发出亮光，能判别出它发光是否正常。

技巧 5："孤身迎敌"

在测量交流 380 V 或更高的直流电压时，要用一只手握住一只表笔进行测量，以免造成意外触电事故。可以将一只表笔接在待测量电压的一个端上，不要用手固定，再用一只手握住另一只表笔对待测量端进行测量。

【**实训项目 1**】　认识电子实训室

1. 实训目的

(1)了解电子实训室的功能与配置。

(2)了解常用电子仪器的外形与用途。

2. 实训内容

(1)认识电子实训室的功能

一般的电子实训室，能完成模拟电子技术和数字电子技术的大约 40 个基本课题的操作，还能完成二十几类实用新型电路的制作和调试，在这个实训室里，学生要认识和检测常用电子元件，掌握手工锡焊技能，掌握电路组装工艺技能，学会阅读电子电路原理图和 PCB 图，学习处理在电路安装调试过程中出现的问题。

一般的电子实训室都配置了二十几套特制的实训电路板和相应的电子元器件，实训电路中涵盖了整流电源、音频放大、信号发生、波形变换、电子开关、计数器、编码译码显示和一些测量控制等方面的实训内容。通过这些项目的训练，学生可达到劳动及社会保障部要求的职业资格技能鉴定中级以上水平。

比如某学校的电子实训室就安排了如下实训项目：

①常用仪器仪表的使用；

②常用电子元器件的识别与检测；

③电烙铁拆装与电子锡焊技能训练；

④印制电路板的制作；

⑤三端集成稳压直流电源的制作；

⑥串联型直流稳压电源的制作；

⑦低频信号电压放大器的装配与测试；

⑧具有负反馈信号放大器电路的制作与测试；

⑨文氏桥振荡器的焊接与调试；

⑩电池电压监视电路的制作与测试。

此外，还安排了几个设计课题：

①电子催眠器电路的制作；

②模拟"知了"电子电路的制作实训；

③实用声控、光控节电照明灯的制作与实训；

④智力竞赛抢答器的制作；

⑤水位报警器电路的制作；

⑥迷你闪光彩灯的制作。

（2）认识电子实训室的仪器设备

一般电子实训室中除了配有专用的实训电路板和相应的电子元器件外，还要配置一些常用的仪器设备。这些仪器设备一般都安置在实训台上。

实训台上必须有 220 V 的交流电源输出，还有一组万能插座，为各种仪器设备提供工作电源。

电子实训台上的设备和仪器主要包括：

①直流稳压电源：直流稳压电源能输出电压为 5 V、9 V、12 V 等固定的直流电压，输出电流最大可达 500 mA，也能输出电压可调的直流稳压电源。一般都采用能输出双路 0～30 V 的稳压电源，其采用内置式继电器实现自动换挡，使用多圈电位器连续调节输出电压，输出的最大电流为 2 A，具有预设的限流保护功能，输出由 0.5 级数字电流表和电压表指示，电压稳定度<1%，负载稳定度<1%，纹波电压<5 mV。

②函数信号发生器：能输出正弦波、三角波、矩形波。

③万用表：用于测量各种电量和元器件参数。一般使用 MF-47 型指针式万用表或 DT-930G 型数字式万用表。

④晶体管毫伏表：用于测量频率不是 50 Hz 的交流信号有效值。

⑤双踪示波器：用于显示被测信号的波形，可读出被测信号的幅度和频率。

（3）认识电子实训室的常用工具

电子实训室的常用工具主要用于安装和调试电路。

①常用紧固工具

紧固螺钉所用的工具有普通螺丝刀（又名螺丝起子、改锥）、力矩螺丝刀、固定扳手、活动扳手、力矩扳手、套管扳手等。其中螺丝刀又有一字头和十字头之分。

②常见钳口工具

常见钳口工具有尖嘴钳、偏口钳、剥线钳和网线钳等，用于夹持导线和元器件的引线，切断导线和引线，剥掉导线上的绝缘层，制作排线的连接头等。

③常用焊接工具

常用焊接工具一般有内热式电烙铁、吸锡器、烙铁架、焊锡丝、松香水等，用于将元器件焊接在电路板上或者从电路板上将元器件拆卸下来。

（4）电子实训室中的安全用电

尽管人们常常将电子产品的装配工作称为"弱电"操作,但实际在工作中也免不了接触"强电"。一般常用电动工具如电烙铁、电钻、电热风机和一些检测用的仪器设备大都需要接市电才能工作,因此安全用电是电子实训工作必须要考虑的问题。

在电子实训工作中要遵守安全用电规则,落实安全用电措施。

①要正确选用安全电压。国家标准规定安全电压额定值的等级为 42 V、36 V、24 V、12 V、6 V。42 V 电压用于给危险场所使用的手持式电动工具供电,在一般干燥场所使用的手持式电动工具可用 36 V 电压,在潮湿场所使用的手持式电动工具则应选用 24 V 或 12 V 电压。

②电气设备必须满足绝缘要求。通常规定固定的电气设备其绝缘电阻值不得低于 1 MΩ;可移动式电气设备的绝缘电阻值不得低于 2 MΩ;有特殊要求的电气设备其绝缘电阻值更高。

③要合理选择导线和熔丝。导线的额定电流应大于实际工作电流。熔丝是在短路和严重过载时起保护作用的,熔丝的选择应符合规定的容量,不得以金属导线代替。

④在非安全电压下作业时,应尽可能单手操作,双脚最好站在绝缘物体上。在调试高压时,地面应铺绝缘垫,作业人员应穿绝缘鞋,戴绝缘手套。

⑤使用移动式电动工具时,应戴绝缘手套,移动电动工具前必须切断电源。

⑥所有电气设备、仪器仪表、电气装置、电动工具都应保护接地。

【实训项目 2】　整流滤波电路的连接与测试

1. 实训目的

(1)了解整流器的作用及其组成。

(2)掌握电源变压器电路、桥式整流电路、电容滤波电路的连接。

(3)用示波器观察桥式整流电路、电容滤波电路各点的波形,用万用表测量各点的电压值。

2. 实训器材

(1)1 kVA/AC 220 V/0～220 V 自耦变压器一台。

(2)2CZ55C 型二极管四只。

(3)2200 μF/160 V 电解电容一个,0.1 μF 涤纶电容一个,1 μF/50 V 电解电容一个。

(4)万用表一只,双踪示波器一台。

3. 实训步骤

(1)按图 1-37 接线,连接变压器时,要注意分清交流电压的输入端和输出端;连接整流部分时,要注意二极管的正、负极不要接错;安装滤波电容时,要注意电容的正、负极。

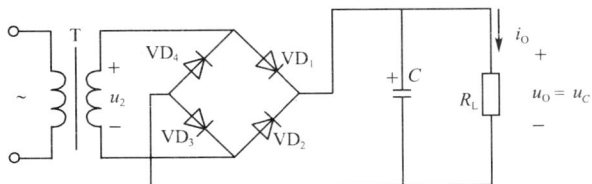

图 1-37　单相桥式整流电容滤波电路

(2)连接完毕经检查无误后可通电,观察几分钟,在元器件无冒烟、发烫情况下,可用万用表测试交流电压 u_2、滤波电容 u_C 及输出端 u_O 的电压值,用示波器测量输出电压的交流波形。

(3)更换滤波电容的大小,用示波器观察测量输出电压的交流波形。

（4）将测量结果记录下来，并对实训结果进行分析。

4.实训报告

（1）画出实训电路图，列出元器件和仪器清单，记录变压、整流、滤波的测试数据。

（2）分析测试的结果，若有故障，记录排除故障的方法。

【项目小结】

1.二极管的特点是单向导电性。

2.二极管最常用的主要技术指标有两个：最大整流电流和最大反向工作电压。

3.检测二极管最常用的方法是用万用表测量 PN 结的正反向电阻，根据测量结果可以判断二极管的好坏。

【项目练习题】

一、填空题

1.把 P 型半导体和 N 型半导体通过特殊工艺结合在一起，就形成了（　　）结。

2.半导体二极管具有单向导电性，外加正偏电压时（　　），外加反偏电压时（　　）。

3.利用二极管的单向导电性，可将交流电变成（　　）。

4.根据二极管的单向导电性，可使用万用表的 $R \times 1 \mathrm{k}$ 挡测出其正负极，一般其正、反向的电阻阻值相差越（　　）越好。

5.锗二极管工作在导通区时，其正向压降大约是（　　）伏，死区电压是（　　）伏。

6.硅二极管工作在导通区时，其正向压降大约是（　　）伏，死区电压是（　　）伏。

7.整流二极管的正向电阻越（　　），反向电阻越（　　），表明二极管的单向导电性越好。

8.杂质半导体分（　　）型半导体和（　　）型半导体两大类。

9.半导体二极管的主要参数有（　　）、（　　），此外还有（　　）、（　　）等参数，选用二极管的时候也应注意。

10.当加到二极管上的反向电压增大到一定数值时，反向电流会突然增大，此现象称为（　　）现象。

11.发光二极管是把（　　）能转变为（　　）能，它工作于（　　）状态；光电二极管是把（　　）能转变为（　　）能，它工作于（　　）状态。

12.整流是把（　　）电转变为（　　）电。滤波是将（　　）电转变为（　　）电。电容滤波电路适用于（　　）的场合，电感滤波电路适用于（　　）的场合。

13.设整流电路输入交流电压有效值为 U_2，则单相半波整流滤波电路的输出直流电压平均值 $U_\mathrm{O} =$（　　），单相桥式整流电容滤波电路的输出直流电压平均值 $U_\mathrm{O} =$（　　），单相桥式整流电感滤波电路的输出直流电压平均值 $U_\mathrm{O} =$（　　）。

14.为消除整流后直流电中的脉动成分，常将其通过滤波电路，常见的滤波电路有（　　）、（　　）和复合滤波电路。

15.电容滤波电路的输出电压的脉动与时间常数 τ 有关，τ 愈大，输出电压脉动愈（　　），输出直流电压也就愈（　　）。

二、选择题

1.稳压管的工作区是在其伏安特性的（　　）。

A.正向特性区　　　　　　B.反向特性区　　　　　　C.反向击穿区

2.P 型半导体中空穴多于电子，则 P 型半导体呈现的电性为（　　）。

A. 正电   B. 负电   C. 电中性

3. PN 结加上正向电压时(   ),加上反向电压时(   )。

A. 截止   B. 导通   C. 不变

4. 硅二极管正偏,当正偏电压等于 0.5 V 和正偏电压等于 0.7 V 时,二极管呈现的电阻大小是(   )。

A. 相同的   B. 不相同的

5. 用万用表的欧姆挡测量二极管的正向电阻,测得的阻值为最小时,试问用的是(   )挡。

A. $R\times10$ 挡   B. $R\times100$ 挡   C. $R\times1$ k 挡

6. 用万用表的不同欧姆挡测量二极管的正向电阻时,会观察到其测得的阻值不同,究其根本原因是(   )。

A. 万用表在不同的欧姆挡有不同的内阻

B. 二极管有非线性的特性

C. 二极管的质量差

7. 有两只 2CW15 型稳压二极管,一只稳压值是 8 V,另一只稳压值为 7.5 V,若把两管的正极并接,负极也并接,再与负载并联,组合成一个稳压管稳压电路,这时负载上得到的稳压值是(   )V。

A. 8   B. 7.5   C. 15.5   D. 0.75

三、分析计算题

1. 硅二极管电路如图 1-38 所示,试分别用二极管的理想模型和恒压降模型计算电路中的电流和输出电压 U_{AO}。(1)$E=3$ V;(2)$E=10$ V。

2. 二极管电路如图 1-39 所示,试判断各二极管是导通还是截止,并求出 A、O 端的电压 U_{AO}(设二极管为理想二极管)。

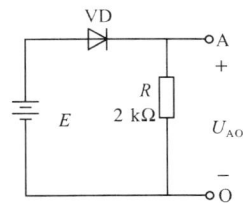

图 1-38 分析计算题 1 题电路图

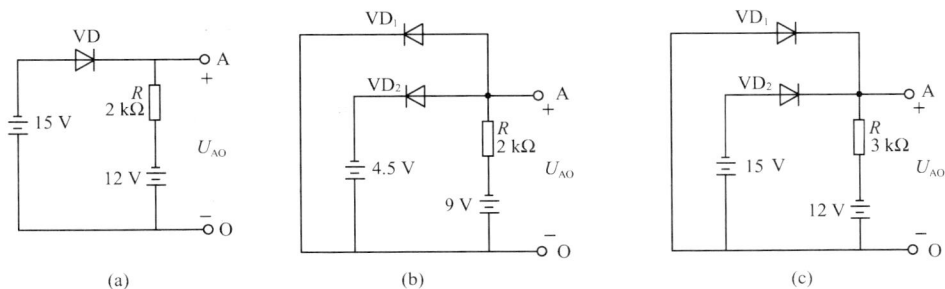

图 1-39 分析计算题 2 题电路图

3. 在图 1-40 所示的电路中,$u_i=10\sin\omega t$(V),VD 为理想二极管,试画出各电路输出电压 u_o 的波形。

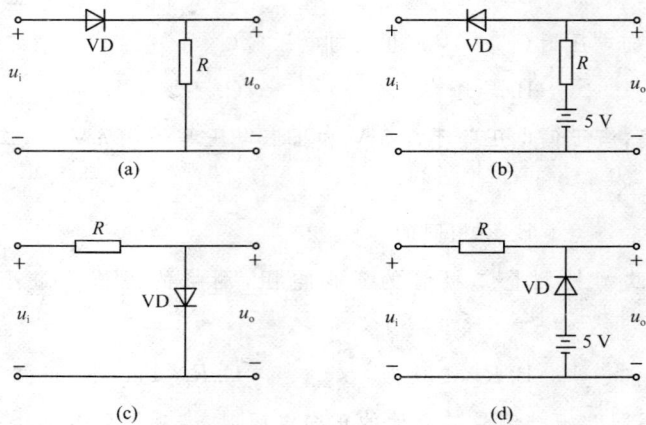

图1-40 分析计算题3题电路图

4.画出如图1-41所示电路中的输出电压 u_o 的波形,设二极管为理想二极管。

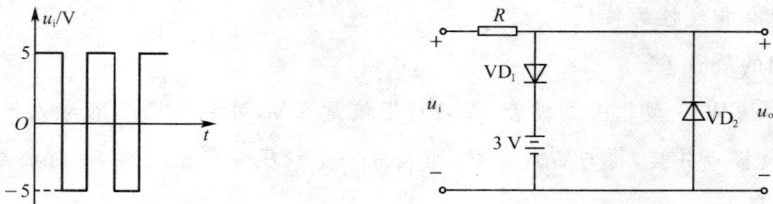

图1-41 分析计算题4题电路图

5.设硅稳压二极管 VS_1 和 VS_2 的稳定电压分别为 5 V 和 10 V,求如图1-42所示各电路的输出电压 U_O 的值。

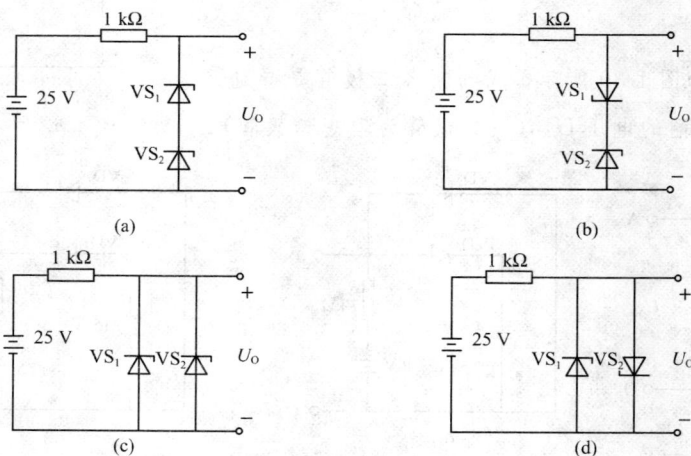

图1-42 分析计算题5题电路图

项目2

晶体三极管及其应用

【知识目标】

1. 掌握三极管的种类、作用与标识方法。

2. 掌握三极管的主要参数。

3. 了解三极管的主要用途。

【技能目标】

1. 能用目视法判断识别常见三极管的种类，能正确说出各种三极管的名称。

2. 对三极管上标识的型号能正确识读，知晓该三极管的作用和用途。

3. 会用万用表对各种三极管进行正确测量，并对其质量做出评价。

【学习方法】

该项目通过对一个功率放大器（或者其他电子产品）进行现场拆卸，对电路板上各种类型的三极管进行认识，再通过对各种类型的新三极管进行认识，进而学习各种三极管指标的标注方法。再使用万用表对各种三极管进行在线测量和离线测量，达到能判别三极管质量好坏的目的。特别是需要准备一些已经确认损坏的三极管，对这些已经损坏的三极管进行外观识别和指标测量。

【实施器材】

1. 电子产品：功率放大器（或者其他电子产品）若干台。

2. 各种类型、不同规格的新三极管若干。

3. 各种类型、不同规格的、已经损坏的三极管若干（可到电子产品维修部寻找）。

4. 每两个人配备指针式万用表和数字式万用表各一只。

【初识三极管】

晶体三极管是在 20 世纪 40 年代发展起来的新型电子器件，它具有体积小、重量轻、耗电省、寿命长、工作可靠等一系列优点，应用十分广泛。二极管有一个 PN 结，三极管有两个 PN 结，但三极管绝对不是两个二极管的组合，而是通过特殊的工艺将三块 P 型和 N 型半导体结合在一起形成了两个 PN 结。

如图 2-1 所示，是三极管的结构示意图及图形符号。一个三极管由两个 PN 结组成，从而形成了三个区域：集电区、基区和发射区。基区和集电区之间的 PN 结称为集电结，基区和发射区之间的 PN 结称为发射结。由集电区、基区和发射区各引出一个电极,分别称为集电极、基极和发射极,依次用字母 c、b 和 e(或 C、B 和 E)来表示。

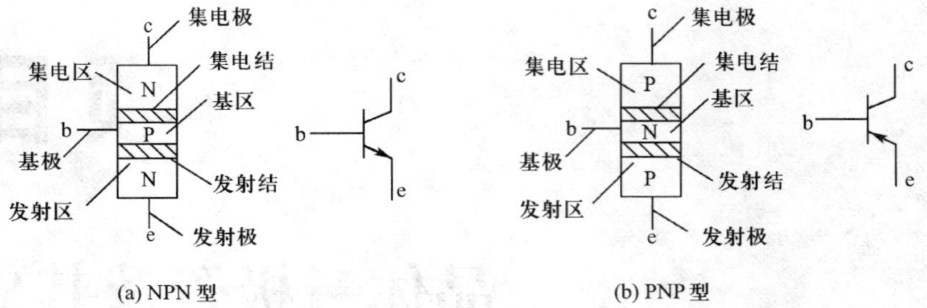

(a) NPN 型   (b) PNP 型

图 2-1　三极管的结构示意图及图形符号

根据三个区的半导体材料类型的不同,三极管可分为 PNP 型和 NPN 型两大类。基区为 P 型半导体的称为 NPN 型三极管,如图 2-1(a)所示;基区为 N 型半导体的称为 PNP 型三极管,如图 2-1(b)所示。PNP 型三极管和 NPN 型三极管的工作原理相同,只是工作电压的极性和电流的流向相反。

三极管的文字符号是 VT,图形符号如图 2-1 所示。发射极箭头的方向表示发射结正偏时电流的流向。常见三极管的实物外形如图 2-2 所示。

图 2-2　常见三极管的实物外形

常见三极管的几何外形及其封装形式如图 2-3 所示。

【现学现用】

1. 三极管的分类

(1)三极管按制作的材料分为锗三极管、硅三极管;

(2)三极管按 PN 结的组合方式分为 NPN 型和 PNP 型;

(3)三极管从制作工艺的结构上分为点接触型和面结合型;

(4)三极管按工作的频率分为高频管($f_T \geqslant 3$ MHz)和低频管($f_T < 3$ MHz);

(5)三极管按功率分为大功率管($P_c > 1$ W)、中功率管(P_c 在 $0.7 \sim 1$ W)、小功率管($P_c < 0.7$ W)。

2. 三极管的识别与测量

(1)用指针式万用表检测三极管的管型

将指针式万用表的红表笔接三极管的任一脚,黑表笔分别接三极管的另外两脚。当两次测得的阻值均为很小时,一般为几十欧～十几千欧,则此管为 PNP 型;当两次测得的阻值均为很大时,一般为几百千欧以上,则此管为 NPN 型,且红表笔接的是三极管的基极,如图 2-4(a)所示。

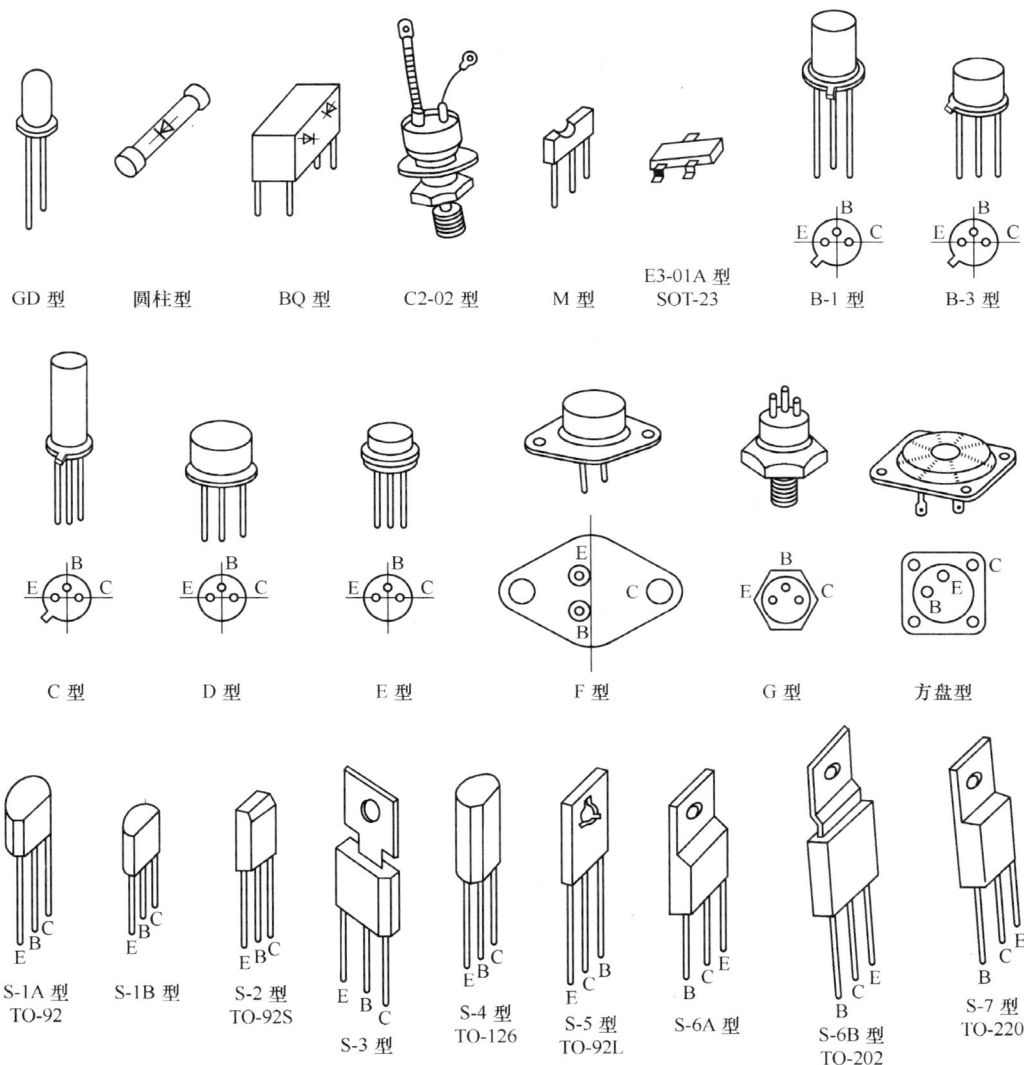

GD 型　　圆柱型　　BQ 型　　C2-02 型　　M 型　　E3-01A 型 SOT-23　　B-1 型　　B-3 型

C 型　　D 型　　E 型　　F 型　　G 型　　方盘型

S-1A 型 TO-92　　S-1B 型　　S-2 型 TO-92S　　S-3 型　　S-4 型 TO-126　　S-5 型 TO-92L　　S-6A 型　　S-6B 型 TO-202　　S-7 型 TO-220

图 2-3　常见三极管的几何外形及其封装形式

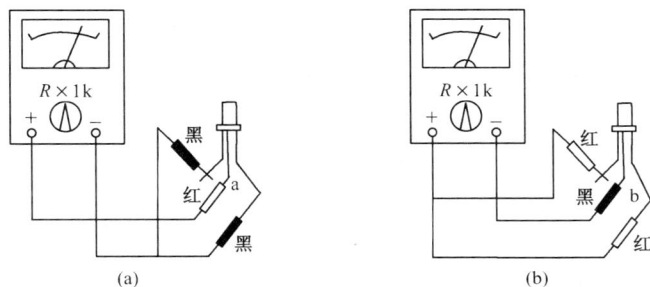

(a)　　(b)

图 2-4　三极管的基极和管型的判断方法

(2)用指针式万用表判别三极管的集电极与发射极

对 PNP 型管:除了基极外,将红表笔和黑表笔分别接三极管的另外两脚,再将基极与红表笔之间用手捏住,交换红表笔和黑表笔分别接的另外两脚,测得阻值比较小的一次,红表笔对应的是 PNP 型管的集电极,黑表笔对应的是发射极。对 NPN 型管:除了基极外,将红表笔和黑表笔分别接三极管的另外两脚,再将基极与黑表笔之间用手捏住,交换红表笔和黑表笔分别接的另外两脚,测得阻值比较小的一次,黑表笔对应的是 NPN 型管的集电极,红表笔对应的是发射极。

（3）用指针式万用表判别三极管的材料

用万用表的 $R \times 1$ k 挡,测发射结(eb)和集电结(cb)的正向电阻,硅管大约在 $3 \sim 10$ kΩ,锗管大约在 $500 \sim 1000$ Ω,两个结的反向电阻,硅管一般大于 500 kΩ,锗管在 100 kΩ 左右。

（4）用指针式万用表判别三极管是高频管还是低频管

用万用表的 $R \times 1$ k 挡测量三极管基极与发射极之间的反向电阻,如在几百千欧以上,然后将表盘拨到 $R \times 10$ k 挡,若表针能偏转至满刻度的一半左右,表明该管为高频管,若阻值变化很小,表明该管是低频管。

测量时表笔的接法:对 NPN 型管,黑表笔接发射极,红表笔接基极;对 PNP 型管,红表笔接发射极,黑表笔接基极。

（5）三极管电流放大倍数的判别

有些三极管的壳顶上标有色点,作为 $\overline{\beta}$ 值的色点标志,为选用三极管带来了很大的方便。其分挡标志如下:

$$0 \sim 15 \sim 25 \sim 40 \sim 55 \sim 80 \sim 120 \sim 180 \sim 270 \sim 400 \sim 600$$

棕　红　橙　黄　绿　蓝　紫　灰　白　黑

此外,还可以用万用表来测量三极管的电流放大倍数,一般的万用表上都有专门测量三极管电流放大倍数的挡位 hFE。将万用表的拨盘拨到 hFE 挡邻近的 ADJ 挡位,将两只表笔短接,调节校零旋钮,使表针指到 300,再将拨盘拨到 hFE 挡位。当三极管的管型确定后,将三极管的三个极插到表盘上与"NPN"或"PNP"对应的插孔内,根据指针的读数,就可以知道此三极管的电流放大倍数了。若 hFE(β)值不正常,如为零或大于 300,则说明此管子已坏。

【知识链接】

2.1　三极管的电流放大作用

2.1.1　三极管具有放大作用的条件

三极管在电路中的主要作用是对信号进行放大。要使三极管具有放大作用,必须给三极管加上合适的工作电压,即发射结加上正偏电压,集电结加上反偏电压。也就是说三极管发射结的 P 区接高电位,N 区接低电位;三极管集电结的 P 区接电源负极,N 区接电源正极,如图 2-5 所示。

在放大电路中,不论采用哪种管型的三极管,都要满足这个基本条件。

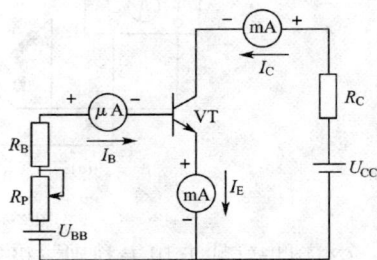

图 2-5　三极管工作在放大状态的电压条件

电源 U_{BB} 使发射结保证有正偏电压，U_{CC} 使集电结保证有反偏电压。图中电位器 R_P 的作用是改变基极电流 I_B 的大小，从而改变集电极电流 I_C 和发射极电流 I_E 的大小。

2.1.2　三极管各个极间电流关系的实验数据

在图 2-5 中，改变电位器 R_P 的数值，则基极电流 I_B、集电极电流 I_C 和发射极电流 I_E 都将发生变化。对型号为 3DG6 的三极管的实际测量数据见表 2-1。

表 2-1　　　　　　　　　三极管 3DG6 各个极电流的测量数据　　　　　　　　　（mA）

I_B	0	0.010	0.020	0.040	0.060	0.080
I_C	<0.001	0.485	0.980	1.990	2.995	3.995
I_E	<0.001	0.495	1.000	2.030	3.055	4.075

仔细观察表中的数据，我们可以得到这样的结论：

（1）每一列的数据都满足基尔霍夫电流定律，即

$$I_E = I_C + I_B$$

这个关系叫做三极管的电流分配关系，即三极管的发射极电流等于基极电流和集电极电流之和，且 $I_E \approx I_C$。

（2）每一列中的集电极电流都比基极电流大得多，且基本上满足一定的比例关系，从第四列和第五列的数据可以得出 I_C 与 I_B 的比值分别为

$$\frac{I_C}{I_B} = \frac{0.980}{0.020} = 49 \qquad \frac{I_C}{I_B} = \frac{1.990}{0.040} = 49.75$$

基本上约为 50。这个关系用式子表示出来，就是

$$\frac{I_C}{I_B} = \overline{\beta}$$

$\overline{\beta}$ 叫做直流电流放大系数。这个关系叫做三极管的电流比例关系。

（3）对这两列中的数据求得 I_C 和 I_B 的变化量，再加以比较，比如选第四列和第五列中的数据，可得

$$\frac{\Delta I_C}{\Delta I_B} = \frac{1.990 - 0.980}{0.040 - 0.020} = \frac{1.010}{0.020} = 50.5$$

再选第五列和第六列中的数据，可得

$$\frac{\Delta I_C}{\Delta I_B} = \frac{2.995 - 1.990}{0.060 - 0.040} = \frac{1.005}{0.020} = 50.25$$

这说明当基极电流有一个很小的变化（0.02 mA）时，集电极电流相应有一个较大的变化（1.01 mA），且两者的比值和比例值 $\overline{\beta}$ 基本相当。用式子表示出来，就是

$$\frac{\Delta I_C}{\Delta I_B} = \beta$$

β 叫做交流电流放大系数。这个关系叫做三极管的电流控制关系。

β 的大小体现了三极管的电流放大能力，即如果在基极上有一个小的变化的电流信号，则在集电极上就可以得到一个大的且与基极信号成比例的电流信号。正因为如此，三极管被称做电流控制型器件。

一般情况下，$\overline{\beta}$ 与 β 的数值近似相等。在工程计算中，可认为 $\overline{\beta} = \beta$。用万用表测得的电流放大倍数实际上就是 $\overline{\beta}$，但一般都把它作为 β 值来使用。

2.1.3 三极管电流放大的实质

图 2-5 所示电路也称为三极管共发射极放大电路。在这个电路中,由三极管的基极与发射极构成输入回路,由集电极与发射极构成输出回路,三极管的发射极作为输入和输出回路的公共端,所以称为共发射极放大电路。三极管还可以接成其他形式的电路,以后要接触到。

在电子电路中所说的"放大"指的是对变化的交流信号的放大,而不是直流电流的放大。在图 2-5 所示电路的输入回路中,若串入一个待放大的输入信号,这样发射结上的外加电压将等于直流电压与外加信号电压的和。外加发射结电压的变化,相应使三极管的基极电流产生变化,由于三极管工作在放大区时,各个极间电流比例关系和控制关系的存在,将使三极管的集电极电流和发射极电流都产生相应的变化,而集电极电流和发射极电流都比基极电流大得多,所以就认为是基极电流得到了放大。实质上,所谓放大,就是用一个小的基极电流去控制大的集电极电流和发射极电流的变化,将电源的直流能量转化成和信号变化相同的交流能量。这就是三极管的电流放大作用。

三极管的电流放大作用可以归结为:

(1)三极管必须工作在放大区,工作在放大区的电压条件是:发射结正偏,集电结反偏。

(2)三极管对电流放大作用的实质是用微小的基极电流的变化去控制较大的集电极电流的变化。

(3)三极管是一个电流控制型器件。

2.2 三极管的伏安特性和主要参数

三极管的伏安特性曲线分为输入特性曲线和输出特性曲线两种。三极管的伏安特性曲线可根据实验数据绘出,也可以由晶体管特性测量仪直接测量得到。

2.2.1 三极管的输入特性曲线

三极管的输入特性曲线是当三极管的集-射电压 U_{CE} 一定时,基极电流 I_B 随基-射电压 U_{BE} 变化的关系曲线,如图 2-6(a)所示。由于三极管的发射结正向偏置,所以三极管的输入特性曲线与二极管的正向特性曲线相似。当 U_{BE} 小于死区电压时,$I_B = 0$,三极管截止;当 U_{BE} 大于死区电压时才有基极电流 I_B,三极管导通。三极管导通后,发射结压降 U_{BE} 变化不大,硅管约为 $0.6 \sim 0.7$ V,锗管约为 $0.2 \sim 0.3$ V,这是判断三极管是否工作在放大状态的主要依据。

2.2.2 三极管的输出特性曲线

三极管的输出特性曲线是指三极管的基极电流 I_B 为某一固定值时,输出回路中集电极电流 I_C 与集-射电压 U_{CE} 的关系曲线。取不同的 I_B 可得到不同的曲线,因此三极管的输出特性曲线是一个曲线族,如图 2-6(b)所示。通常把三极管的输出伏安特性分成三个工作区:

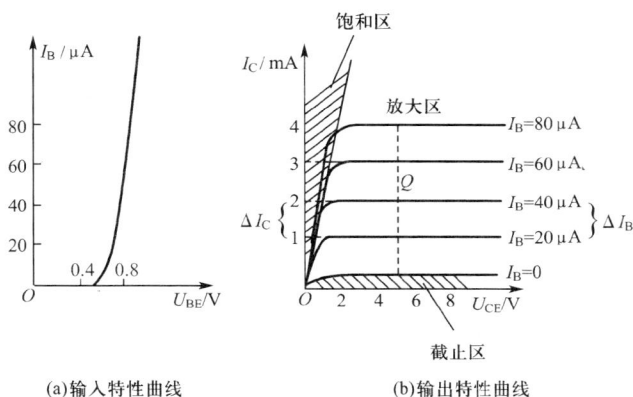

(a)输入特性曲线　　　　(b)输出特性曲线

图 2-6　三极管的伏安特性曲线

1. 放大区

输出特性曲线近似于水平的部分是放大区。在这个区域里,基极电流不为零,集电极电流也不为零,且 I_C 和 I_B 成正比,两者的比例叫做三极管的电流放大系数,表示三极管的电流放大能力。三极管工作于放大区的电压条件是:发射结上有正偏电压,集电结上有反偏电压。

2. 截止区

在基极电流 $I_B=0$ 所对应的曲线下方的区域是截止区。在这个区域里,$I_B=0$,$I_C=I_{CEO}$ (穿透电流)。三极管工作于截止区的电压条件是:发射结上有反偏电压,集电结上也有反偏电压。当然由于三极管在输入特性中存在着死区电压,所以对硅三极管而言,当发射结电压 $U_{BE} \leqslant 0.5$ V 时,三极管已开始截止;对锗三极管而言,当发射结电压 $\leqslant 0.1$ V 时,三极管也进入截止状态。

3. 饱和区

饱和区是对应于 U_{CE} 较小(此时 $U_{CE} < U_{BE}$)的区域。在这个区域里,有 I_B 也有 I_C,但 I_C 与 I_B 已不成比例关系。三极管工作于饱和区的电压条件是:发射结上是正偏电压,集电结上也是正偏电压。集电结电压之所以变成正向偏置,是由于集电极电流大到一定程度时,集电极电阻两端的电压降太大,致使集电极电位小于基极电位。

三极管饱和时,虽然有集电极电流,但集电极和发射极两端的电压很小,只有零点几伏(硅管 0.3 V,锗管 0.1 V);三极管截止时,几乎没有集电极电流。这相当于电路开关的通和断,所以三极管在电路里也常常被用作电子开关,在数字电路里有着广泛的应用。三极管作为一个开关来使用时,是一个没有机械触点的开关,其开关速度可以达到每秒几百万次。正是因为这一点,才使计算机技术有了突飞猛进的发展。

【重要结论】

(1)三极管不仅具有电流放大作用,而且还具有开关特性。

(2)当三极管作为放大器件使用时,应该工作在放大区。

(3)当三极管作为开关器件使用时,应该工作在截止区和饱和区。

改变加在三极管的各个极间的电压,就可以控制三极管的工作状态。

2.2.3 三极管的主要参数

三极管的伏安特性完整地表示了三极管的特性,但每种规格的三极管都有自己的特性曲线,而且即使是同种型号的三极管其特性曲线也往往不同,需要用专门的仪器(晶体管特性测量仪)进行测量才能得到正确的结果。所以人们还常常用一组数据来描述三极管的特性,这些数据就是三极管的参数,可以通过查半导体手册来得到。

三极管的参数是正确选用三极管的主要依据,主要参数有下面几个:

1. 电流放大系数 $\bar{\beta}$ 和 β

(1)共发射极直流电流放大系数 $\bar{\beta}$

当三极管接成共发射极放大电路时,在没有信号输入的情况下,集电极电流 I_C 和基极电流 I_B 的比值叫做共发射极直流电流放大系数,即

$$\bar{\beta} = \frac{I_C}{I_B}$$

(2)共发射极交流电流放大系数 β

当三极管接成共发射极放大电路时,在有信号输入的情况下,集电极电流的变化量 ΔI_C 和基极电流的变化量 ΔI_B 的比值叫做共发射极交流电流放大系数,即

$$\beta = \frac{\Delta I_C}{\Delta I_B}$$

这两个参数从定义上是不同的,但这两个参数的值在放大区时是非常相近的,所以今后在进行电路计算时,可以用 $\bar{\beta}$ 值来代替 β 值。在生产实践中,用万用表测量三极管的 $\bar{\beta}$ 值很容易,而测量其 β 值则需要使用专门的仪器。

2. 三极管极间反向电流

(1)反向饱和电流 I_{CBO}

当发射极开路时,集电极和基极之间的反向电流叫做反向饱和电流,是由少数载流子形成的。这个参数受温度的影响较大。硅三极管的反向饱和电流要远远小于锗三极管的反向饱和电流,其数量级在微安和毫安之间。这个值越小越好。

(2)穿透电流 I_{CEO}

当基极开路时,由集电区穿过基区流入发射区的电流叫做穿透电流,也是由少数载流子形成的。在数量上,穿透电流和反向饱和电流有下列关系

$$I_{CEO} = (1 + \beta) I_{CBO}$$

尽管反向饱和电流 I_{CBO} 的值很小,但穿透电流 I_{CEO} 的值却不容忽略,尤其是当环境温度变化时,穿透电流 I_{CEO} 的变化更是不容忽略。在考虑到这个因素时,三极管工作在放大区时集电极电流的表达式就变成

$$I_C = \beta I_B + I_{CEO}$$

在选用三极管时,一般情况下要优先选用硅管,因为硅管的穿透电流值比较小。

3. 三极管的极限参数

(1)集电极最大允许电流 I_{CM}

三极管工作在放大区时,若集电极电流超过一定值时,其电流放大系数就会下降。三极管的 β 值下降到正常值三分之二时的集电极电流,叫做三极管的集电极最大允许电流,用

I_{CM} 表示。集电极电流超过 I_{CM} 时,不一定会引起三极管的损坏,但放大倍数的差别过大,这是工作在放大区的三极管所不允许的。

(2) 集电极和发射极反向击穿电压 $U_{(BR)CEO}$

当基极开路时,加于集电极和发射极之间的能使三极管击穿的电压值,一般为几十伏到几百伏以上,视三极管的型号而定。选择三极管时,要保证 $U_{(BR)CEO}$ 大于工作电压 U_{CE} 两倍以上,这样才有一定的安全系数。

(3) 发射极和基极反向击穿电压 $U_{(BR)EBO}$

当集电极开路时,在发射极和基极之间所允许施加的最高反向电压,一般为几伏到几十伏,视三极管的型号而定。选择三极管时,要保证 $U_{(BR)EBO}$ 大于工作电压 U_{BE} 的两倍以上。

(4) 集电极最大允许功耗 P_{CM}

三极管工作于放大区时,其集电结上的电压是比较大的。当有集电极电流 I_C 流过时,半导体管芯就会产生热量,致使集电结的温度上升。三极管工作时,其温度有一定的限制(硅管的允许温度大约为 150 ℃)。三极管在使用时,应保证 $U_{CE}I_C < P_{CM}$,这样三极管在使用时才能保证安全。如图 2-7 所示,是三极管的集电极最大允许功耗曲线。

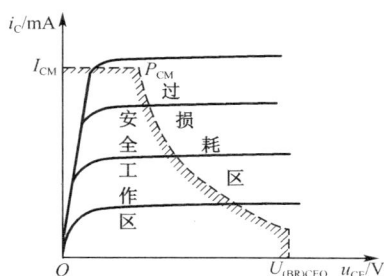

图 2-7 三极管的集电极最大允许功耗曲线

4. 温度对三极管参数的影响

半导体材料具有热敏特性,用半导体材料做成的三极管也同样对温度敏感。温度会使三极管的参数发生变化,从而会改变三极管的工作状态。主要的影响有:

(1) 温度对发射结电压 U_{BE} 的影响

实验表明:温度每升高 1 ℃,U_{BE} 会下降 2 mV,温度下降,则 U_{BE} 会上升。这将会影响三极管工作的稳定性,需要在电路中加以解决。但也可以利用这一特点,制造出半导体温度传感器,实现对温度的自动控制。

(2) 温度对反向饱和电流 I_{CBO} 的影响

温度升高时,三极管的反向饱和电流 I_{CBO} 将会增加。实验表明:温度每升高 10 ℃,反向饱和电流 I_{CBO} 将增加一倍,而这又将导致穿透电流 I_{CEO} 的更大变化,严重影响三极管的工作状态,需要引起特别注意。

(3) 温度对交流电流放大系数 β 的影响

实验表明:三极管的交流电流放大系数 β 随温度升高而增大,温度每升高 1 ℃,β 值增加大约 1%。在输出伏安特性曲线图上,表现为各条曲线之间的间隔随温度的升高而增大。

综上所述,温度的变化最终都导致三极管集电极电流发生变化。

2.3 三极管的型号命名法

2.3.1 国产半导体三极管的型号命名法

国产半导体三极管的型号命名由五部分组成,各部分的含义见表 2-2。

表 2-2　　　　　　　　　　　　　国产半导体三极管型号命名法

第一部分		第二部分		第三部分		第四部分	第五部分
用数字表示器件的电极数目		用字母表示器件的材料和类型		用字母表示器件的类别		用数字表示序号	用字母表示规格
符号	意义	符号	意义	符号	意义	意义	意义
3	三极管	A B C D E	PNP 型，锗 NPN 型，锗 PNP 型，硅 NPN 型，硅 化合材料	K X G D A T Y B J CS BT FH PIN GJ	开关管 低频小功率管 高频小功率管 低频大功率管 高频大功率管 半导体闸流管 体效应器件 雪崩管 阶跃恢复管 场效应器件 半导体特殊器件 复合管 PIN 管 激光管	反映了极限参数、直流参数和交流参数的差别	反映管子承受反向击穿电压的程度。其规格号为 A、B、C、D…，其中 A 承受的反向击穿电压最低，B 次之…

2.3.2　外国产半导体三极管的型号命名法

我国三极管的型号是以"3A～3E"开头，美国是以"2N"开头，日本是以"2S"开头，目前市场上以 2S 开头的日本产三极管占多数。

欧洲常采用国际电子联合会制定的标准，对三极管的命名方法是：

第一部分用 A 或 B 开头（A 表示锗管，B 表示硅管）；

第二部分用 C 表示低频小功率管，用 F 表示高频小功率管，用 D 表示低频大功率管，用 L 表示高频大功率管，用 S 和 U 分别表示小功率开关管和大功率开关管；

第三部分用数字表示登记序号，如 BC87 表示硅低频小功率三极管。

2.3.3　大功率三极管的封装及其散热问题

大功率三极管的体积较大，一般采用金属封装，近年来，采用塑料封装的大功率三极管越来越多。采用金属封装的大功率三极管外形如图 2-8 所示。

采用金属封装的大功率三极管其金属外壳本身就是一个散热部件，但还需要加装散热片。这种封装的三极管只有基极和发射极两根管脚，集电极就是三极管的金属外壳。

图 2-8　采用金属封装的大功率三极管外形

大功率三极管在工作时，除了向负载提供功率外，本身也要消耗一部分功率来产生热量。因为功率三极管在正常工作时，其集电结是反偏的，因此管子的耗散功率主要集中在集电结上，这就使集电结的结温迅速升高，而引起整个管子的温度升高，严重时会使管子烧毁。

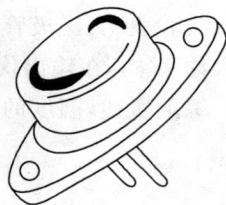

因此，要保证管子的安全，必须将管子的热量散发出去。散热条件越好，则对应于相同结温所允许的管耗就越大，输出功率也就越大。为了减小热阻，改善散热条件，一般大功率三极管都必须加装散热片。

表 2-3 列出了两种大功率三极管在达到额定功率时所要求的散热片的尺寸，还给出了没有加散热片时的输出功率情况。

表 2-3　　　　两种大功率三极管所需要的散热片尺寸（铝材）

型号	额定功率	不加散热片时的输出功率	达到几种典型功率所要求的散热片尺寸（长×宽×高）/（mm×mm×mm）	
3AD6	10 W	1 W	5 W	50×50×3
			10 W	140×130×3
3AD30	20 W	2 W	15 W	175×175×3
			20 W	220×220×3

2.4　三极管在电路中的应用

半导体三极管是电子电路的核心器件，应用十分广泛。尽管三极管可以组成许许多多的电路形式，例如组成运算放大电路、功率放大电路、振荡电路、反相器、数字逻辑电路等，但基本上可以归纳为放大应用和开关应用两大类。

2.4.1　三极管的放大应用

在模拟电子电路中，三极管主要工作于放大状态，它把输入基极的电流 ΔI_B 放大 β 倍后以 ΔI_C 的形式输出，因此三极管的放大应用，就是利用三极管的电流控制作用把微弱的电流信号增强到所要求的数值。利用三极管的电流放大作用，可以得到各种形式的电子电路。

如图 2-9 所示是一个实用的耳聋助听器实际电路，三极管将人的说话声音加以放大，可以满足耳聋患者和一些老年人的需要。

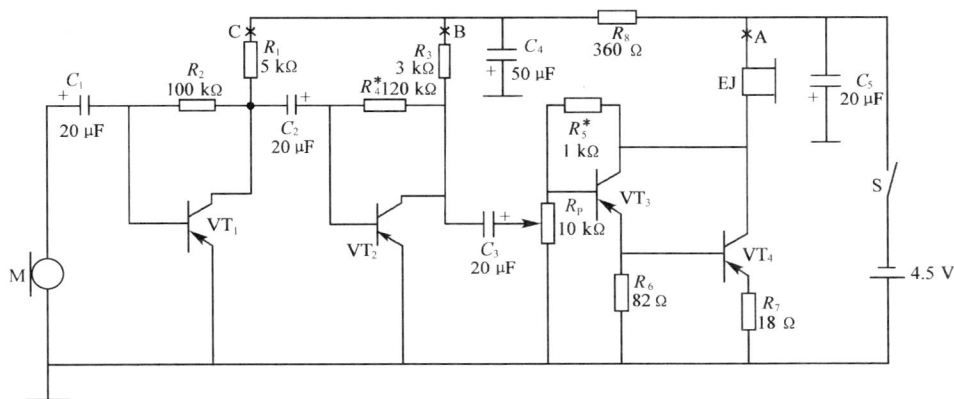

图 2-9　耳聋助听器实际电路

1. 耳聋助听器电路工作原理

晶体三极管 VT_1、VT_2、VT_3、VT_4 组成三级音频放大器。其中 VT_3、VT_4 构成复合管，具有较高的电流增益。R_2、R_4、R_5 分别是三级放大器的基极偏置电阻，它们不直接接电源，而是接在晶体管的集电极上，能够起到稳定静态工作点的作用。M 是微型话筒。微弱的声音信号由微型话筒变成电信号，经过音频放大电路放大，最后由耳机 EJ 发出声音。电位器 R_P 用来调节音量的大小。各级电路之间采用了阻容耦合方式。C_5 是电源旁路电容，可以减小当电池内阻变大时对电路造成的寄生耦合。C_4 和 R_8 是电源退耦电路，使前两级放大器的交流信号不通过电源形成回路，可以防止前后级之间的不良耦合。

2. 电路中元器件的选择

$VT_1 \sim VT_4$ 选用 PNP 型低频小功率锗管，3AX 型的都可以，β 值在 $50 \sim 80$ 为好，太大则容易造成电路工作不稳定。之所以选择锗材料三极管，是因为锗管的死区电压低，对微弱的信号也可以进行有效的放大。三极管的穿透电流 I_{CEO}，特别是 VT_1、VT_2 的穿透电流要小一些，有利于降低耳机中的静态噪音。M 可以选用微型驻极体电容式话筒，其体积小，价格低，完全可以满足要求。若采用废弃的旧录音机内的驻极体电容式话筒，效果会更好，可以直接接入电路。耳机选用高阻抗的，阻值在 $800 \sim 2000 \ \Omega$ 的均可。电源用三节 5 号电池。C_1、C_2、C_3、C_5 选用 $10 \sim 50 \ \mu F$ 的小型电解电容，耐压大于 $6.3 \ V$ 就可以。助听器的外壳可以选用较小的晶体管收音机的塑料外壳。

3. 电路调试方法

助听器的三级放大器可以由后往前逐级调整。首先调整复合管 VT_3 和 VT_4。用一个 $150 \ k\Omega$ 的电位器和一个 $20 \ k\Omega$ 的电阻串联，代替 R_5，并把万用电表的电流挡连入 A 点中，测量复合管集电极电流。调节 $150 \ k\Omega$ 的电位器，使复合管的集电极电流大约等于 $3 \ mA$，将此时的电位器的阻值测量好，加上 $20 \ k\Omega$ 的电阻值，然后换上一个阻值相同的电阻作为 R_5。用同样的方法将第一级和第二级的 R_1 和 R_3 调试好：第一级的集电极电流约为 $0.6 \ mA$，第二级的集电极电流约为 $0.8 \ mA$。调试完成后，用小螺丝刀碰触 VT_1 的基极，耳机中会发出"喀喀"声。把电位器 R_P 调到较小的位置，再接上话筒，就可以试听了。

2.4.2 三极管的开关应用

三极管工作在开关状态时，可以实现信号的导通与截止，相当于开关的断开和闭合，主要应用于数字电路。处于开关状态的三极管工作于截止区或饱和区，而放大区只是出现在三极管饱和与截止的转换过程中，是个瞬间的过渡过程。如图 2-10 所示，是一个由三极管构成的受输入信号控制的开关应用电路。

1. 开关电路工作原理

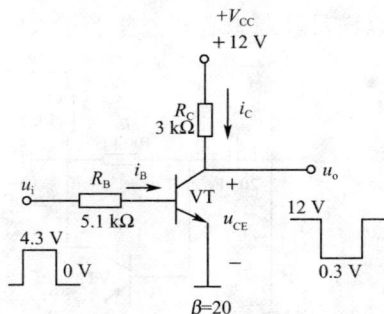

图 2-10 由三极管构成的受输入信号控制的开关应用电路

为保证三极管能可靠地截止，要求发射结电压 u_{BE} $\leqslant 0$，所以在图 2-10 中的三极管若工作于截止区，必须有 $u_i \leqslant 0$。工作在截止区的三极管各电极电流近似为零，各电极间可以看成是开路状态，相当于一个断开的开关，输出电压等于电源电压 $12 \ V$，其等效电路如图 2-11 所示。

从图 2-10 可以看出，基极电流 i_B 的增大会使集电极电流 i_C 随之增大，当集电极电流 i_C 达到一定程度时，将导致三极管的集电极和发射极间的管压降降低到接近于零，从而使三极管工作于饱和状态。三极管刚刚进入饱和区时称为临界饱和，临界时的集电极和发射极间的管压降 u_{CE} 已经很小，i_C 仍约为 β 倍的 i_B。在三极管临界饱和的基础上，如果 i_B 继续增大，由于集电极和发射极间的管压降已经达到最小值，对应的集电极电流将达到最大值，不能继续随 i_B 的增大而增大，这就表示三极管已经进入了饱和区，集电极和发射极间可以看成是导通状态，相当于一个闭合的开关，输出电压约等于 0 V，其等效电路如图 2-12 所示。

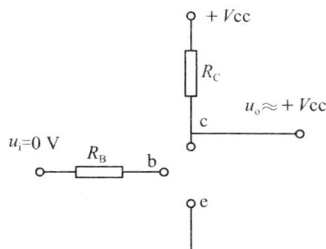

图 2-11 三极管截止时的等效电路   图 2-12 三极管饱和时的等效电路

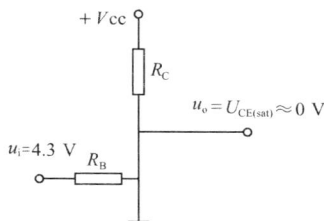

若将串联在三极管集电极上的电阻 R_C 换成一个继电器的线圈绕组，继电器的常开触点电路接一个串接在 220 V 电路里的电动机，则当三极管饱和时，继电器的触点将产生吸合动作，就可以实现对电动机负载的运转控制。

2.5 特殊三极管

2.5.1 光敏三极管

光敏三极管是一种相当于在基极和集电极间接入光电二极管的三极管。为了对光有良好的响应，其基区面积比发射区面积大得多，以扩大光照面积。光敏三极管的管脚有三个的，也有两个的，在两个管脚的光敏三极管中，光窗口即为基极。其外形、等效电路和图形符号如图 2-13 所示。

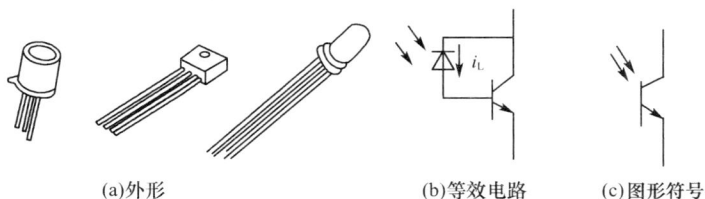

(a)外形   (b)等效电路   (c)图形符号

图 2-13 光敏三极管的外形、等效电路和图形符号

2.5.2 光耦合器

光耦合器是把发光二极管和光敏三极管组装在一起而成的光-电转换器件，其主要原理是以光为媒介，实现了电-光-电的传递与转换。几种光耦合器的等效电路和图形符号如图

2-14 所示。在光电隔离电路中,为了切断干扰的传输途径,电路的输入回路和输出回路必须各自独立,不能共地。由于光耦合器是一种以光为媒介传送信号的器件,实现了输出端与输入端的电气隔离,其绝缘电阻大于 10^{19} Ω,耐压可达 1 kV 以上,且为单向传输,所以没有内部反馈,抗干扰能力强,尤其是抗电磁干扰能力强,是一种广泛应用于微机检测和控制系统中光电隔离方面的新型器件。

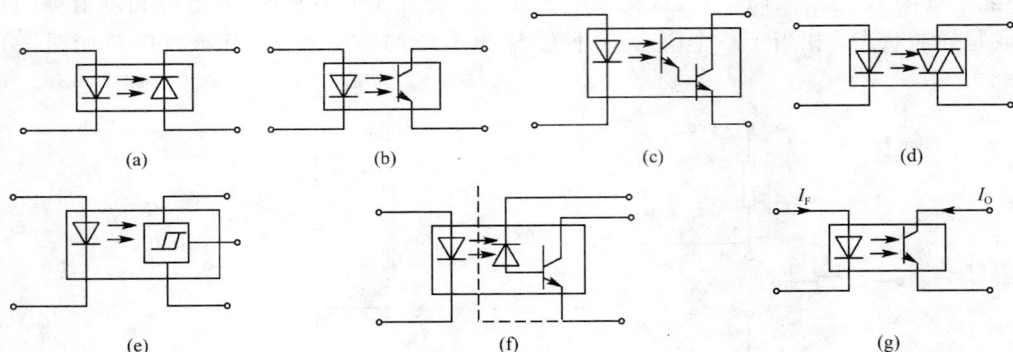

图 2-14　几种光耦合器的等效电路和图形符号

【实用资料】　韩国三星公司的 90 系列和 8050、8550 三极管的参数

近些年来,由国外引进的一些型号的三极管,在电子产品中的用量很大,国内厂家也生产出相应的产品,其型号规定与我国的标准不同,其参数也很难查找,这里给出在电子产品中常用的韩国三星公司的产品,它们是以四位数来命名的,例如 9011、9018 等。还有常用的中功率三极管,如 8050 和 8550。这些三极管的参数见表 2-4。9011 一般用于高频放大,9012 和 9013 一般用于小功率放大,9014 和 9015 一般用于低频放大,而 9016 和 9018 一般用于超高频放大。

9011、9012、9013 的工作频率可达 150 MHz,9014 和 9015 的工作频率只有 80 MHz,而9016 和 9018 的工作频率可达 500 MHz。

表 2-4　　　　　　　　　　90 系列和 8050、8550 三极管的参数

参数 型号	集电极最大允许电流 I_{CM}/mA	基极最大允许电流 I_{BM}/μA	集电极最大允许功耗 P_{CM}/mW	集电极和发射极反向击穿电压 U_{CEO}/V	交流电流放大系数 $β$	集电极和发射极饱和电压 U_{CES}/V	集电极和发射极穿透电流 I_{CEO}/μA	双极型晶体管类型
8050	1500	500	800	25	85~300	0.5	1	NPN
8550	1500	500	800	−25	85~300	0.5	1	PNP
9011	30	10	400	30	28~198	0.3	0.2	NPN
9012	500	100	625	−20	64~202	0.6	1	PNP
9013	500	100	625	20	64~202	0.6	1	NPN
9014	100	100	450	45	60~1000	0.3	1	NPN
9015	100	100	450	−45	60~600	0.7	1	PNP
9016	25	5	400	20	28~198	0.3	1	NPN
9018	50	10	400	15	28~198	0.5	0.1	NPN

【项目考核方法】

采取单人逐项考核方法,教师(或是教师已经考核优秀的学生)对每个同学都要进行三次考核,分别是:

(1)功率放大器主板上各种类型的三极管名称;

(2)不同类型的三极管主要指标的识读;

(3)将新的三极管和已经损坏的三极管混合在一起,先进行外观识别,再用万用表进行检测,找出已经损坏的三极管,说明其故障类型。

【项目实训报告】

项目实训报告内容应包括项目实施目标、项目实施器材、项目实施步骤、三极管测量数据和实训体会,并按照下列的实训项目要求将每次操作的结果填入表格中。

【实训项目1】 功率放大器电路板上三极管的直观识别

要求:拆卸功率放大器外壳,观察其内部结构,认识各种类型的三极管,识读三极管上的各种数字和其他标志。对电路板上各种三极管进行直观识别,并将识别结果填入表 2-5 中。

表 2-5　　　　　　　　　　三极管的直观识别记录表

序 号	三极管外形	三极管型号	三极管的材料(硅或锗)	三极管在电路中的用途	备注

【实训项目2】 三极管的质量检测

要求:用万用表对电路板上的三极管进行在线检测,并用万用表对电路板上型号和规格相同的新三极管进行离线检测。用指针式万用表对各种三极管的正向电阻和反向电阻进行测量,将测量和判断结果填入表 2-6 中。

表 2-6　　　　　　　三极管的正向电阻和反向电阻的测量记录表

序 号	三极管的型号	三极管的正向电阻	三极管的反向电阻	万用表的挡位	三极管质量判断结果	备注

【实训项目3】 三极管的型号及其代表意义

要求:根据给定的三极管型号,查阅资料并按照表 2-7 的要求进行填写。

表 2-7　　　　　　　　　　　　　　　　三极管的型号及其代表意义

序　号	三极管的型号	生产国家	管型	材料	额定功率	最大集电极电流
	3DD6					
	3DA87					
	3CG22					
	3AD30					
	3DG8					
	2SC181S					
	H2NS401B					
	9012					
	9013					
	8050					
	8550					

【实训项目 4】　判断三极管各个极的名称、管型和材料

根据表 2-8 中给出的在放大电路中测得的三极管各个极的对地电压,判断各个极的名称、管型和材料。

表 2-8　　　　　　　　　　　　　　三极管的各个极对地电压及其判断

序　号	三极管的三个极 A、B、C 对地电压	基极	发射极	集电极	管型	材料
	$U_A = -2.3$ V　$U_B = -3$ V　$U_C = -6$ V					
	$U_A = -9$ V　$U_B = -6$ V　$U_C = -6.3$ V					
	$U_A = 6$ V　$U_B = 5.7$ V　$U_C = 2$ V					
	$U_A = 0$ V　$U_B = -0.7$ V　$U_C = -6$ V					
	$U_A = 3$ V　$U_B = 3.7$ V　$U_C = 6$ V					

【项目小结】

1.三极管最常用的主要技术指标有三个:直流电流放大系数 $\bar{\beta}$、集电极最大允许电流 I_{CM} 和集射极间反向耐压。

2.检测三极管最常用的方法是用万用表测量集电结和发射结的正、反向电阻,根据测量结果可以判断三极管的管型和极性,也可以定性判断三极管的电流放大倍数。

【项目练习题】

1.三极管有何应用?

2.三极管主要有哪些性能参数?

3.如何用万用表来判断三极管的管型、极性和材料?

4.说出下列符号代表的意义。

(1)3AG11C　　　(2)2CZ50X　　　(3)2CW2　　　(4)3DG110　　　(5)CS2B

5.判断如图 2-15 所示电路中的三极管工作于什么区? 设发射结压降为 0.7 V。

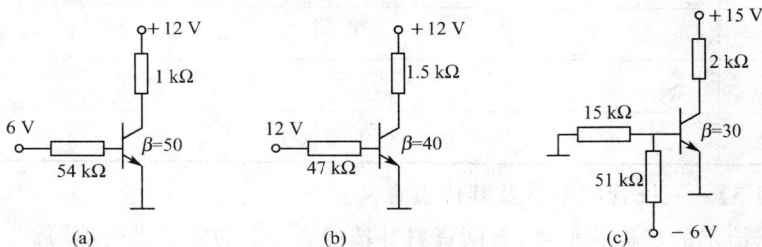

图 2-15　项目练习题 5 题电路图

项目 3

场效应管及其应用

【知识目标】

1.了解场效应管的种类、特点与标识方法。

2.了解场效应管的主要参数。

3.了解场效应管的主要用途。

【技能目标】

1.能用目视法判断识别常见场效应管的种类,能正确说出各种场效应管的名称。

2.对场效应管上标识的型号能正确识读,知晓场效应管的特点和用途。

3.会用万用表对各种场效应管进行正确测量,并对其质量做出评价。

【学习方法】

该项目通过对电视机的行场扫描电路板(或者其他电子产品)进行实际观测,对电路板上各种类型的场效应管进行认识,再通过对各种类型的新场效应管进行认识,进而学习各种场效应管指标的标注方法。再使用万用表对各种场效应管进行在线测量和离线测量,达到能判别场效应管质量好坏的目的。特别是需要准备一些已经确认损坏的场效应管,对这些已经损坏的场效应管进行外观识别和指标测量。

【实施器材】

1.电子产品:电视机的行场扫描电路板(或者包含有场效应管的其他电子产品电路板)若干块。

2.各种类型、不同规格的新场效应管若干。

3.各种类型、不同规格的、已经损坏的场效应管若干(可到电子产品维修部寻找)。

4.每两个人配备指针式万用表和数字式万用表各一只。

【初识场效应管】

晶体三极管是一种电流控制型元件,当它工作在放大状态时,必须给基极提供一定的基极电流,需要从信号源中吸取电流。这对于有一定内阻且信号又比较微弱的信号源来说,信号电压在内阻上的损耗太大,其输出电压就更小,以至于不能被放大器有效地接收到,从器件本身来看,就是其输入电阻太小。

20 世纪 60 年代,科学家研制出另一种三端半导体器件,叫做场效应晶体管,简称为场效应管。它是一种电压控制型器件,利用改变外加电场的强弱来控制半导体材料的导电能力。场效应管的输入电阻极高(最高可达 10^{15} Ω),几乎不吸取信号源电流。它还具有热稳定性好、噪声低、抗辐射能力强、制造工艺简单、便于集成等优点,因此在电子电路中得到了广泛的应用。

常见场效应管的实物外形如图 3-1 所示。

图 3-1 常见场效应管的实物外形

根据结构不同,场效应管分为结型和绝缘栅型两大类,其中绝缘栅型场效应管的应用更为广泛。不管是结型场效应管还是绝缘栅型场效应管,它都有三个电极,分别叫做源极、漏极和栅极。

【知识链接】

3.1 场效应管的类型和结构

3.1.1 绝缘栅型场效应管(MOSFET)

绝缘栅型场效应管的结构是金属-氧化物-半导体,简称为 MOS 管。MOS 管又分 N 沟道和 P 沟道两种,每一种又分为增强型和耗尽型两种类型。

1. N 沟道增强型绝缘栅型场效应管的结构、图形符号和工作原理

N 沟道增强型绝缘栅型场效应管的结构示意图如图 3-2(a)所示,它的三个电极分别叫做源极、漏极和栅极。在 P 型硅薄片(做衬底)上制成两个掺杂浓度高的 N 区(用 N^+ 表示),用铝电极引出作为源极 S 和漏极 D,两极之间的区域叫做沟道,漏极电流经此沟道流到源极。然后在半导体表面覆盖一层很薄的二氧化硅绝缘层,再在二氧化硅表面上引出一个电极叫做栅极 G。栅极同源极、漏极均无电接触,故称做"绝缘栅极"。通常在衬底上也引出一个电极,将之与源极相连。

用 P 型半导体做衬底可以制成 N 沟道增强型绝缘栅型场效应管。如果用 N 型半导体做衬底可以制成 P 沟道增强型绝缘栅型场效应管。N 沟道和 P 沟道增强型绝缘栅型场效应管的图形符号分别如图 3-2(b)和图 3-2(c)所示,它们的区别是衬底的箭头方向不同。箭头的方向总是从半导体的 P 区指向 N 区的,这一点和三极管符号的标志方法一样。

【实验演示】 N 沟道增强型绝缘栅型场效应管的工作原理

电路如图 3-3 所示。这是一个 N 沟道增强型绝缘栅型场效应管,当栅极和源极之间所加的电压 $U_{GS}=0$ 时,接在漏极上的电流表显示电流为零。逐渐增加栅、源极之间的正电压,

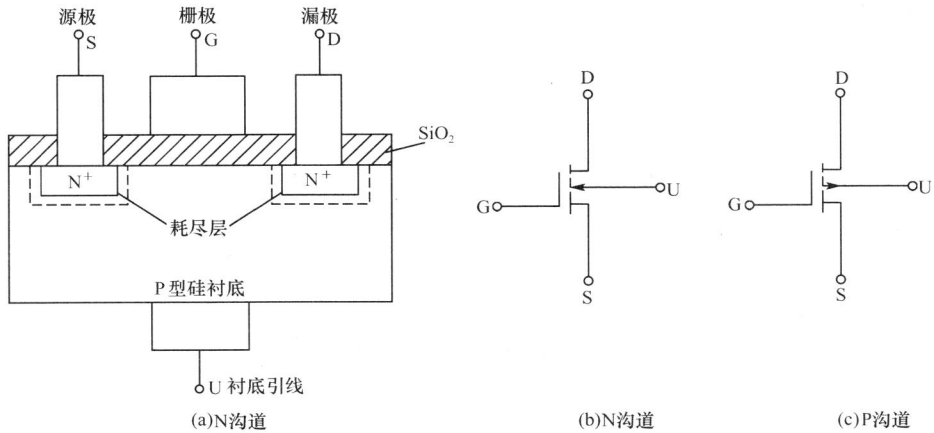

图 3-2　绝缘栅型场效应管的结构示意图和图形符号

当 U_{GS} 超过某一值(比如 2 V)时,会发现漏极电流开始增加,此时的栅源电压叫做场效应管的开启电压 $U_{GS(th)}$。这一点类似于三极管的死区电压,但不同的是此时在栅极里并没有栅极电流,因为栅极和源极、漏极之间都是绝缘的。场效应管利用加在栅极和源极之间的电压来改变半导体内的电场强度,从而控制漏极电流的有无和大小,这正是场效应管名称的由来。所谓增强型是指 $U_{GS}=0$ 时没有漏极电流,当 U_{GS} 逐渐增大并超过一定数值时才有漏极电流。还有一种场效应管在 $U_{GS}=0$ 时就已经有漏极电流了,这种场效应管叫做耗尽型 MOS 管,将在后面介绍。

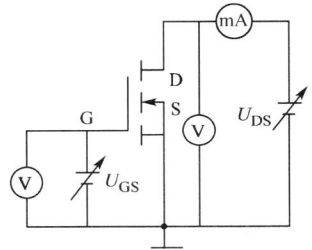

图 3-3　N 沟道增强型绝缘栅型场效应管的工作原理实验电路

2. N 沟道增强型绝缘栅型场效应管的特性曲线

根据实验数据,可以绘出 N 沟道增强型绝缘栅型场效应管的各极电压和电流关系曲线,如图 3-4 所示。

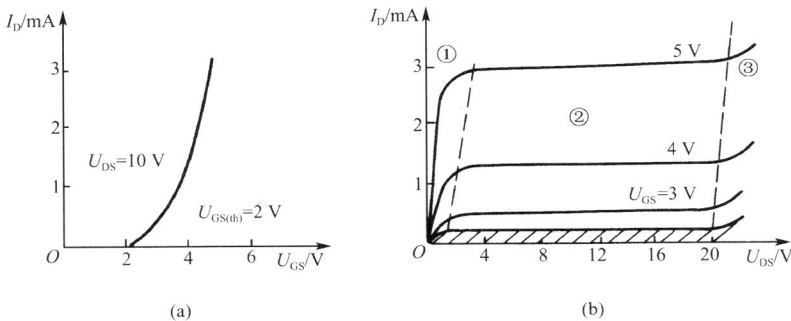

图 3-4　N 沟道增强型绝缘栅型场效应管的特性曲线

图 3-4(a)叫做转移特性曲线,它描述的是当加在漏极和源极之间的电压 U_{DS} 保持不变时,输入电压 U_{GS} 对输出电流 I_D 的控制关系。图 3-4(b)叫做输出特性曲线,它描述的是当加在栅极和源极之间的电压 $U_{GS}>U_{GS(th)}$ 并保持不变时,漏极和源极之间的电压 U_{DS} 对输出

电流 I_D 的影响。

输出特性曲线可以分三个区域：

（1）可变电阻区

在这个区域内，当 U_{GS} 一定时，I_D 与 U_{DS} 基本是线性关系。不同的 U_{GS} 所对应的曲线斜率不同，反映出电阻的值是变化的。所以称这个区域为可变电阻区，如图中的①区所示。

（2）饱和区

图中所示曲线近似水平的部分叫做饱和区，在此区域内，U_{DS} 增加，I_D 基本不变（对应于同一个 U_{GS} 值），管子的工作状态相当于一个恒流源，所以此区域又叫做恒流区。在恒流区内，I_D 的大小随 U_{GS} 的大小而变化，曲线的间隔反映出 U_{GS} 对 I_D 的控制能力。从这个意义上说，饱和区又可称为放大区，而且基本上是线性关系。场效应管用于放大时，就工作在这个区域，如图中的②区所示。

（3）击穿区

特性曲线快速上翘的部分叫做击穿区，在这个区域，U_{DS} 增大到一定值后，漏极和源极之间发生击穿，漏极电流 I_D 急剧增大。如不加以限制，会造成 MOS 管损坏。如图中的③区所示。

3. 耗尽型绝缘栅型场效应管的工作原理

增强型绝缘栅型场效应管只有当 $U_{GS} > U_{GS(th)}$ 时才能形成导电沟道，如果在制造时就使它具有一个原始导电沟道，这种场效应管就叫做耗尽型绝缘栅型场效应管。图 3-5 是 N 沟道耗尽型绝缘栅型场效应管的结构示意图和图形符号。

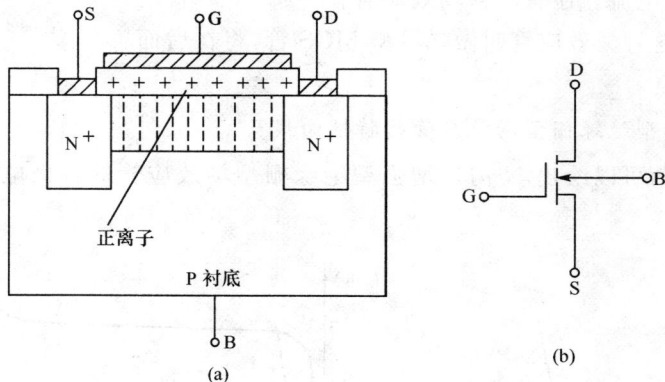

图 3-5 N 沟道耗尽型绝缘栅型场效应管的结构示意图和图形符号

与增强型场效应管相比，它的结构发生了变化，其控制特性也有所变化。在 U_{DS} 为常数的条件下，$U_{GS} = 0$ 时，漏极和源极之间已经导通，流过的是原始导电沟道的饱和漏极电流 I_{DSS}。当 $U_{GS} < 0$ 时，即在栅极和源极之间加上反向电压时，导电沟道变窄，I_D 将变小；当 U_{GS} 达到一定负值时，导电沟道被夹断，$I_D \approx 0$，这时的 U_{GS} 值称为夹断电压，用 $U_{GS(off)}$ 表示。图 3-6（a）和图 3-6（b）分别是 N 沟道耗尽型绝缘栅型场效应管的转移特性曲线和输出特性曲线。从图中可看出，耗尽型绝缘栅型场效应管不论在栅极和源极之间的电压是正是负还是零，都能控制漏极电流 I_D，这个特点使它的应用具有较大的灵活性。

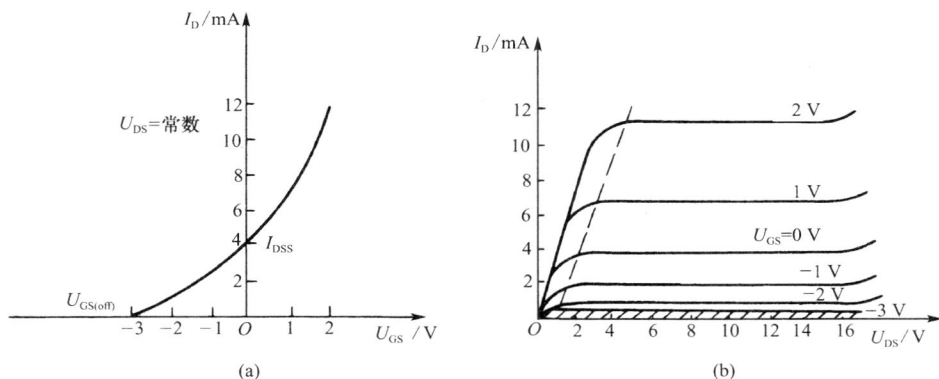

图 3-6　N 沟道耗尽型绝缘栅型场效应管的转移特性曲线和输出特性曲线

3.1.2　结型场效应管

1. 结型场效应管的结构、图形符号和工作原理

结型场效应管(JFET)也分成 N 沟道和 P 沟道两种类型。N 沟道结型场效应管的结构示意图和图形符号如图 3-7(a)和图 3-7(b)所示。它是用一块 N 型半导体做衬底,在其两侧做成两个杂质浓度很高的 P 型区,形成两个 PN 结。从两边的 P 型区引出两个电极并在一起,成为栅极 G;在 N 型衬底的两端各引出一个电极,分别叫做漏极 D 和源极 S。两个 PN 结中间的 N 型区域,叫做导电沟道,它是漏极和源极之间的电流通道。

如果用 P 型半导体做衬底,则可构成 P 沟道结型场效应管,其图形符号如图 3-7(c)所示。N 沟道和 P 沟道结型场效应管图形符号的区别,在于栅极的箭头指向不同,但都是由 P 区指向 N 区。

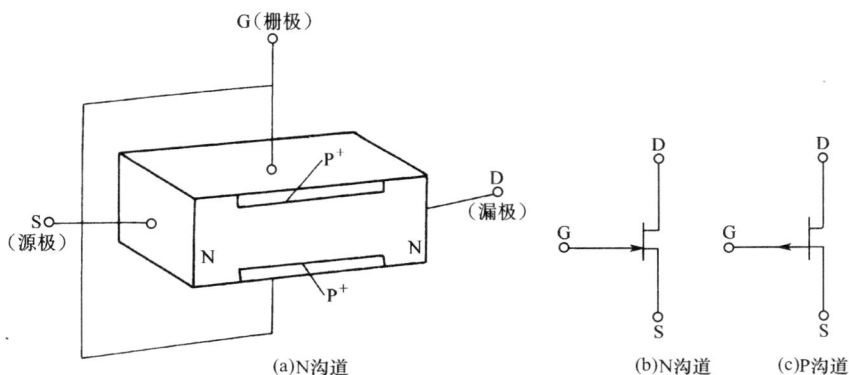

图 3-7　结型场效应管的结构示意图和图形符号

N 沟道和 P 沟道结型场效应管的工作原理完全相同,下面我们以 N 沟道结型场效应管为例进行分析。

研究场效应管主要是分析输入电压对输出电流的控制作用。在图 3-8 中给出了当漏极和源极之间的电压 $U_{DS}=0$ 时,栅源电压 U_{GS} 对导电沟道影响的示意图。

讨论:

(1)当 $U_{GS}=0$ 时,PN 结的耗尽层如图 3-8(a)中阴影部分所示。耗尽层只占 N 型半导

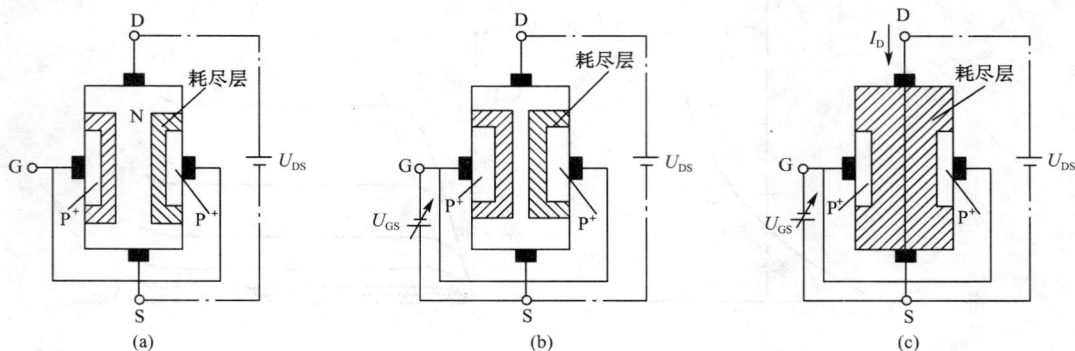

图 3-8　栅源电压 U_{GS} 对导电沟道影响的示意图

体体积的很小一部分,导电沟道很宽,沟道电阻比较小。

(2)当在栅极和源极之间加上一个可变直流负电压 U_{GS} 时,两个 PN 结都是反向偏置,耗尽层加宽,导电沟道变窄,沟道电阻变大。

(3)当栅源电压 U_{GS} 负到一定值时,两个 PN 结的耗尽层近于碰上,导电沟道被夹断,沟道电阻趋于无穷大。此时的栅源电压叫做栅源夹断电压,用 $U_{GS(off)}$ 表示。

从以上的分析可知,改变栅源电压 U_{GS} 的大小,就能改变导电沟道的宽窄,也就能改变沟道电阻的大小。如果在漏极和源极之间接入一个合适的正电压 U_{DS},则漏极电流 I_D 的大小将随栅源电压 U_{GS} 的变化而变化,这就实现了控制作用。

2.N 沟道结型场效应管的特性曲线

栅源电压对漏极电流的控制关系用转移特性曲线表示出来,如图 3-9 所示。

转移特性是指在漏极和源极电压 U_{DS} 一定时,漏极电流 I_D 和栅源电压 U_{GS} 的关系。U_{GS} $=0$ 时的 I_D 叫做栅源短路时漏极电流(即零偏漏极电流),用 I_{DSS} 表示;使漏极电流 $I_D \approx 0$ 时的栅源电压就是夹断电压 $U_{GS(off)}$。

图 3-10 是 N 沟道结型场效应管的输出特性。它是指在栅源电压一定时,漏极电流 I_D 和漏源电压 U_{DS} 之间的关系。它分成可变电阻区、恒流区和击穿区。

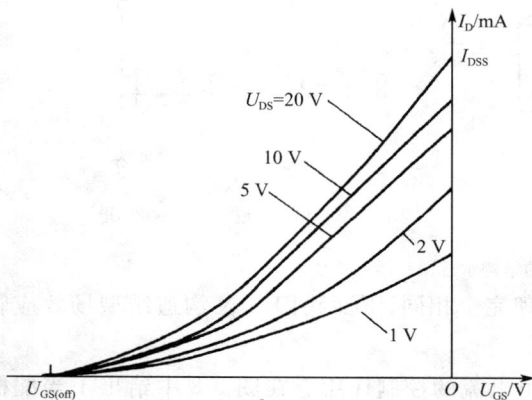

图 3-9　栅源电压对漏极电流的转移特性曲线

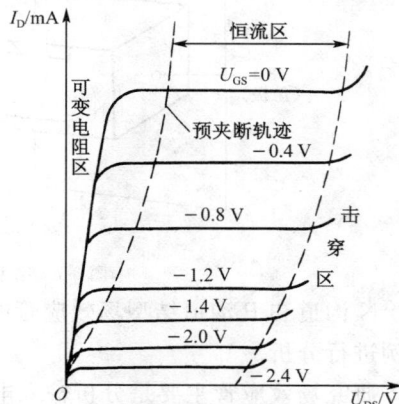

图 3-10　N 沟道结型场效应管的输出特性

讨论:

(1)可变电阻区:特性曲线上升的部分叫做可变电阻区。在这个区域内,U_{DS} 比较小,I_D

随 U_{DS} 的增加而近于直线上升,管子的状态相当于一个电阻,而这个电阻的大小又随栅源电压 U_{GS} 的变化而变化(不同 U_{GS} 的输出特性曲线的斜率不同),所以把这个区域叫做可变电阻区。

(2)恒流区:曲线近于水平的部分叫做恒流区,又叫做饱和区。在此区域内,U_{DS} 增加,I_D 基本不变(对应于同一个 U_{GS}),管子的状态相当于一个"恒流源",所以把这部分叫做恒流区。在恒流区内,I_D 随 U_{GS} 的改变而改变,曲线的间隔反映出 U_{GS} 对 I_D 的控制能力。

(3)击穿区:特性曲线快速上翘的部分叫做击穿区。在此区域内,U_{DS} 比较大,I_D 急剧增加,导致击穿现象的发生。场效应管工作时,不允许进入这个区域。

结型场效应管正常使用时,栅极和源极之间加的是反偏电压,其输入电阻虽然没有绝缘栅型场效应管那么高,但比起三极管来还是高多了。

3.1.3 场效应管与三极管的比较

场效应管与三极管特点的比较见表 3-1。

表 3-1　　　　　　　　　　　场效应管与三极管特点的比较

项　目 ＼ 器　件	三极管	场效应管
导电机构	既用多子,又用少子	只用多子
导电方式	载流子浓度扩散及电场漂移	电场漂移
控制方式	电流控制	电压控制
类型	PNP、NPN	P 沟道、N 沟道
放大参数	$\beta=50\sim100$ 或更大	$g_m=1\sim6$ mS
输入电阻	$10^2\sim10^4$ Ω	$10^7\sim10^{15}$ Ω
抗辐射能力	差	在宇宙射线辐射下,仍能正常工作
噪声	较大	小
热稳定性	差	好
制造工艺	较复杂	简单,成本低,便于集成化

由表 3-1 可以看出,场效应管与三极管有各自的特点:

(1)场效应管是电压控制型元件,三极管是电流控制型元件。

(2)场效应管的输入电阻很高,三极管的输入电阻比较小,分别适合于不同的信号源。

(3)场效应管的温度稳定性好,三极管的温度稳定性差。这是因为场效应管靠多子导电,管中运动的只是一种极性的载流子;三极管既用多子导电,又有少子参与导电。由于多子浓度不易受外界因素的影响,因此在环境温度变化较大的场合,采用场效应管比较合适。

(4)场效应管的制造工艺简单,便于集成化,适合制造大规模集成电路。而三极管受制造工艺和热损耗大的影响,在集成度方面受到限制。

从管子的使用上,我们可以把场效应管和三极管的各个极加以对应,以有利于对电路的理解。即栅极和基极相对应;漏极和集电极相对应;源极和发射极相对应。这对于电子电路的识图很有好处。

【使用提示】

(1)绝缘栅型场效应管的输入电阻极高,使得栅极的感应电荷不易释放,又因极间电容很小,故容易造成电压过高使绝缘栅击穿。所以在保管 MOS 管时,要将三个极短接;焊接时,电烙铁的外壳要接地;测试时,测量仪器也要接地,要先接好电路再去除电极之间的短接。测试结束后,要先短接电极再撤除仪器。

(2)有些场效应管的漏极和源极不可以互换,因为衬底已经和源极连在一起,这从管子的管脚数目可加以区分。

3.1.4 场效应管的主要参数

1.夹断电压 $U_{GS(off)}$ 或开启电压 $U_{GS(th)}$

当 U_{GS} 为某固定值时,使漏极电流 I_D 接近零或按规定等于一个微小电流(如 $1\ \mu A$),这时的栅源电压为夹断电压 $U_{GS(off)}$(耗尽型)或开启电压 $U_{GS(th)}$(增强型)。

2.零偏漏极电流 I_{DSS}

当 U_{DS} 为某固定值时,栅源电压为零时的漏极电流。

3.漏源击穿电压 $U_{(BR)DS}$

当 U_{DS} 增加,使 I_D 开始急剧增加时的 U_{DS} 叫做漏源击穿电压。

4.栅源击穿电压 $U_{(BR)GS}$

使二氧化硅绝缘层击穿时的栅源电压叫做栅源击穿电压,一旦绝缘层击穿将造成管子短路,使管子损坏。

5.直流输入电阻 R_{GS}

指加在栅、源板间的电压和栅极电流的比值。MOS 管的直流输入电阻很大,一般在 $10^{10}\ \Omega$ 以上。

6.漏极最大耗散功率 P_{DM}

这是管子允许的最大耗散功率,类似于三极管中的集电极最大允许功耗 P_{CM},是决定管子温升的参数。

7.跨导 g_m

在 U_{DS} 为规定值的条件下,漏极电流的变化量和引起这个变化的栅源电压变化量之比,叫做跨导,它反映了场效应管的放大能力,类似于三极管的电流放大系数。跨导 g_m 可以从转移特性曲线上求出,它的单位是毫西门子(mS),有时也用微西门子(μS)。一般场效应管的跨导为零点几到几十毫西门子。

3.2 场效应管的检测方法

3.2.1 结型场效应管的测量

1.用指针式万用表对结型场效应管进行判别

(1)用测电阻法判别结型场效应管的电极

根据结型场效应管的 PN 结正、反向电阻值不一样的特点,可以判别出结型场效应管的各个电极。具体操作方法是:将万用表拨在 $R \times 1\ k$ 挡上,任选两个电极,分别测出其正、反向电阻值。当某两个电极的正、反向电阻值相等,且为几千欧姆时,则该两个电极分别是漏极 D 和源极 S。因为对结型场效应管而言,漏极和源极可互换,剩下的电极肯定是栅极 G。也可以将万用表的黑表笔(红表笔也行)任意接触一个电极,另一只表笔依次去接触其余的两个电极,测其电阻值。当出现两次测得的电阻值近似相等时,则黑表笔所接触的电极为栅极 G,其余两电极分别为漏极 D 和源极 S。若两次测出的电阻值均很大,说明是反向 PN 结,即都是反向电阻,可以判定是 N 沟道场效应管,且黑表笔接的是栅极 G;若两次测出的电阻值均很小,说明是正向 PN 结,即都是正向电阻,判定为 P 沟道场效应管,黑表笔接的也是栅极 G。若不出现上述情况,可以调换黑、红表笔按上述方法进行测试,直到判别出栅极 G 为止。

(2)用测电阻法判别结型场效应管的好坏

有的结型场效应管有四个管脚:D、S、G_1、G_2,测电阻法是用万用表测量结型场效应管的源极与漏极、栅极与源极、栅极与漏极、栅极 G_1 与栅极 G_2 之间的电阻值同场效应管手册标明的电阻值是否相符去判别管的好坏。具体操作方法是:首先将万用表置于 $R \times 10$ 或 $R \times 100$ 挡,测量源极 S 与漏极 D 之间的电阻,通常在几十欧到几千欧范围(在手册中可知,各种不同型号的管,其电阻值是各不相同的),如果测得阻值大于正常值,可能是由于内部接触不良;如果测得阻值是无穷大,可能是内部断极。然后把万用表置于 $R \times 10$ k 挡,再测栅极 G_1 与 G_2 之间、栅极与源极、栅极与漏极之间的电阻值,当测得其各项电阻值均为无穷大,则说明管是正常的;若测得上述各阻值太小或为通路,则说明管是坏的。要注意,若两个栅极在管内断极,可用元件代换法进行检测。

(3)用感应信号输入法估测结型场效应管的放大能力

具体方法:用万用表的 $R \times 100$ 挡,红表笔接源极 S,黑表笔接漏极 D,给场效应管加上 1.5 V 的电源电压,此时指针指示出漏、源极间的电阻值。然后用手捏住结型场效应管的栅极 G,将人体的感应电压信号加到栅极上。这样,由于场效应管的放大作用,漏源电压 U_{DS} 和漏极电流 I_D 都要发生变化,也就是漏源极间电阻发生了变化,由此可以观察到指针摆动。如果手捏栅极时指针摆动较小,说明管的放大能力较差;指针摆动较大,表明管的放大能力大;若指针不动,说明管是坏的。

例如,对结型场效应管 3DJ2F 进行测量,根据上述方法,用万用表的 $R \times 100$ 挡,测结型场效应管 3DJ2F。先将管的 G 极开路,测得漏源电阻 R_{DS} 为 600 Ω,用手捏住 G 极后,指针向左摆动,指示的电阻 R_{DS} 为 12 kΩ,指针摆动的幅度较大,说明该管是好的,并有较大的放大能力。

2.用指针式万用表判别结型场效应管要注意的问题

(1)在测试场效应管用手捏住栅极时,万用表指针可能向右摆动(电阻值减小),也可能向左摆动(电阻值增大)。这是由于人体感应的交流电压较高,而不同的场效应管用电阻挡测量时的工作点可能不同(或者工作在饱和区或者在不饱和区)所致,实验表明,多数管的 R_{DS} 增大,使指针向左摆动;少数管的 R_{DS} 减小,使指针向右摆动。但无论指针摆动方向如何,只要指针摆动幅度较大,就说明该管有较大的放大能力。

(2)此方法对绝缘栅型场效应管也适用。但要注意,绝缘栅型场效应管的输入电阻高,栅极 G 允许的感应电压不应过高,所以不要直接用手去捏栅极,必须用手握螺丝刀的绝缘柄,用金属杆去碰触栅极,以防止人体感应电荷直接加到栅极,引起栅极击穿。

（3）每次测量完毕，应当将 G-S 极间短路一下。这是因为栅极和源极间的 PN 结电容上会充有少量电荷，建立起 U_{GS} 电压，造成再进行测量时指针可能不动，只有将 G-S 极间电荷短路放掉才行。

3. 用测电阻法判别无标志的结型场效应管

首先用测电阻的方法找出两个有电阻值的管脚，也就是源极 S 和漏极 D，余下两个脚为第一栅极 G_1 和第二栅极 G_2。把先用两表笔测得的源极 S 与漏极 D 之间的电阻值记下来，对调表笔再测量一次，把测得的电阻值也记下来，两次测得阻值较大的一次，黑表笔所接的电极为漏极 D，红表笔所接的为源极 S。用这种方法判别出来的 S、D 极，还可以用估测其管的放大能力的方法进行验证，即放大能力大的黑表笔所接的是 D 极，红表笔所接的是 S 极。两种方法检测结果应一样。当确定了漏极 D、源极 S 的位置后，按 D、S 的对应位置装入电路，一般 G_1、G_2 也会依次对准位置，这就确定了两个栅极 G_1、G_2 的位置，从而就确定了 D、S、G_1、G_2 管脚的顺序。

3.2.2　VMOS 管的测量

1. VMOS 管（VMOSFET）

V 绝缘栅型场效应管简称 VMOS 管或功率场效应管，其全称为 V 型槽绝缘栅型场效应管。其结构示意图如图 3-11 所示。

它是继绝缘栅型场效应管（MOSFET）之后新发展起来的高效功率开关器件。它不仅继承了绝缘栅型场效应管输入电阻高（$\geqslant 10^8\ \Omega$）、驱动电流小（$0.1\ \mu A$ 左右）的优点，还具有耐压高（最高可耐压 1200 V）、工作电流大（$1.5\sim100$ A）、输出功率高（$1\sim250$ W）、跨导线性好、开关速度快等优良特性。正是由于它将电子管与功率晶体管之优点集于一身，因此在电压放大器（电压放大倍数可达数千倍）、功率放大器、开关电源和逆变器中获得广泛应用。

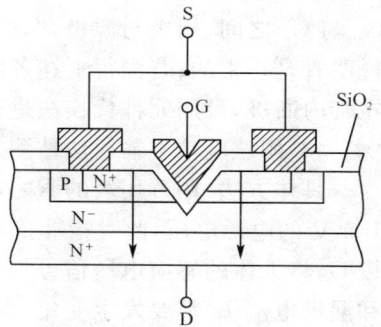

图 3-11　V 绝缘栅型场效应管的结构示意图

2. VMOS 管的检测方法

（1）判定栅极 G

将万用表拨至 $R\times 1$ k 挡，分别测量三个管脚之间的电阻。若发现某管脚与其余两管脚的电阻均呈无穷大，并且交换表笔后仍为无穷大，则证明此管脚为 G 极，因为它和另外两个管脚是绝缘的。

（2）判定源极 S 和漏极 D

V 绝缘栅型场效应管的源-漏极之间有一个 PN 结，因此根据 PN 结正、反向电阻的差异，可识别 S 极与 D 极。用交换表笔法测两次电阻，其中电阻值较低（一般为几千欧至十几千欧）的一次，此时黑表笔接的是 S 极，红表笔接的是 D 极。

（3）测量漏源通态电阻 $R_{DS(on)}$

将 V 绝缘栅型场效应管的 G-S 极短路，选择万用表的 $R\times 1$ 挡，黑表笔接 S 极，红表笔接 D 极，阻值应为几欧至十几欧。由于测试条件不同，测出的 $R_{DS(on)}$ 值比手册中给出的典型值要高一些。例如,用 500 型万用表 $R \times 1$ 挡实测一只 IRFPC50 型 VMOS 管, $R_{DS(on)} = 3.2\ \Omega$,大于其典型值 0.58 Ω。

(4)检查 V 绝缘栅型场效应管的跨导

将万用表置于 $R \times 1$ k(或 $R \times 100$)挡,红表笔接 S 极,黑表笔接 D 极,手持螺丝刀去碰触栅极 G,指针应有明显偏转,偏转愈大,管子的跨导愈高。

3.关于 V 绝缘栅型场效应管的几个问题

(1)VMOS 管亦分 N 沟道管与 P 沟道管,但绝大多数产品属于 N 沟道管。对于 P 沟道管,测量时应交换表笔的位置。

(2)有少数 VMOS 管在 G-S 极之间并联一只保护二极管,所以上述检测方法中的(1)、(2)项不再适用。

(3)目前市场上还有一种 VMOS 管功率模块,专供交流电机调速器和逆变器使用。例如,美国 IR 公司生产的 IRFT001 型模块,内部有 N 沟道、P 沟道管各三只,构成三相桥式结构。

(4)现在市售 VNF 系列(N 沟道)产品,是美国 Supertex 公司生产的超高频功率场效应管,其最高工作频率 $f_p = 120$ MHz,$I_{DSM} = 1$ A,$P_{DM} = 30$ W,共源小信号低频跨导 $g_m = 2000\ \mu S$。适用于高速开关电路、广播和通信设备中。

(5)使用 VMOS 管时,必须加合适的散热器。以 VNF306 为例,该管子加装 140 mm× 140 mm×4 mm 的散热器后,其最大功率才能达到 30 W。

3.2.3　绝缘栅型场效应管的测量

绝缘栅型场效应管(MOSFET)除了放大能力稍弱之外,在导通电阻、开关速度、噪声及抗干扰能力等参数方面,都比双极型三极管有着明显的优势。绝缘栅型场效应管能在很小的电流和很低的电压条件下工作,而且它的制造工艺简单,可以很方便地把很多场效应管集成在一个硅片上,因此绝缘栅型场效应管在大规模集成电路中得到了广泛的应用。

1.使用绝缘栅型场效应管时必须注意的事项

由于绝缘栅型场效应管的输入电阻极高,其栅极只要有微量感应电荷产生的电势,就足以击穿其绝缘层造成器件的损坏。所以对于绝缘栅型场效应管的存放和使用,需要采取一些防护措施。

(1)存放和运输时的防护

绝缘栅型场效应管在运输和贮藏中必须将其管脚短路,可以用金属导线将器件的三只管脚捆扎起来。待场效应管焊接到电路板上之后再剪去捆扎线。存放时要用金属盒屏蔽包装,以防止外来感应电势将栅极击穿。千万不能将绝缘栅型场效应管放入塑料盒子内。

(2)工作设施要良好接地

在工作过程中,要求一切测试仪器、工作台、电烙铁、线路本身都必须良好地接地。从元器件架上取管时,应以适当的方式确保人体接地,如采用接地环等。

(3)焊接时要注意管脚顺序

在焊接绝缘栅型场效应管时,要按源极→漏极→栅极的先后顺序焊接。焊接时,可用 25 W 的电烙铁进行焊接,电烙铁的外壳必须装有接地线,以防止由于电烙铁带电而损坏管子,最好将电烙铁的电源断开后利用余热进行焊接。焊接时如果能采用先进的气热型电烙铁是最安全的。

(4)不允许带电操作

在未关断电源时,绝对不可以把场效应管插入电路或从电路中拔出。

(5)安装场效应管时需要注意的问题

在安装场效应管时,注意安装的位置要尽量避免靠近发热元器件;为了防止管件振动,有必要将管壳体紧固起来;管脚引线在弯曲时,应当在大于根部尺寸 5 mm 处进行,以防止弯断管脚和引起漏电等。

(6)功率型场效应管的散热问题

对于功率型场效应管,要有良好的散热条件。因为功率型场效应管在高负荷条件下使用,会产生大量的热量,必须按照要求设计适合的散热器,确保壳体温度不超过额定值,使器件长期稳定可靠地工作。

2.一般绝缘栅型场效应管的测量方法

(1)准备工作

测量之前,人体对地先短路一下,最好在手腕上接一条导线与大地始终保持连通,使人体与大地保持等电位。然后再把绝缘栅型场效应管的管脚分开,拆掉短路导线。

(2)判定栅极 G

将万用表拨至 $R \times 1$ k 挡,分别测量三个管脚之间的电阻。若发现某管脚与其余两管脚的电阻均呈无穷大,并且交换表笔后仍为无穷大,则证明此管脚为 G 极,因为它和另外两个管脚是绝缘的。

(3)判定源极 S 和漏极 D

绝缘栅型场效应管的源-漏极之间有一个 PN 结,因此根据 PN 结正、反向电阻的差异,可识别 S 极与 D 极。用交换表笔法测两次电阻,其中电阻值较低(一般为几千欧至十几千欧)的一次,此时黑表笔接的是 S 极,红表笔接的是 D 极。

(4)测量漏源通态电阻 $R_{DS(on)}$

将绝缘栅型场效应管的 G-S 极短路,选择万用表的 $R \times 1$ 挡,黑表笔接 S 极,红表笔接 D 极,阻值应为几欧至十几欧。

(5)检查绝缘栅型场效应管的跨导

将万用表置于 $R \times 1$ k(或 $R \times 100$)挡,红表笔接 S 极,黑表笔接 D 极,手持螺丝刀去碰触栅极,指针应有明显偏转,偏转愈大,管子的跨导愈高。

3.特殊绝缘栅型场效应管的测量方法

目前市场上销售的绝缘栅型场效应管的种类和封装很多,其中大多数 MOS 管,尤其是功率型 MOS 管,内部集成有完善的保护环节,在 G-S 极间内置一只保护二极管,所以平时在存放和运输中就不需要把各管脚进行短路保护了,使用起来与双极型三极管一样方便。不过,保护单元的存在却又使得 MOS 管的内部结构变得复杂,测试方法也有所不同。

(1)带有保护环节的 NMOS 管的测试

NMOS 管内部的保护环节有多种类型,这就决定了测量过程存在着多样性,常见带有保护环节的 NMOS 管的内部结构如图 3-12 所示。

如图 3-12 所示的两只 NMOS 管的 D-S 极间均并联一只寄生二极管,还有的 NMOS 管的 G-S 极之间还设计了一只类似于双向稳压管的"保护二极管",由于保护二极管的开启电压较高,用万用表一般无法测量出该二极管的单向导电性。因此,这两种管子的测量方法基本类似,具体测试步骤如下:

①各个极的判断

NMOS 管的栅极与漏、源两极之间的绝缘电阻值很高,因此在测试过程中,G-D、G-S 极之间均应

图 3-12 两种带有保护环节的 NMOS 管内部结构

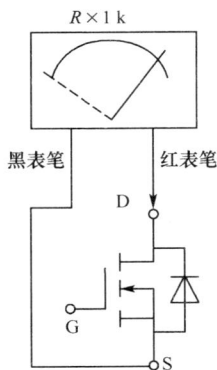

表现出很高的电阻值。而寄生二极管的存在将使 D、S 两只管脚间表现出正反向阻值差异很大的现象。选择指针式万用表的 $R\times 1$ k 挡,轮流测试任意两只管脚之间的电阻值。当指针出现较大幅度偏转时,与黑表笔相接的管脚即为 NMOS 管的源极 S,与红表笔相接的管脚为漏极 D,剩余第三脚则为栅极 G,如图 3-13 所示。

②短接 G、D、S 三个电极,泄放掉 G-S 极间等效结电容在测试过程中临时存储电荷所建立起的电压 U_{GS}。

③将万用表电阻挡切换到 $R\times 10$ k 挡(内置 9 V 电池)后调零。将黑表笔接漏极 D,红表笔接源极 S,经过上一步的短接放电后,U_{GS} 降为 0 V,NMOS 管尚未导通,其 D-S 极间电阻 R_{DS} 为 ∞,故指针不会发生偏转。用手指捏一下 G-D 极,此时万用表的指针若向右发生偏转,如图3-14所示,则此 NMOS 管的质量与性能比较好。

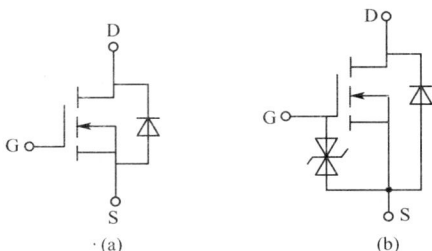

图 3-13 带有保护环节的 NMOS 管各个极的判断

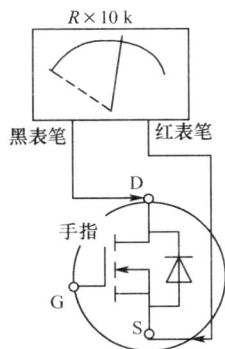

图 3-14 NMOS 管的质量与性能的判断

④放大能力(跨导)的估测

判断 NMOS 管的跨导性能时,选择万用表的 $R\times 10$ k 挡,此时表内电压较高。将万用表的红表笔接源极 S,黑表笔接漏极 D,这相当于在 D-S 极之间加上一个 9 V 的电压。此时栅极 G 开路,当用手指或镊子接触栅极 G 并停顿几秒时,指针会缓慢地偏转到满刻度的1/3～1/2处。指针偏转的角度越大,NMOS 管的跨导值就越高。如果被测管的跨导很小,用此法测试时指针的偏转幅度很小。

(2)有电阻的特殊小功率 NMOS 管的测试

图 3-12 所示的 NMOS 管目前使用较广,带有寄生二极管的典型器件如 IRF740、IRF830 和 PMOS 型的 IRF9630 等。日本产的 2SK1548、FS3KM16A 为带有保护二极管的这类 NMOS 器件的典型代表。此外,还有一类比较特殊的 NMOS 管,这类 NMOS 管的栅极 G 在并联了保护二极管的同时还集成有一只电阻,其结构如图 3-15 所示。

图 3-15 所示的 NMOS 管在小功率器件中采用较多,常见的有 2SK1825。这类 NMOS 管与前述两种 NMOS 管的测试方法区别较大,正确的测试步骤如下:

①源极 S 的判断

用万用表的 $R \times 10$ k 挡,将黑表笔与管的某只管脚相接,红表笔分别与其余两只管脚相接,进行阻值测量,若在两次测量过程中,指针均出现较大幅度的偏转,则与黑表笔相接的管脚为源极 S,这主要是由于 NMOS 管内部集成有两只保护二极管的缘故,如图 3-16 所示。

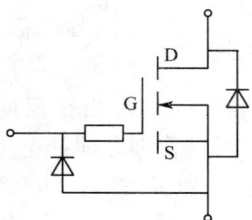

图 3-15 有电阻的特殊小功率 NMOS 管结构　　　　图 3-16 有电阻的特殊小功率 NMOS 管的测试

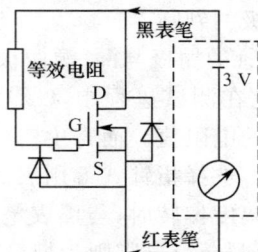

②漏极 D 与栅极 G 的判断

为了区分漏极 D 与栅极 G,接下来可参考 NPN 三极管集电极 C 与发射极 E 的识别程序进行测试。假设剩余管脚中的某一只为漏极 D,并将其与黑表笔相接,红表笔则接假设的栅极 G。用手指捏住假设的栅极 G 与漏极 D,观察指针的偏转情况。若指针偏转幅度较大,则与黑表笔相接的管脚为漏极 D,与红表笔相接的管脚则为栅极 G。

PMOS 管的测试原则和方法与 NMOS 管类似,在测试过程中应注意将表笔的顺序颠倒。

4. 型号不明的 MOS 管的测试

对于型号不明的 MOS 管,通过检测其单向导电性往往只能判断出其中哪一只管脚为栅极 G,而不能直接识别管子的极性和 D、S 极。对此,合理的测试方法如下:

(1)万用表取 $R \times 1$ k 挡,在观察到单向导电性之后,判断出其中哪一只管脚为栅极 G,然后交换两只表笔的位置。

(2)将万用表切换至 $R \times 10$ k 挡,保持黑表笔不动,将红表笔移到栅极 G 停留几秒后再回到原位,若指针出现满偏,则该元件为 PMOS 管,且黑表笔所接管脚为源极 S,红表笔所接管脚为漏极 D。

(3)若在第(2)步万用表的指针没有发生大幅度偏转,则保持红表笔位置不变,将黑表笔移到栅极 G 停留几秒后回到原位,若指针出现满偏,则管子的类型为 NMOS,黑表笔所接管脚为漏极 D,红表笔所接管脚为源极 S。

和三极管相似,场效应管也有放大和开关两方面的基本应用,这里不再赘述。图 3-17 所示为一般场效应管的管脚排列。

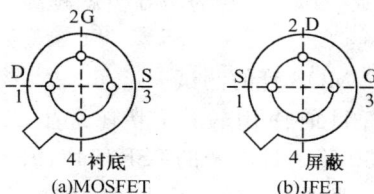

(a)MOSFET　　　(b)JFET

图 3-17 一般场效应管的管脚排列

【实用资料】　常用国产场效应管和进口场效应管的型号和主要参数

在电子产品中,场效应管的应用越来越广,但其参数很难查找。这里给出一些常用的国产和进口的场效应管的资料,见表 3-2 和表 3-3。

表 3-2　　　　　　　　　　国产和进口场效应管的型号和主要参数

型号　　参数	P_{DM}/mW	U_{DSM}/V	U_{GSM}/V	I_{DSM}/mA	I_{DSS}/mA	$U_{GS(off)}/V$	R_{GS}/Ω	$g_m/\mu S$
3DJ6F	100	20	20	15	1～3.5	<9	>10^7	>1000
3DJ6G	100	20	20	15	3～10	<9	>10^7	>1000
3DJ7F	100	20	20	15	1～3.5	<9	>10^7	>3000
2SK30	100	15	30	10	0.3～6.5	<5	>10^{10}	>1200
2SK301	250	55	55	10	0.5～20	<5	>10^9	>2500
2SK304	150	30	30	10	0.6～12	<4	>10^{10}	>2500

表 3-3　　　　　　　　　　进口场效应管的型号和主要参数

型号　　参数	漏源击穿电压 U_{DSM}/V	通态电阻 R_{on}/Ω	最大漏极电流 I_{DM}/A ($T=25$ ℃)	I_{DM}/A ($T=100$ ℃)	漏极最大耗散功率 P_{DM}/W
IRF540	100	0.077	28	20	150
IRF640	200	0.18	18	11	125
IRF840	500	0.85	8	5.1	125
IRFP250	200	0.085	30	19	190
IRFP450	500	0.40	14	8.7	190
IRFP460	500	0.27	20	13	280
IRFPE50	800	1.2	7.8	4.9	190
IRFPF50	900	1.6	6.7	4.2	190

【项目实施步骤】

1.拆卸功率放大器外壳,观察其内部结构,认识各种类型的场效应管,识读场效应管上的各种数字和其他标志。

2.用万用表对电路板上的场效应管进行在线检测。

3.用万用表对与电路板上型号和规格相同的新场效应管进行离线检测,并分析比较在线检测与离线检测的结果。

4.完成在项目实训报告中要求的操作,将操作结果填入相应的表格中。

【项目考核方法】

采取单人逐项考核方法,教师(或是教师已经考核优秀的学生)对每个同学都要进行三次考核,分别是:

1.功率放大器主板上各种类型的场效应管名称。

3.不同类型的场效应管主要指标的识读。

3.将新的场效应管和已经损坏的场效应管混合在一起,先进行外观识别,再用万用表进行检测,判断出新场效应管的各个电极,找出已经损坏的场效应管。

【项目实训报告】

项目实训报告内容应包括项目实施目标、项目实施器材、项目实施步骤、场效应管测量数据和实训体会,并按照下列的实训项目要求将每次操作的结果填入表格中。

【实训项目 1】 功率放大器电路板上场效应管的直观识别

要求:对电路板上各种场效应管进行直观识别,并将识别结果填入表 3-4 中。

表 3-4　　　　　　　　　　　场效应管的直观识别记录表

序　号	场效应管外形	场效应管型号	场效应管的材料(硅或锗)	场效应管在电路中的作用	备注

【实训项目 2】 场效应管的电极判断检测

要求:用指针式万用表对各种场效应管的三个电极进行判断,对 PN 结的正向电阻和反向电阻进行测量,将测量和判断结果填入表 3-5 中。

表 3-5　　　　　　　　场效应管的极间正向电阻和反向电阻的测量记录表

序　号	场效应管的型号	场效应管栅-源极间的正向电阻	场效应管栅-源极间的反向电阻	场效应管漏-源极间的正向电阻	场效应管漏-源极间的反向电阻	场效应管质量判断

【实训项目 3】 场效应管的型号及其代表意义

要求:根据给定的场效应管型号,查阅资料并按照表 3-6 的要求进行填写。

表 3-6　　　　　　　　　　　场效应管的型号及其代表意义

序　号	场效应管的型号	生产国家	管型	材料	额定功率	最大漏极电流
	2SK1825					
	IRF740					
	IRF830					
	IRF9630					
	2SK1548					
	FS3KM16A					

【项目小结】

1.场效应管是电压控制型器件,而半导体三极管是电流控制型器件,区别在于场效应管是通过栅-源电压 U_{GS} 控制漏极电流 I_D,而三极管是通过基极电流控制集电极电流。

2.场效应管有结型和绝缘栅型之分。正常工作时,场效应管的栅极几乎没有电流通过,故输入电阻很大。

3.场效应管可以工作于三种状态:可变电阻区、恒流区和击穿区。只有工作在恒流区时,栅源电压 U_{GS} 才能线性控制漏极电流 I_D 的大小。

4.跨导 g_m 反映了 U_{GS} 对 I_D 的控制能力。

【项目练习题】

1.场效应管有何应用?

2.场效应管主要有哪些性能参数?

3.如何用万用表来判断场效应管的管型、极性和材料?

4.由实验测得两种场效应管各具有如图 3-18(a)、(b)所示的输出特性曲线。试判断它们的类型,确定其夹断电压或开启电压值,并在图上画出可变电阻区和恒流区的分界线。

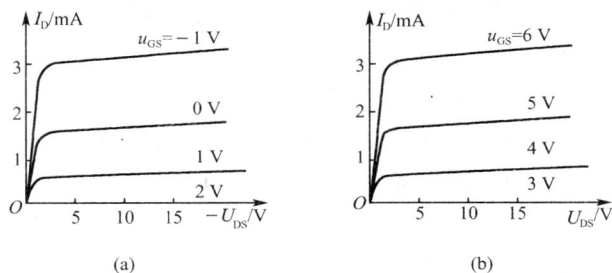

图 3-18　项目练习题 4 题图

项目 4

基本放大电路

【知识目标】

1. 认识共发射极放大器电路和共集电极放大器电路,明确各组成元件的作用。

2. 能绘制放大器直流通道图,估算静态工作点,判断三极管的工作状态。

3. 能绘制放大器交流通道图,会画微变等效电路图,能用微变等效电路法分析放大器的动态特性(电压放大倍数、输入电阻、输出电阻)。

4. 依据共发射极放大器和共集电极放大器的电路性能,分析多级放大器的性能。

5. 能计算多级放大器的电压放大倍数、输入电阻和输出电阻,能选择合适的级间耦合方式。

6. 了解放大器的频率特性和通频带的概念。

【技能目标】

1. 能正确连接电路,能识别和检测所用元件,正确使用仪器仪表(信号源、示波器、万用表)。

2. 具有分析电路性能、排除电路故障的能力。

3. 能按照实验步骤进行电路参数调试。

4. 根据输出信号波形形状确定电路静态工作点的状态,能调试出合适的静态工作点。

【学习方法】

采用教师演示和学生参与的实验法。通过连接一个共发射极放大器、一个共集电极放大器,输入低频小信号,调节静态工作点,用示波器监测输出,观察静态工作点对输出信号的影响,总结截止失真和饱和失真的原因。将两级放大器采用阻容耦合的方式连接,测试每级放大器的静态工作点,测试输入信号和输出信号的幅度,分析多级放大器的放大倍数与单级放大器的放大倍数的关系。改变输入信号的频率,观察输出信号波形,分析多级放大器的频率特性。

【实施器材】

1. 直流电压源、信号源、示波器、万用表、毫伏表。

2. 三极管 3DG6 两只、电阻器、电容器和电位器若干。

【知识链接】

4.1　三极管基本放大电路

4.1.1　三极管基本放大电路的三种连接方式

基本放大电路的作用是将信号源输出的信号按负载的要求进行电压、电流、功率的放大。信号源、放大器、负载之间的连接示意图如图 4-1 所示。对信号源而言，放大器相当于负载；对负载而言，放大器相当于信号源。放大器与信号源、负载之间有四个连接端，与信号源的连接端称为放大电路的输入端，与负载的连接端称为放大电路的输出端。因为三极管只有三个电极，所以必须有一个电极作为输入电路和输出电路的公共端。按三极管公共端电极的不同，三极管基本放大电路有三种连接方式（三种组态），即共基极电路、共发射极电路和共集电极电路，如图 4-2 所示。

图 4-1　信号源、放大器、负载之间的连接示意图

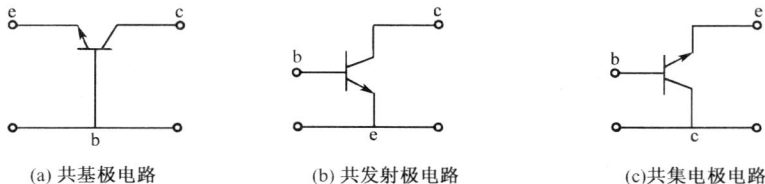

(a) 共基极电路　　　　(b) 共发射极电路　　　　(c)共集电极电路

图 4-2　三极管基本放大电路的三种连接方式

4.1.2　固定偏置式共发射极放大电路

1. 电路组成及各电量的表示符号

共发射极放大电路可以放大信号的电压、电流、功率，应用比较普遍，其典型电路组成如图 4-3 所示。

电路中各元件的名称和作用如下：

三极管 VT：它是整个放大电路的核心器件，利用它的基极电流对集电极电流的控制作用来实现对输入信号的放大。

基极偏置电阻 R_B：直流电源经 R_B 向发射结提供正向偏置电压，R_B 可限制基极电流的大小。R_B 值固定，基极电流的大小也固定。

图 4-3　固定偏置式共发射极放大电路

集电极电阻 R_C：直流电源经 R_C 向集电结提供反向偏置电压（向发射结提供正向偏置电压，此时三极管工作在放大状态），R_C 把流入集电极的电流转换成电压输出，实现电压放大。

耦合电容 C_1、C_2：耦合电容的作用是"隔直流，通交流"，实现交流信号从信号源经放大

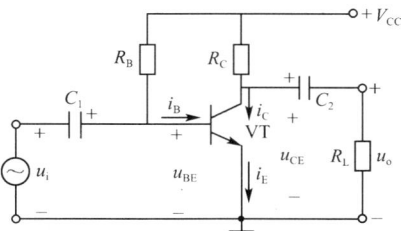

电路到负载之间的传递,而且隔离直流电源对信号源和负载电路的影响。在三极管基本放大电路中,放大的交流信号属于低频信号,耦合电容一般选择容量为几十微法的电解电容就可满足电路要求。连接电路时要注意电解电容的极性。

直流电源 V_{CC}:直流电源向三极管的两个 PN 结提供偏置电压,保证其工作在放大状态;提供信号放大后交流信号增加的能量,即实现电源直流能量向信号交流能量的转换。

从放大电路的组成可看出电路中既有直流又有交流,为了便于分析,对各电量的表示符号规定如下:

直流分量:符号用大写字母大写下标,例如,I_B 表示基极电流中的直流分量。

交流分量:符号用小写字母小写下标,例如,i_b 表示基极电流中的交流分量。

总量:符号用小写字母大写下标,总量是指电路中既有直流又有交流,例如,i_B 表示基极电流中的总量。

交流量的有效值:符号用大写字母小写下标,例如,I_b 表示基极电流中的交流分量的有效值。

交流量的最大值:在交流量的有效值符号下标后加字母 m,例如,I_{bm} 表示基极电流中的交流分量的最大值。

2.放大电路的工作原理

在图 4-3 中,三极管工作在放大状态,其集电极电流是基极电流的 β 倍。当输入信号 $u_i = 0$ 时,三极管各电极中只有直流电流流过,各电极间存在直流电压,这种工作状态称为静态。当输入信号 $u_i \neq 0$ 时,三极管各电极中既有直流又有交流,这种工作状态称为动态。

放大电路工作在静态时,输入的信号 $u_i = 0$,此时三极管各电极的电流和电压都是固定的直流量。在三极管的输入、输出特性曲线上,只要知道基极电流 I_B、基-射极间电压 U_{BE},即可确定在输入特性曲线上的静态工作点 Q 的位置;只要知道集电极电流 I_C、集-射极间电压 U_{CE},就可确定在输出特性曲线上静态工作点 Q 的位置。因此,静态工作点的估算就是估算这四个电量,一般在各电量的符号下标中加 Q,强调为静态工作点,四个电量的符号为 U_{BEQ}、I_{BQ}、I_{CQ}、U_{CEQ},如图 4-4 所示。

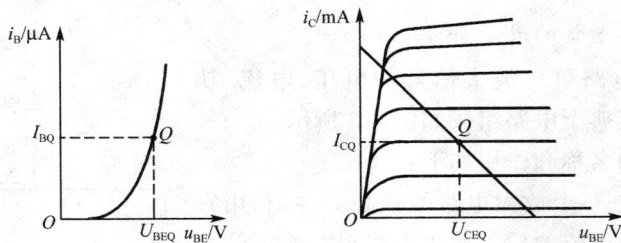

图 4-4　静态工作点在特性曲线上的位置

输入端的交流小信号电压 u_i 经输入耦合电容 C_1 加到三极管的基-射极,当 u_i 变化时引起 u_{BE} 的变化,根据三极管的输入特性曲线,u_{BE} 的变化将引起基极电流 i_B 的变化,其波形是在静态电流基础上叠加一个交流量,而 i_B 的变化将引起 i_C 的变化,其变化量是 i_B 变化量的 β 倍。i_C 流经 R_C 时产生电压降,电源电压 V_{CC} 值不变,由 $u_{CE} = V_{CC} - i_C R_C$ 可知,当 i_C 上升时,u_{CE} 将下降,反之 u_{CE} 将上升,可见 u_{CE} 的变化与 u_i 的变化相反。u_{CE} 经输出耦合电容 C_2 到负载形成输出电压 u_o,则共发射极放大电路的输出与输入信号相位为反相。放大电路的电压放大实质是利用三极管的电流放大作用,将受基极电流控制的集电极电流的变化通过集电极电阻 R_C 转换成输出电压而实现的。放大电路工作在静态和动态时电路中各支路电压和电流波形如图 4-5 所示。在共发射极放大电路中输入微弱正弦信号,经三极管放大后,输出同频、反相、放大的正弦信号。

3. 放大电路的分析方法

放大电路的分析方法一般有图解法、估算法、微变等效电路法。图解法是依据电路图中已知的参数,通过在三极管的输入和输出特性曲线上作图来确定静态工作点、三极管的工作区域、输出电压的范围、放大倍数等。图解法比较直观,但作图过程复杂,而且要依据三极管的特性曲线,在实际电路分析时很少应用。估算法用于工程上估算放大电路的静态工作点。微变等效电路法用于分析动态时放大电路的输入电阻、输出电阻和放大倍数。

(1)静态工作点 Q 的估算及 Q 对放大电路性能的影响

估算静态工作点时可通过放大器的直流通道图来分析计算。画直流通道图时电容可视作开路,电感可视作短路,直流电源的内阻可忽略不计。固定偏置式共发射极放大电路的直流通道图如图 4-6 所示。

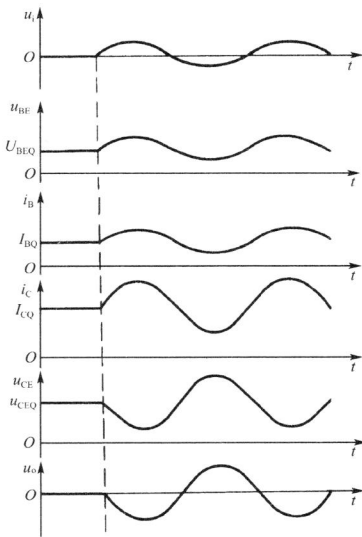

图 4-5 放大电路工作在静态和动态时电路中各支路电压和电流波形

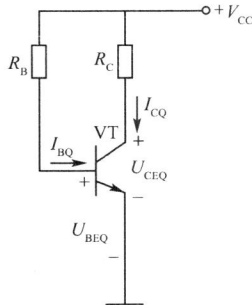

图 4-6 固定偏置式共发射极放大电路的直流通道

U_{BEQ} 作为已知参数,三极管为硅管时取 0.7 V,为锗管时取 0.3 V。计算时如果直流电源电压 $V_{CC} \gg U_{BEQ}$ 时($V_{CC} \geqslant 10U_{BEQ}$),$U_{BEQ}$ 可忽略不计,取值为零。根据基尔霍夫电压定律和三极管工作在放大状态时的电流放大作用,可推出下列估算静态工作点公式

$$I_{BQ} = \frac{V_{CC} - U_{BEQ}}{R_B} \approx \frac{V_{CC}}{R_B}$$

$$I_{CQ} = \beta I_{BQ}$$

$$U_{CEQ} = V_{CC} - I_{CQ}R_C$$

【例 4-1】 已知在图 4-3 中,直流电源电压 $V_{CC} = 12$ V,集电极电阻 $R_C = 3$ kΩ,基极电阻 $R_B = 300$ kΩ,三极管的电流放大系数 $\beta = 50$,试估算放大电路的静态工作点。

解:
$$I_{BQ} = \frac{V_{CC} - U_{BEQ}}{R_B} \approx \frac{V_{CC}}{R_B} = \frac{12}{300} = 0.04 \text{ mA}$$

$$I_{CQ} = \beta I_{BQ} = 50 \times 0.04 = 2 \text{ mA}$$

$$U_{CEQ} = V_{CC} - I_{CQ}R_C = 12 - 2 \times 3 = 6 \text{ V}$$

三极管工作在放大状态时静态工作点的估算适用上述公式,当三极管作为开关管工作在截止区和饱和区时,静态工作点可用以下方式估算:

三极管工作在截止区时:

$$U_{BEQ} \leqslant 0$$

$$I_{BQ} = 0$$

$$I_{CQ} = 0$$

$$U_{CEQ} = V_{CC}$$

三极管工作在饱和区时:集电极与发射极间电压约为常数,称为三极管的饱和电压,用 U_{CES} 表示(硅管时取 0.3 V,锗管时取 0.1 V)。集电极的电流称为饱和电流,用 I_{CS} 表示。基极电流称为基极饱和电流,用 I_{BS} 表示。U_{BEQ} 作为已知参数(硅管时取 0.7 V,锗管时取 0.3 V)。当三极管工作在临近饱和区时,满足 $I_C = \beta I_B$。

如图 4-4 所示,依据 KVL 定律可得

$$I_{CQ} = I_{CS} = \frac{V_{CC} - U_{CES}}{R_C}$$

$$I_{BQ} = I_{BS} = \frac{I_{CS}}{\beta}$$

当三极管工作在饱和区时

$$I_{CQ} = I_{CS} = \frac{V_{CC} - U_{CES}}{R_C}$$

$$I_{BQ} = \frac{V_{CC} - U_{BEQ}}{R_B} > I_{BS}$$

可见,三极管工作在饱和区时,$I_{CQ} < \beta I_{BQ}$,三极管的电流放大作用减弱。通过上述分析可知,放大电路的静态工作点选择不当,三极管可能不工作在放大区,造成放大作用减弱,甚至失去放大作用。

对于一个放大电路最基本的要求就是对输入信号进行尽可能的不失真放大。所谓不失真放大就是输出信号要保持输入信号的波形、频率,只是对输入信号的幅度进行等比例放大。失真是指输出信号的波形与输入信号的波形各点不成比例。从三极管的特性曲线不难看出,三极管本身就是一个非线性元件,要想尽可能实现线性放大,一是要限制输入信号的幅度,二是要建立一个合适的静态工作点 Q。从三极管的输出特性曲线分析,合适的静态工作点 Q 应选择在交流负载线的中间点,此时 Q 位于放大区中间线性比较好的区域,距离截止区、饱和区较远,信号的变化范围较大,放大电路工作范围最大。若 Q 选择不合适,将会造成输出信号的非线性失真。Q 选择过低,输出电压信号波形的正半周将有部分因进入截止区而被削平,这种失真称为截止失真。Q 选择过高,输出电压信号波形的负半周将有部分因进入饱和区而被削平,这种失真称为饱和失真。静态工作点 Q 对输出波形的影响如图 4-7所示。实际应用电路中在基极偏置电路串联一个可调电阻器,通过调整 R_B 的大小来选择合适的静态工作点,尽可能实现不失真最大幅度的放大。

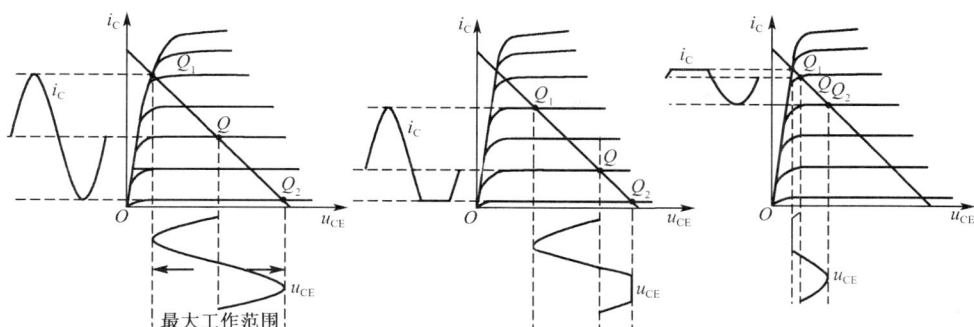

图 4-7　Q 对放大器性能的影响

（2）放大电路的动态分析

放大电路的动态分析是指输入信号不为零时，分析其输入电阻、输出电阻、放大倍数。输入信号为小信号时可采用微变等效电路法。

① 三极管的等效模型

在整个放大电路中，只有三极管是非线性元件，如果能把它线性化等效，就可用以前学过的电路定律进行分析计算。

在三极管输入特性曲线上，如果 Q 选择合适，输入信号幅度小，在这一小段工作范围内可将输入特性曲线视作直线，这样就可把非线性的三极管线性化，如图 4-8（a）所示。

三极管的基极和发射极间可用一个电阻来等效，用 r_{be} 表示，它表示了三极管的输入特性，称为三极管的输入电阻。低频小信号三极管的输入电阻常用下面经验公式计算

$$r_{be} = r_{bb}' + (1+\beta)\frac{26\ \text{mV}}{I_{EQ}}$$

式中，r_{bb}' 是基区等效电阻，一般取值范围为 $200\sim300\ \Omega$；I_{EQ} 为三极管发射极的静态电流值，注意单位必须是 mA；r_{be} 值一般为几百欧到几千欧。

从三极管的输出特性曲线上看，在放大区的中间位置，输出特性曲线为等间距的平行直线。等间距表明 β 近似为常数，$i_C = \beta i_B$，具有受控的恒流特性；为直线表明 c-e 极间等效电阻 r_{ce} 为无穷大。因此三极管的 c-e 极可等效成一个受控恒流源，如图 4-8（b）所示。

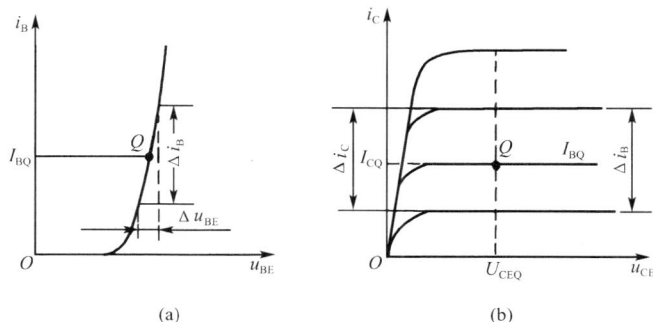

(a)　　　　　　　　(b)

图 4-8　三极管的特性曲线及相关变化电量

综上所述，三极管线性化后的微变等效电路如图 4-9 所示。

② 交流通道图的绘制原则

分析放大电路的动态特性，也就是分析电路的交流特性，因此要首先画出电路的交流通

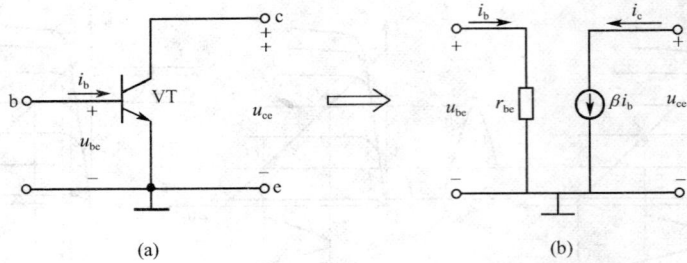

图 4-9　三极管线性化后的微变等效电路

道图。画交流通道图时，电容视作短路，电感视作开路，直流电压源视作短路。共发射极放大电路的交流通道图如图 4-10(a)所示。

③放大电路的微变等效电路图

将图 4-10(a)所示的放大电路交流通道图中的三极管用其微变等效电路模型替代，就可得到放大电路的微变等效电路，如图 4-10(b)所示。

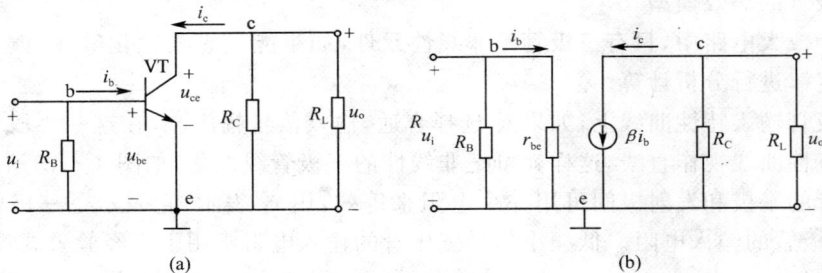

图 4-10　共发射极放大电路的交流通道图和微变等效电路

④放大电路动态参数的估算

• 电压放大倍数 A_u

电压放大倍数是指放大电路的输出电压与输入电压之比，它是衡量放大电路对信号放大能力的主要技术指标。

$$A_u = \frac{U_o}{U_i}$$

根据各极电流的方向，应用基尔霍夫定律分析图 4-10 可得

$$A_u = \frac{U_o}{U_i} = -\frac{I_c R_L'}{I_b r_{be}} = -\frac{\beta R_L'}{r_{be}}$$

式中，负号表示输出电压与输入电压反相，$R_L' = R_C /\!/ R_L$，称为放大电路的交流负载。

空载时 $R_L' = R_C$，放大电路的电压放大倍数比带载时大。显然，放大电路带载越重（R_L 值越小），放大倍数下降越多。

• 电流放大倍数 A_i

负载开路时

$$A_i = \frac{I_o}{I_i} = \frac{I_c}{I_b} = \beta$$

可见，共发射极放大电路具有放大信号电压、电流、功率的能力。衡量放大电路放大信号的能力，除了用放大倍数表示，还可用增益来表示。

增益就是放大倍数的对数表示,单位为分贝(dB)。

电压增益 G_u

$$G_u = 20\lg A_u$$

电流增益 G_i

$$G_i = 20\lg A_i$$

功率增益 G_P

$$G_P = 10\lg A_P$$

引入增益表示放大电路的放大能力,一是在放大倍数比较高时便于读写;二是从增益的正负情况可直观地看出放大电路的性质是放大器还是衰减器,增益为负,放大电路是衰减器;三是在多级放大电路中,可变放大倍数的乘法运算为增益的加法运算。

• 放大电路的输入电阻 r_i

放大电路的输入端可等效成一个电阻,称为放大电路的输入电阻,用 r_i 表示。该电阻对信号源而言可视作负载。

$$r_i = \frac{U_i}{I_i}$$

放大电路的输入电阻越大,信号源的电流越小,信号源内阻上压降越小,放大电路得到的输入电压越大。对放大电路来说,输入电阻越大越好。

分析微变等效电路图,考虑基极偏置电阻 $R_B \gg r_{be}$,可得出

$$r_i = R_B /\!/ r_{be} \approx r_{be}$$

可见,共发射极放大电路的输入电阻不大,一般为几百欧到几千欧。

• 放大电路的输出电阻 r_o

从负载两端向放大电路看得到的等效电阻就是放大电路的输出电阻。分析微变等效电路图,设电流源的内阻为无穷大,可以得出

$$r_o = R_C$$

对于负载而言,放大电路可视作信号源。共发射极放大电路作为电压放大器可等效成电压源,输出电阻等效为电压源的内阻。电压源的内阻越小,对输出电压影响越小,带负载能力越强。对放大电路来说,输出电阻越小越好。共发射极放大电路的输出电阻不小,一般为几千欧。

【例 4-2】 带信号源的共发射极放大电路如图 4-11 所示,已知三极管的 $\beta = 50$,信号源内阻 $R_S = 37\ \Omega$,基极偏置电阻 $R_B = 510\ \text{k}\Omega$,集电极电阻 $R_C = 6.8\ \text{k}\Omega$,负载电阻 $R_L = 6.8\ \text{k}\Omega$,直流电源 $V_{CC} = 20\ \text{V}$。试计算放大电路的电压放大倍数 A_u、考虑信号源内阻放大电路的电压放大倍数 A_{uS}、负载开路时电压放大倍数 A_{uo}、输入电阻 r_i、输出电阻 r_o。

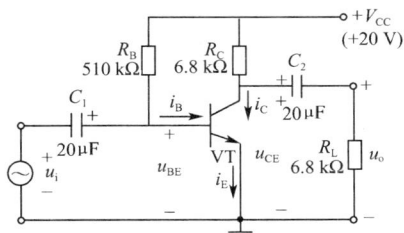
图 4-11　带信号源的共发射极放大电路

解：

$$I_{BQ} = \frac{V_{CC} - U_{BEQ}}{R_B} \approx \frac{V_{CC}}{R_B} = \frac{20}{510} \text{ mA} \approx 40 \text{ } \mu\text{A}$$

$$I_{CQ} = \beta I_{BQ} = 50 \times 0.04 = 2 \text{ mA} \approx I_{EQ}$$

$$r_{be} = r'_{bb} + (1+\beta)\frac{26 \text{ mV}}{I_{EQ}} = 300 + (1+50) \times \frac{26}{2} = 963 \text{ } \Omega$$

$$R'_L = R_C /\!/ R_L = \frac{R_C R_L}{R_C + R_L} = \frac{6.8 \times 6.8}{6.8 + 6.8} = 3.4 \text{ k}\Omega$$

$$A_u = -\frac{\beta R'_L}{r_{be}} = -\frac{50 \times 3.4}{0.963} = -177$$

$$r_i \approx r_{be} = 963 \text{ } \Omega$$

$$A_{uS} = A_u \frac{r_i}{r_i + R_S} = -177 \times \frac{963}{963 + 37} = -170$$

$$A_{uo} = -\frac{\beta R_C}{r_{be}} = -\frac{50 \times 6.8}{0.963} = -353$$

$$r_o = R_C = 6.8 \text{ k}\Omega$$

可见，考虑信号源的内阻放大电路的电压放大倍数会下降，内阻越大，下降越多。负载开路时电路的电压放大倍数明显增大。计算共发射极放大电路的电压放大倍数时，千万不要忘记负号。带信号源的共发射极放大电路的等效电路如图 4-12 所示。

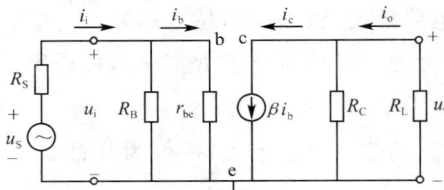

图 4-12　带信号源的共发射极放大电路的等效电路

4.1.3　分压偏置式放大器

1. 分压偏置式放大器的电路组成

放大电路要想不失真地放大输入信号，必须选择一个合适的静态工作点，而且在放大电路的工作过程中要保持静态工作点的稳定。造成静态工作点不稳定的因素很多，如电源电压的波动、器件老化、温度变化等。这些变化将影响三极管集电极的变化，造成 Q 的运动变化，容易造成非线性失真。因此只要控制集电极电流不变，就稳定住了静态工作点。在固定偏置式共发射极放大电路中，当温度升高时，集电极电流上升，Q 靠近饱和区，容易形成饱和失真。因此对电路简单的固定偏置式共发射极放大电路进行改进设计，形成了分压偏置式放大器，其电路如图 4-13 所示。

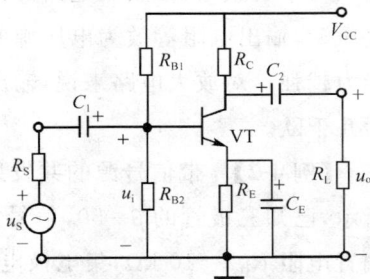

图 4-13　分压偏置式放大器电路

在该电路中，R_{B1}、R_{B2} 称为上、下偏置电阻，R_E 为发射极电阻，C_E 是发射极交流旁路电容。因 I_{BQ} 很小，上、下偏置电阻可近似看作串联对直流电源电压进行分压，因电阻、电压源的参数几乎不随温度变化,故三极管的基极电位 U_B 不随温度的变化而变化。

$$U_B \approx \frac{R_{B2}}{R_{B1}+R_{B2}} V_{CC}$$

在电路实际应用中,流过上偏置电阻的电流要远远大于三极管的基极电流时,上式才能成立。一般偏置电阻取几十千欧,U_B 值硅管取 3~5 V,锗管取 1~3 V 即可。

2.分压偏置式放大器稳定静态工作点 Q 的原理

分压偏置式放大器的直流通道图如图 4-14(a)所示。当温度升高时,三极管的集电极电流 I_{CQ} 上升,发射极电流 I_{EQ} 也上升,发射极电位 $U_E = I_{EQ}R_E$ 也上升。三极管的基极电位 U_B 却保持不变,这样基极-发射极间电压 U_{BEQ} 将下降,由三极管的输入特性曲线可见,U_{BEQ} 下降将导致基极电流 I_{BQ} 下降,从而导致 I_{CQ} 的下降。可见,温度上升导致 I_{CQ} 上升趋势,而分压偏置式放大器电路可使 I_{CQ} 产生下降趋势,这种微调作用将导致 I_{CQ} 几乎不随温度变化,从而稳定了静态工作点。

分压偏置式放大器稳定静态工作点的过程如下:

$$T \uparrow \rightarrow I_{CQ} \uparrow \rightarrow U_E \uparrow \rightarrow U_{BEQ} \downarrow \rightarrow I_{BQ} \downarrow \rightarrow I_{CQ} \downarrow$$

3.分压偏置式放大器的分析

(1)静态工作点的估算

分压偏置式放大器的直流通道图如图 4-14(a)所示,根据电路定律推出各电量计算公式如下

$$U_{BQ} \approx \frac{R_{B2}}{R_{B1}+R_{B2}} V_{CC}$$

$$U_{EQ} = U_{BQ} - U_{BEQ}$$

$$I_{CQ} \approx I_{EQ} = \frac{U_{EQ}}{R_E}$$

$$U_{CEQ} \approx V_{CC} - I_{CQ}(R_C + R_E)$$

$$I_{BQ} = \frac{I_{CQ}}{\beta}$$

分析上式可知,集电极电流只取决于电路中其他元件的参数,与三极管的参数无关。在维修时,可用不同参数的三极管替代,不会影响输出特性曲线上 Q 的位置。分压偏置式放大器既提高了静态工作点的热稳定性,又便于维修,因此该电路应用比较广泛。

(2)动态参数的分析

分压偏置式放大器的交流通道图如图 4-14(b)所示,微变等效电路如图 4-14(c)所示。

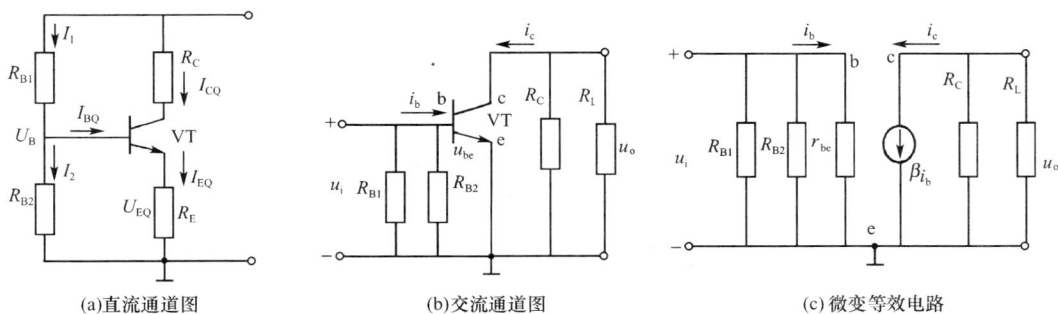

(a)直流通道图　　　　　　(b)交流通道图　　　　　　(c)微变等效电路

图 4-14　分压偏置式放大器电路

根据电路定律推出各电量计算公式如下

$$A_u = -\frac{\beta R_L'}{r_{be}}$$

$$r_i = R_{B1} /\!/ R_{B2} /\!/ r_{be} \approx r_{be}$$

$$r_o = R_C$$

分析上式可知,分压偏置式放大器在稳定静态工作点的同时,对共发射极放大电路的动态特性指标无影响。

【例4-3】 分压偏置式电流负反馈放大电路如图 4-15 所示,$V_{CC} = 12$ V,$R_{B1} = 30$ kΩ,$R_{B2} = 10$ kΩ,$R_C = R_L = 2$ kΩ,$R_{E1} = 0.1$ kΩ,$R_{E2} = 0.9$ kΩ,$\beta = 50$。求:(1)放大器的静态工作点;(2)放大器的电压放大倍数 A_u、输入电阻 r_i、输出电阻 r_o。

解:(1)画出放大电路的直流通道图如图 4-16(a)所示,依据分压偏置式放大器估算静态工作点公式可得

$$U_{BQ} \approx \frac{R_{B2}}{R_{B1} + R_{B2}} V_{CC} = \frac{10}{30+10} \times 12 = 3 \text{ V}$$

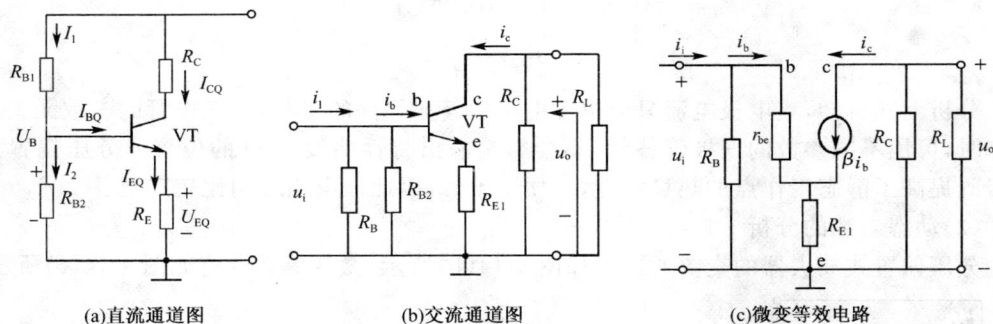

图 4-15 分压偏置式电流负反馈放大电路

$$U_{EQ} = U_{BQ} - U_{BEQ} = 3 - 0.7 = 2.3 \text{ V}$$

$$I_{CQ} \approx I_{EQ} = \frac{U_{EQ}}{R_E} = \frac{U_{EQ}}{R_{E1} + R_{E2}} = \frac{2.3}{0.1 + 0.9} = 2.3 \text{ mA}$$

$$U_{CEQ} \approx V_{CC} - I_{CQ}(R_C + R_E) = 12 - 2.3 \times (2+1) = 5.1 \text{ V}$$

$$I_{BQ} = \frac{I_{CQ}}{\beta} = \frac{2.3}{50} = 46 \text{ } \mu A$$

(2)画出交流通道图如图 4-16(b)所示,发射极的电阻 R_{E1} 因没有并联旁路电容而保留在交流通道图中。画出的微变等效电路如图 4-16(c)所示。

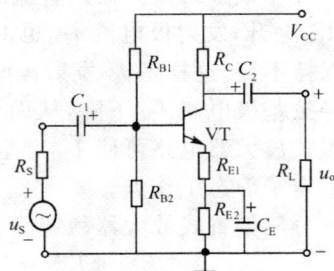

(a)直流通道图　　　　　　(b)交流通道图　　　　　　(c)微变等效电路

图 4-16 分压偏置式电流负反馈放大电路

运用电路定律分析如下

$$U_i = I_b[r_{be} + (1+\beta)R_{E1}]$$

$$U_o = -I_c(R_C /\!/ R_L) = -I_c R_L'$$

$$r_{be} = r_{bb}' + (1+\beta)\frac{26 \text{ mV}}{I_{EQ}} = 300 + (1+50) \times \frac{26}{2.3} = 877 \text{ } \Omega$$

$$A_u = \frac{U_o}{U_i} = -\frac{I_c R_L'}{I_b[r_{be} + (1+\beta)R_{E1}]} = -\beta \frac{R_L'}{r_{be} + (1+\beta)R_{E1}} = -50 \times \frac{1}{0.877 + (1+50) \times 0.1} = -8.37$$

$$r_i = \frac{U_i}{I_i} = R_{B1} /\!/ R_{B2} /\!/ [r_{be} + (1+\beta)R_{E1}] = 30 /\!/ 10 /\!/ [0.877 + (1+50) \times 0.1] \approx 3.3 \text{ k}\Omega$$

$$r_o = R_C = 2 \text{ k}\Omega$$

可见，发射极有了电阻 R_{E1}，电压放大倍数会下降，但输入电阻会提高。

4.1.4　其他组态放大器

1.共集电极放大器——射极输出器

（1）共集电极放大器的电路组成

电路如图 4-17 所示，其中 R_B 是偏置电阻，R_E 是发射极电阻，R_L 是负载，C_1、C_2 是耦合电容。交流通道图如图 4-18(b) 所示。从交流通道图中可见，基极和集电极组成放大器的输入回路，发射极和集电极组成放大器的输出回路，集电极是输入、输出回路的公共端，因此该电路称为共集电极放大器。因从发射极输出信号，故又称为射极输出器。

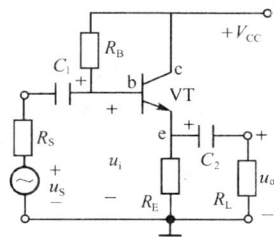

图 4-17　共集电极放大器电路

（2）电路的静态分析和动态分析

①静态工作点估算

画出直流通道图如图 4-18(a) 所示。应用电路定律可推出

$$I_{BQ} = \frac{V_{CC} - U_{BEQ}}{R_B + (1+\beta)R_E}$$

$$I_{CQ} = \beta I_{BQ}$$

$$U_{CEQ} = V_{CC} - I_{EQ}R_E \approx V_{CC} - I_{CQ}R_E$$

②动态特性分析

· 电压放大倍数 A_u

由图 4-18(c) 所示微变等效电路可得

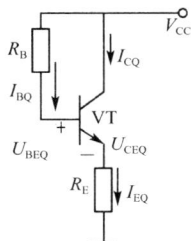
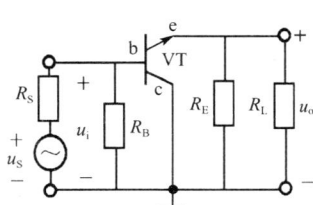
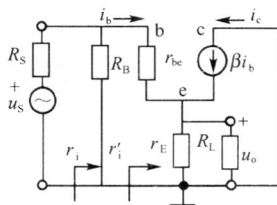

(a)直流通道图　　　　　(b)交流通道图　　　　　(c)微变等效电路

图 4-18　共集电极放大器

$$U_i = I_b[r_{be} + (1+\beta)(R_E /\!/ R_L)]$$

$$U_o = I_E(R_C /\!/ R_L) = (1+\beta)I_b(R_E /\!/ R_L)$$

$$A_u = \frac{U_o}{U_i} = \frac{(1+\beta)I_b(R_E /\!/ R_L)}{I_b[r_{be} + (1+\beta)(R_E /\!/ R_L)]} \leqslant 1$$

可见，共集电极放大器不具有电压放大能力，输出电压与输入电压大小相近，相位相同，因此该电路又称为射极跟随器。

· 电流放大倍数 A_i

负载开路时，由微变等效电路可得

$$A_i = \frac{I_o}{I_i} = \frac{I_e}{I_b} = 1 + \beta$$

可见,共集电极放大器具有电流放大能力。

· 放大器输入电阻 r_i

由微变等效电路可得

$$r_i = \frac{U_i}{I_i} = R_B /\!/ [r_{be} + (1+\beta)(R_E /\!/ R_L)] \approx r_{be} + (1+\beta)R_L'$$

其中,R_L' 是发射极等效电阻,$R_L' = R_E /\!/ R_L$。它流过的电流是发射极电流,该电阻等效到基极时,要产生相同的电压,等效电阻应为 $(1+\beta)$ 倍。可见,共集电极放大器的输入电阻大,有利于与微弱信号源的连接。根据这一特性共集电极放大器常作为多级放大器的第一级(输入级),减少信号源内阻上压降,使放大器获得尽可能大的输入电压。

· 放大器输出电阻 r_o

由微变等效电路可得

$$r_o = \frac{U_o}{I_o} = R_E /\!/ \frac{r_{be} + (R_B /\!/ R_S)}{1 + \beta}$$

可见,共集电极放大器的输出电阻小(一般为几欧到几十欧),带负载能力强。根据这一特性,共集电极放大器可作为多级放大器的最后级(输出级)。

根据共集电极放大器的输入电阻大、输出电阻小、电压跟随特性,共集电极放大器也可作为多级放大器的中间隔离级。

2.共基极放大器

共基极放大器的电路如图 4-19(a)所示。图中 R_{B1}、R_{B2} 称为上、下偏置电阻,R_C 是集电极直流负载电阻,R_E 是发射极电阻(作用是稳定静态工作点),C_B 是基极交流旁路电容,C_1、C_2 是倍数耦合电容。输入回路由三极管的发射极和基极组成,输出回路由集电极和基极组成,基极为公共端。

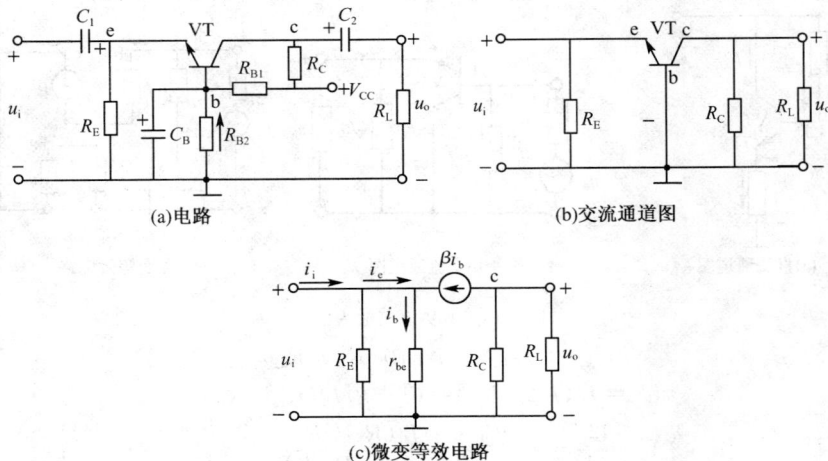

(a)电路   (b)交流通道图

(c)微变等效电路

图 4-19 共基极放大器

理论分析指出:共基极放大器的电压放大倍数与共发射极放大器的电压放大倍数大小相同,但输出电压与输入电压同相。共基极放大器不具有电流放大能力,其输入电阻小,适合与信号源是电流源的前级连接。其输出电阻较大,带负载能力较差。共基极放大器的频率特性好,适用于进行高频信号的放大。

　　3. 调谐放大器

　　调谐放大器是广泛应用于各种电子设备、发射机和接收机中的一种具有选频能力的电压放大器。它的主要特点是晶体管的负载不是纯电阻,而是由 L、C 元件组成的并联谐振回路。

　　调谐放大器对于频率为

$$f_0 = \frac{1}{2\pi\sqrt{LC}}$$

的信号具有特殊的放大能力。共发射极单调谐放大器的电路图如图 4-20 所示。

　　在图 4-20 中,R_{B1}、R_{B2} 是上、下偏置电阻,保证三极管工作在放大状态。R_E 是发射极电阻(稳定静态工作点),C_B 是基极旁路电容,C_E 是发射极旁路电容。输入信号 u_i 经 T_1 通过 C_B 和 C_E 送到三极管的 b、e 极之间,放大后的信号经 LC 谐振电路选频由 T_2 耦合输出。

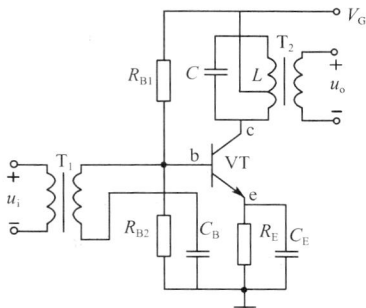

图 4-20　共发射极单调谐放大器电路

4.2　场效应管基本放大器

　　场效应管属于电压控制型半导体器件,具有输入电阻高($10^8 \sim 10^9$ Ω)、噪声小、功耗低、动态范围大、易于集成、没有二次击穿现象、安全工作区域宽等优点,现已广泛应用于各种电路中。场效应管组成放大器时必须工作在放大状态,因此也需要有直流偏置电路部分。

　　场效应管基本放大器按公共端的不同,分为共源极、共漏极、共栅极三种连接方式。常用的偏置电路有自偏压和分压式两种形式。场效应管基本放大器多用于集成电路,这里只对常用的共源极放大器进行简单分析。

4.2.1　自偏压共源极放大器

　　自偏压共源极放大器电路如图 4-21 所示。放大器件是 N 沟道结型场效应管,属于耗尽型场效应管。分析静态时可画直流通道图,耦合和旁路电容可视作开路。只要漏-源极加上电压,就有电流 I_D 流过漏、源极,在源极电阻 R_S 上产生压降。而栅极在正常工作时,栅-源极间等效电阻很大,近似开路,几乎无电流,电位为零,这样就形成了栅-源极间的负偏压 U_{GS}。U_{GS} 是由依靠场效应管自身的电流 I_D 产生的栅极所需的负偏压,故称为自偏压。

　　共源极场效应管放大器的输出电压与输入电压反相。

4.2.2　分压式共源极放大器

　　分压式共源极放大器电路如图 4-22 所示。放大器件是 N 沟道绝缘栅增强型场效应管。只有 U_{GS} 大于开启电压时,漏极才有电流流过。R_{G1}、R_{G2} 分压决定了栅-源极间的电压 U_{GS},故称为分压式放大器。要求 R_{G3} 远远大于 R_{G1}、R_{G2},U_G 的电位才能稳定,从而能稳定静态工作点。

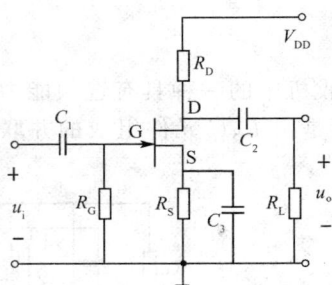

图 4-21　自偏压共源极放大器电路　　　　图 4-22　分压式共源极放大器电路

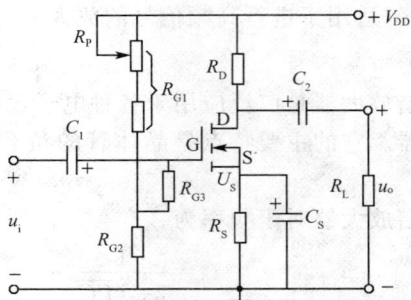

一般场效应管的跨导比较小,因此单级场效应管放大器的电压放大倍数要比三极管放大器的电压放大倍数小很多。但由于场效应管放大器的输入电阻比三极管要高出几个数量级,再加上场效应管的其他优点,使得场效应管放大器的应用越来越普遍。

4.3　多级放大器及其频率响应

4.3.1　多级放大器的电路组成

在实际应用中,放大器的输入信号总是很微弱,要达到负载对信号强度的要求,放大器的放大倍数就要很高,而单级放大器的放大倍数过高时,电路不稳定,不能实现预期的性能指标,因此必须采用多级放大器。

多级放大器的组成框图如图 4-23 所示。

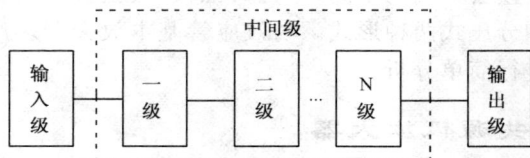

图 4-23　多级放大器的组成框图

输入级的作用主要是完成与信号源的有效连接并对信号进行放大,要求其输入电阻高,一般采用共集电极放大器;中间级主要实现对信号电压的放大,一般可采用几级共发射极放大器来实现;输出级主要用于对信号进行功率放大,输出负载所需要的功率,并和负载实现最佳匹配。在多级放大器中,前级相当于是后一级的信号源,后级相当于是前一级的负载,在分析电路时要考虑前后级间的相互影响。

4.3.2　多级放大器的级间耦合方式

耦合就是指多级放大器各级之间的连接方式。一个单级放大器与另一个单级放大器之间的耦合称为级间耦合。对于多级放大器的级间耦合有下列要求:减小信号在耦合电路上的损失,保证有用信号的顺利传输;尽量不影响前后级原有的工作状态;信号失真要小。多级放大器常用的级间耦合方式有阻容耦合、变压器耦合、直接耦合三种方式。

1.阻容耦合

阻容耦合方式的两级放大器电路如图 4-24 所示。单级放大器是固定偏置式共发射极放大电路,两级间通过电容 C_2 和第二级的等效输入电阻 r_{be2} 实现耦合。由于电容具有"隔直通交"的作用,能使有用的交流信号顺利从前级传递到后级,前后级的静态工作点又互相不影响,便于电路的设计、调试和维修。该电路体积小,重量轻,应用广泛。但阻容耦合方式不适合放大变化缓慢的信号。当信号频率较低时,耦合电容的阻抗

图 4-24　阻容耦合方式的两级放大器电路

变大,信号的传输效率将降低。一般信号的最大容抗是下一级输入电阻的 1/10 即可。若放大的是音频信号,耦合电容常用电解电容;若放大的是视频信号,常用陶瓷电容(高频损耗小)。在选择耦合电容的容量时,要考虑电容的移相问题。

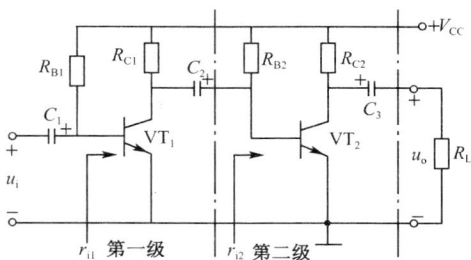

2.变压器耦合

变压器耦合方式的两级放大器电路如图 4-25 所示。变压器 T_1 实现第一级和第二级间的耦合,变压器 T_2 实现第二级和负载间的耦合。由于变压器传递信号是通过电磁感应,能顺利传递交流信号,又能隔断直流,从而使前后级的静态工作点互不影响,便于电路的设计、调试和维修。变压器还具有变换电压、电流、阻抗的作用,容易实现前后级间的最佳匹配。变压器耦合方式的缺点是体积和重量大,价格昂贵,频率特性不好。变压器耦合在传递高频信号时可采用磁芯。

3.直接耦合

阻容耦合、变压器耦合的多级放大器共同优点是前后级的静态工作点相互影响小,便于电路的设计、调试和维修。缺点是频率特性不好,造成这种现象的原因是耦合元件电容、变压器元件本身的特性决定的。把耦合元件去掉,将前后级直接连接,其频率特性是最好的,这种耦合方式称为直接耦合。直接耦合方式的两级放大器电路如图 4-26 所示。直接耦合多级放大器不仅能放大交流信号,还能放大变化缓慢的信号(直流信号),因此直接耦合放大器又被称为直流放大器。直接耦合放大器的缺点是前后级的静态工作点互相影响,不便于电路的设计、调试和维修。尤其是该电路受温漂影响很大,温漂信号被逐级放大,将严重干扰有用信号,甚至造成直接耦合放大器无法使用。解决温漂现象最好的方法是采用差动放大器。直接耦合放大器去掉了在集成电路中无法制作的变压器、大电容,因此在集成电路中普遍采用的是直接耦合方式。

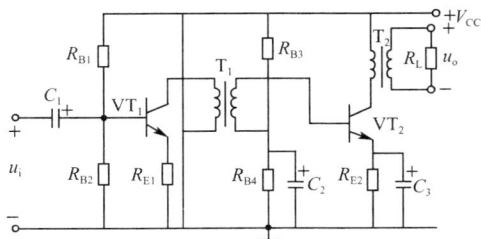

图 4-25　变压器耦合方式的两级放大器电路

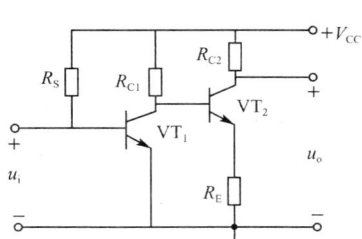

图 4-26　直接耦合方式的两级放大器电路

4.3.3 多级放大器的分析

1.多级放大器电压放大倍数的分析

多级放大器的电压放大倍数根据定义依然是

$$A_u = \frac{U_o}{U_i}$$

在多级放大器电路中,前级的输出电压就是后一级的输入信号,后级的输入电阻就是前一级的负载。从图 4-23 中可看出,$U_i = U_{i1}$,$U_{o1} = U_{i2}$,$\cdots$,$U_o = U_{on}$,则多级放大器的电压放大倍数为

$$A_u = \frac{U_o}{U_i} = \frac{U_{o1}}{U_i} \frac{U_{o2}}{U_{o1}} \cdots \frac{U_o}{U_{o(n-1)}} = \frac{U_{o1}}{U_{i1}} \frac{U_{o2}}{U_{i2}} \cdots \frac{U_{on}}{U_{in}} = A_{u1} A_{u2} \cdots A_{un}$$

即多级放大器的电压放大倍数等于各级放大器的电压放大倍数的乘积。但在计算每级放大器的电压放大倍数时要考虑前后级的影响,即把后级的输入电阻作为前一级的负载。

由放大器增益的定义可知,多级放大器的增益等于各级放大器的增益和,即

$$G_u = 20 \lg A_{u1} A_{u2} \cdots A_{un} = G_{u1} + G_{u2} + \cdots + G_{un}$$

2.多级放大器输入和输出电阻的分析

多级放大器输入电阻等于第一级放大器(输入级)的输入电阻;多级放大器的输出电阻等于最后一级放大器(输出级)的输出电阻。

【例 4-4】 三级阻容耦合的放大器电路如图 4-27 所示,各元件参数如图中标注。求:

(1)分析每级放大器的连接方式及其在整个电路中的作用。

(2)估算各级的静态工作点。

(3)计算放大器的电压放大倍数 A_u、输入电阻 r_i、输出电阻 r_o。

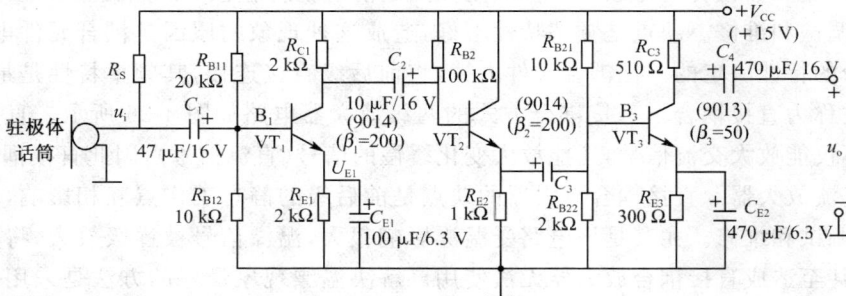

图 4-27 例 4-4 图

解:

(1)第一级、第三级属于分压式共发射极放大电路,起电压放大作用。第二级是共集电极放大器,起隔离作用。

(2)静态工作点的估算:各级直流被隔离,静态工作点可每级单独估算。

第一级放大器静态工作点的估算:

$$U_{BQ1} = \frac{R_{B12}}{R_{B11} + R_{B12}} V_{CC} = \frac{10}{20 + 10} \times 15 = 5 \text{ V}$$

$$I_{CQ1} \approx I_{EQ1} = \frac{U_{BQ1} - U_{BEQ1}}{R_{E1}} = \frac{5 - 0.7}{2} \approx 2 \text{ mA}$$

$$U_{CEQ1} = V_{CC} - U_{E1} - I_{CQ1}R_{C1} = 15 - 4.3 - 2 \times 2 = 6.7 \text{ V}$$

$$I_{BQ1} = \frac{I_{CQ1}}{\beta_1} = \frac{2}{200} = 10 \text{ μA}$$

第二级放大器静态工作点的估算：

$$I_{CQ2} \approx I_{EQ2} = \frac{V_{CC} - U_{BEQ2}}{R_{E2} + \dfrac{R_{B2}}{(1+\beta_2)}} = \frac{15 - 0.7}{1 + \dfrac{100}{1+200}} \approx 10 \text{ mA}$$

$$I_{BQ2} = \frac{I_{CQ2}}{\beta_2} = \frac{10}{200} = 50 \text{ μA}$$

$$U_{CEQ2} = V_{CC} - I_{CQ2}R_{E2} = 15 - 10 \times 1 = 5 \text{ V}$$

第三级放大器静态工作点的估算：

$$U_{BQ3} = \frac{R_{B22}}{R_{B21} + R_{B22}} V_{CC} = \frac{2}{10+2} \times 15 = 2.5 \text{ V}$$

$$I_{CQ3} \approx I_{EQ3} = \frac{U_{BQ3} - U_{BEQ3}}{R_{E3}} = \frac{2.5 - 0.7}{0.3} = 6 \text{ mA}$$

$$I_{BQ3} = \frac{I_{CQ3}}{\beta_3} = \frac{6}{50} = 120 \text{ μA}$$

$$U_{CEQ3} = V_{CC} - U_{E3} - I_{CQ3}R_{C3} = 15 - 1.8 - 6 \times 0.51 = 10.2 \text{ V}$$

（3）电压放大倍数：第二级放大器的 $A_{u2} \approx 1$，r_{i2} 较大，$R'_{L1} = R_{C1} \parallel r_{i2} \approx R_{C1}$

$$r_{be1} = 300 + (1+\beta_1)\frac{26}{I_{EQ1}} = 300 + (1+200) \times \frac{26}{2} \approx 2.9 \text{ k}\Omega$$

$$A_{u1} = -\beta_1 \frac{R'_{L1}}{r_{be1}} = -200 \times \frac{2}{2.9} = -137.9$$

$$r_{be3} = 300 + (1+\beta_3)\frac{26}{I_{EQ3}} = 300 + (1+50) \times \frac{26}{6} = 521 \text{ }\Omega$$

$$A_{u3} = -\beta_3 \frac{R'_{L3}}{r_{be3}} = -50 \times \frac{510}{521} = -48.9$$

$$A_u = A_{u1} A_{u2} A_{u3} = (-137.9) \times 1 \times (-48.9) \approx 6745$$

$$r_i = r_{i1} = R_{B11} \parallel R_{B12} \parallel r_{be1} = 20 \parallel 10 \parallel 2.9 \approx 2 \text{ k}\Omega$$

$$r_o = R_{C3} = 510 \text{ }\Omega$$

4.3.4　多级放大器的频率响应

1. 单级共发射极放大器的频率特性

理想放大器应对所有频率的信号实现等比例放大，但实际上放大器对不同频率信号的放大倍数是不同的。这是因为电路中存在着性能受频率影响的元件，如电容、电感、变压器、三极管 PN 结的寄生电容等。

放大器的频率特性是指放大器的放大倍数向量与信号频率的关系，它包括幅频特性和相频特性两部分。其中幅频特性是指放大器的放大倍数的大小（模）与信号频率的关系；相频特性是指放大器的输出电压与输入电压的相位差和信号频率的关系。通过实验测得单级共发射极放大器幅频、相频特性曲线如图 4-28 所示。

单级共发射极放大器频率特性表明,在中间一段频率范围内,放大器的放大倍数最大且大小$|A_{uo}|$与信号频率无关。随着信号频率的增加或减小,放大倍数将逐渐减小,输出电压与输入电压的相位差也随着信号频率的变化而变化。定义当放大器的电压放大倍数下降到$0.707|A_{uo}|$时,所对应的两个频率f_L、f_H 分别称为放大器的下限、上限截止频率。两个频率之差称为放大器的通频带 BW,它是放大器的一个作用性能指标。放大器的通频带越宽,表明放大器的频率失真越小,放大器的性能越好。

$$BW = f_H - f_L$$

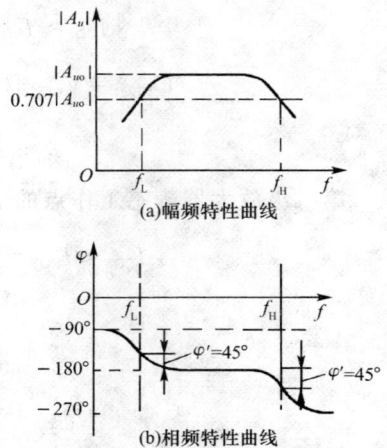

图 4-28　单级共发射极放大器的频率特性曲线

2.影响放大器频率特性的因素

分析单级共发射极放大器的频率特性曲线,可将信号频率分为低频、中频、高频三个频段。

在中频段,放大器的耦合电容、发射极旁路电容容量较大,对中频信号容抗较小,可视作短路。三极管的结电容、导线的分布电容容量较小,对中频信号的容抗很大,可视作开路。故在中频段,可认为所有的电容都不影响交流信号的传递,即放大倍数最大且与频率无关。

在低频段,三极管的结电容、导线的分布电容容抗比中频段更大,可视作开路,影响可不计。放大器的耦合电容、发射极旁路电容的容抗随信号频率的减小而呈逐渐增大趋势,信号衰减逐渐加大,输出信号的幅度逐渐减弱,放大倍数越来越低,同时对输出信号产生的附加移相越来越大。

在高频段,放大器的耦合电容、发射极旁路电容的容抗比中频段更小,可视作短路,影响不计。随着信号频率的增大,三极管的结电容、导线的分布电容的容抗呈减小趋势,分流信号作用逐渐加大,输出信号的幅度降低越多,同时对输出信号产生的附加相移越大。而且高频时三极管的 β 也下降,这也将降低放大器的放大倍数。

如将耦合电容和发射极旁路电容去掉,放大器的低频特性将变得理想,但三极管结电容和导线分布电容的影响还在,放大器的高频特性不理想。此时放大器的幅频特性曲线如图 4-29 所示。可见对低频信号要求高的放大器应采用直接耦合放大器。

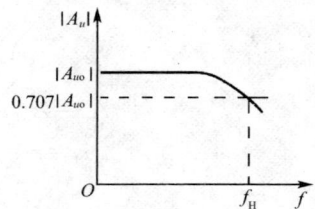

图 4-29　直接耦合放大器的频率特性曲线

3.多级放大器的频率特性

以两级阻容耦合的放大器为例来分析多级放大器的频率特性,设每级放大器的通频带相同。两级放大器总的电压放大倍数为

$$A_u = A_{u1}A_{u2}$$

总的相位移

$$\varphi = \varphi_{u1} + \varphi_{u2}$$

可得两级阻容耦合放大器的幅频特性曲线如图 4-30 所示。可见,多级放大器的放大倍数虽然提高了,但通频带比每个单级放大器的通频带窄。放大器的级数越多,总的通频带就越窄,放大器的通频带和增益是两个相互制约的量,因为放大器的增益与通频带的积是个常数。在实际应用时,两个参数指标要同时兼顾。

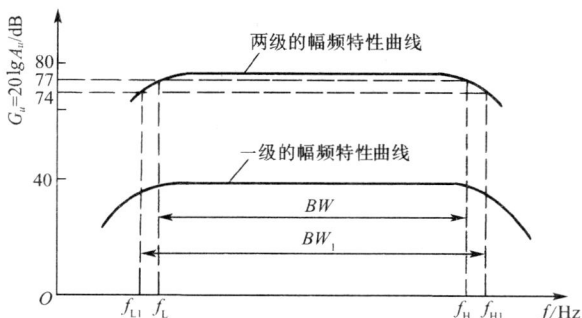

图 4-30 两级阻容耦合放大器的幅频特性曲线

【项目实施步骤】

1.对元器件进行检验后,按照实验电路图 4-31 连接电路。

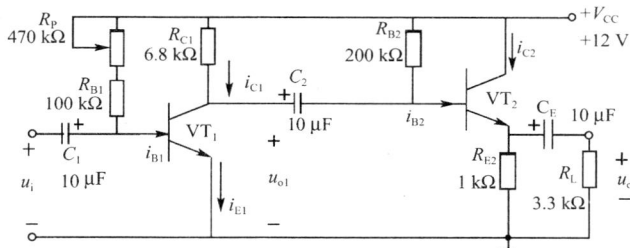

图 4-31 实训项目所用放大器的电路图

2.按操作步骤进行电路调试和参数测试。

3.分析测试结果,得出结论。

4.总结在操作过程中出现的问题和解决方法。

【项目考核方法】

采取分组考核方法。教师(或是教师已经考核优秀的学生)对每个同学都要进行五次考核,分别是:

1.电路连接情况;

2.电路静态工作点的测试、调节情况;

3.电路动态特性的测试情况;

4.放大器频率特性的测试情况;

5.多级放大器频率特性的测试情况。

【项目实训报告】

项目实训报告内容应包括项目实施目标、项目实施器材、项目实施步骤、测试数据、结论、误差分析、实训体会,并按照要求将每次操作的结果填入表格中。

【实训项目 1】 共发射极放大电路的连接和测量

按照图 4-31 连接电路,要求从电容器 C_2 处断开,前级是共发射极放大电路,后级是共集电极放大电路,R_L 是负载。选择参数符合要求的元器件并进行检测。连接电路时要整齐、美观、尽量少用导线,导线的长短要选择合适,便于故障排查和参数测量。检查电路连接无误后再通电。

从信号源输出 $f=1$ kHz、$U_{iSpp}=10$ mV 的正弦信号,调节 R_P,使 u_o 波形达到最大不失真。关闭信号源,用电压表测量电路的静态工作点,将测试结果填入表 4-1 中。

表 4-1   共发射极电路静态工作点的测试记录表

U_{BEQ1}	I_{BQ1}	I_{CQ1}	U_{CEQ1}	β_1

根据公式 $A_u=U_o/U_i$,计算电路的电压放大倍数。记录 u_i 和 u_o 的波形,注意两者之间的相位关系,将测试结果填入表 4-2 中。

表 4-2   共发射极电路动态特性的测试记录表

U_{i1}	U_{iS1}	U_{o1}	U_{oo1}(空载)	A_{u1}	A_{uo1}(空载)	r_{i1}	r_{o1}

记录 $f=1$ kHz 时的 A_{uo},减小信号的频率 f,直到 $A_u=0.707A_{uo}$ 时,记录此时的频率 f_L;增大信号的频率 f,直到 $A_u=0.707A_{uo}$ 时,记录此时的频率 f_H。通频带 $BW=f_H-f_L$,将测试和计算结果填入表 4-3 中。

表 4-3   共发射极电路频率特性的测试记录表

下限截止频率 f_{L1}	上限截止频率 f_{H1}	通频带 BW

【实训项目 2】 共集电极放大电路的连接和测量

按照图 4-31 连接电路,从信号源输出 $f=1$ kHz、$U_{iSpp}=10$ mV 的正弦信号,调节 R_P,使 u_o 波形达到最大不失真。关闭信号源,用电压表测量共集电极放大电路的静态工作点,将测试结果填入表 4-4 中。

表 4-4   共集电极电路静态工作点的测试记录表

U_{BEQ2}	I_{BQ2}	I_{CQ2}	U_{CEQ2}	β_2

根据公式 $A_u=U_o/U_i$,计算共集电极电路的电压放大倍数。记录 u_i 和 u_o 的波形,注意两者之间的相位关系,将测试和计算结果填入表 4-5 中。

表 4-5   共集电极电路动态特性的测试记录表

U_{i2}	U_{iS2}	U_{o2}	U_{oo2}(空载)	A_{u2}	A_{uo2}(空载)	r_{i2}	r_{o2}

记录 $f=1$ kHz 时的 A_{uo},减小信号的频率 f,直到 $A_u=0.707A_{uo}$ 时,记录此时的频率 f_L;增大信号的频率 f,直到 $A_u=0.707A_{uo}$ 时,记录此时的频率 f_H。通频带 $BW=f_H-f_L$,将测试和计算结果填入表 4-6 中。

表 4-6   共集电极电路频率特性的测试记录表

下限截止频率 f_{L2}	上限截止频率 f_{H2}	通频带 BW

【实训项目 3】 两级阻容耦合放大器的连接和测量

按照图 4-31 连接电路,按上述测试步骤进行测试,并将结果填入表 4-7、4-8 和 4-9 中。

表 4-7　　　　　　　　　　两级阻容耦合放大器静态工作点的测试记录表

U_{BEQ1}	I_{BQ1}	I_{CQ1}	U_{CEQ1}	U_{BEQ2}	I_{BQ2}	I_{CQ2}	U_{CEQ2}	β_1	β_2

表 4-8　　　　　　　　　　两级阻容耦合放大器动态特性的测试记录表

U_i	U_{iS}	U_{o1}	U_{o01}（空载）	A_{u1}	A_{u01}（空载）	r_i	r_o

表 4-9　　　　　　　　　　两级阻容耦合放大器频率特性的测试记录表

下限截止频率 f_L	上限截止频率 f_H	通频带 BW

【技能与技巧】 用指针式万用表测量喇叭、耳机、动圈式话筒、稳压二极管的技巧

指针式万用表除了用于测量电压、电流、电阻、音频电平外,还可以检测元器件的质量。

1. 测喇叭、耳机、动圈式话筒

万用表调至 $R \times 1$ 挡,任一表笔接被测件的一端,另一表笔点触被测件的另一端,被测件正常时会发出清脆响亮的"哒、哒"声。如果不响,则是线圈断了;如果响声小而尖,则是线圈有碰边问题,被测件也不能用。

2. 测稳压二极管

该方法只能测量稳压值小于指针式万用表高压电池电压的稳压管。先将一块指针式万用表调至 $R \times 10$ k 挡,将其黑、红表笔分别接在稳压管的阴极和阳极,稳压管工作在反向击穿状态,再取另一块指针式万用表调至电压挡 $V \times 10$ 或 $V \times 50$（根据稳压值）上,将红、黑表笔分别搭接到刚才那块表的黑、红表笔上,这时测出的电压值基本上就是这个稳压管的稳压值。

【项目小结】

1. 放大器的作用是对输入信号进行电压、电流和功率放大。

2. 放大器中的放大管在输入信号的变化范围内必须工作在放大区,这由直流偏置电路实现。各极的直流电压和直流电流称为放大器的静态工作点。静态工作点通过直流通道图采用估算法分析计算。

3. 放大器最合适的静态工作点 Q 应在交流负载线的中点,静态工作点 Q 过高容易造成饱和失真,过低容易造成截止失真。静态工作点的稳定直接影响放大器的性能,分压偏置式放大器具有稳定静态工作点 Q 的作用。

4. 放大器的动态特性（电压放大倍数、输入电阻、输出电阻）通过交流通道图采用微变等效法进行分析计算。

5. 三极管放大器按公共端的不同分为共发射极、共集电极、共基极三种形式。共发射极放大器的电压、电流、功率放大倍数都很高,输入电阻、输出电阻较大,是反相放大器,应用广泛;共集电极放大器具有电流和功率放大作用,电压跟随性好,输入电阻高,输出电阻小,可用作多级放大器的输入级、输出级和中间隔离级;共基极放大器具有电压、功率放大作用,不具有电流放大作用,输入电阻小,输出电阻较高,高频特性好,常用于高频放大电路。

6.场效应管放大器电压放大倍数比较小,但其输入电阻极高,常用于集成电路。场效应管放大器的静态、动态特性分析方法与三极管放大器相同,只是动态等效模型不同。三极管等效成电流控制的电流源;场效应管等效成电压控制的电流源。

7.调谐放大器是用LC并联电路替代基本放大器的负载,利用LC电路的等效阻抗随信号频率变化而改变的特性实现选频放大。调谐放大器对谐振频率的信号放大能力最强。

8.多级放大器常用的级间耦合方式有阻容、变压器和直接耦合三种方式,其中前两种方式的静态工作点互不影响,但频率特性差,不适合放大变化缓慢的信号;直接耦合放大器的静态工作点相互影响,受温漂影响大,但频率特性好,适合放大低频信号。

9.多级放大器的放大倍数等于各个单级放大器放大倍数(考虑后级对前级的影响)的乘积,多级放大器的输入电阻为第一级放大器的输入电阻,输出电阻为最后一级放大器的输出电阻。

10.放大器的放大倍数随信号的频率变化而改变。多级放大器的通频带比单级放大器的通频带窄。通频带是放大器的一个重要技术指标,放大器的通频带要比信号的频率范围宽,才能保证不失真的放大。

【项目练习题】

一、思考题

1.简述放大器的作用,放大器与信号源、负载的关系怎样?

2.在放大器中三极管应该工作在什么状态?如何保证这种工作状态?

3.绘制电路的直流通道图、交流通道图的原则是什么?

4.静态工作点对放大器性能有何影响?如何建立合适的静态工作点并保持稳定?

5.简述共发射极放大器的电路性能、应用和各组成元件的作用。

6.简述共集电极放大器的电路性能、应用和各组成元件的作用。

7.调谐放大器为什么能进行选频放大?

8.多级放大器的级间耦合方式有几种?每种耦合方式的特点是什么?

9.多级放大器的电压放大倍数、输入电阻、输出电阻的计算方法与单级放大器有何异同?

10.影响放大器频率特性的因素有哪些?多级放大器的频带比单级放大器的频带是宽还是窄?

二、练习题

1.填空题

(1)在放大器中,三极管必须工作在(　　　)状态,三极管的发射结要(　　　)偏,集电结要(　　　)偏;此时三极管的基极-发射极间等效成(　　　),集电极-发射极间等效成(　　　)控制的电流源;此时场效应管的栅极-源极间等效成(　　　),漏极-源极间等效成(　　　)控制的电流源;具有(　　　)流特性。

(2)静态工作点过高容易导致(　　　)失真,静态工作点过低容易导致(　　　)失真。

(3)画直流通道图时,电容视作(　　　)路,电感视作(　　　)路;画交流通道图时,电容、直流电源视作(　　　)路。

(4)共发射极放大器具有(　　　)、(　　　)、(　　　)放大作用,输入电阻(　　　),输出电阻(　　　),输出电压与输入电压的相位(　　　);共集电极放大器具有(　　　)、(　　　)放大作用,输入电阻(　　　),输出电阻(　　　),输出电压与输入电压的相位(　　　),可用作多级放大器

的（　　）、（　　）、（　　）级。共基极放大器具有（　　　）、（　　　）放大作用,输入电阻
（　　）,输出电阻（　　）,输出电压与输入电压的相位（　　　）,常用于（　　）频信号的放大。

（5）影响放大器低频特性的因素是（　　　）和（　　　）;影响放大器高频特性的因素是
（　　）、（　　）和（　　）。

（6）多级放大器的输入电阻是（　　　）级的输入电阻,输出电阻是（　　　）级的输出电阻。
多级放大器的总电压放大倍数等于单级放大器放大倍数的（　　　）,总增益等于单级放大器
增益的（　　　）。

2.判断题

（1）放大器必须具有功率放大作用。　　　　　　　　　　　　　　　　　　（　　）

（2）合适的静态工作点应在交流负载线的中间。　　　　　　　　　　　　　（　　）

（3）多级放大器的后级可看成是前一级的负载。　　　　　　　　　　　　　（　　）

（4）多级放大器的前级可看成是后一级的信号源。　　　　　　　　　　　　（　　）

（5）对信号源而言,放大器的输入电阻越小越好。　　　　　　　　　　　　（　　）

（6）阻容耦合放大器适合放大变化缓慢的信号。　　　　　　　　　　　　　（　　）

（7）在集成电路的内部,放大器常采用直接耦合方式。　　　　　　　　　　（　　）

（8）LC 并联电路谐振时阻抗最大。　　　　　　　　　　　　　　　　　　（　　）

（9）多级放大器的通频带比单级放大器的宽。　　　　　　　　　　　　　　（　　）

（10）品质因素 Q 越大,调谐放大器的选择性越好。　　　　　　　　　　　（　　）

3.综合题

（1）分析如图 4-32 所示电路能否实现放大作用,原因是什么?

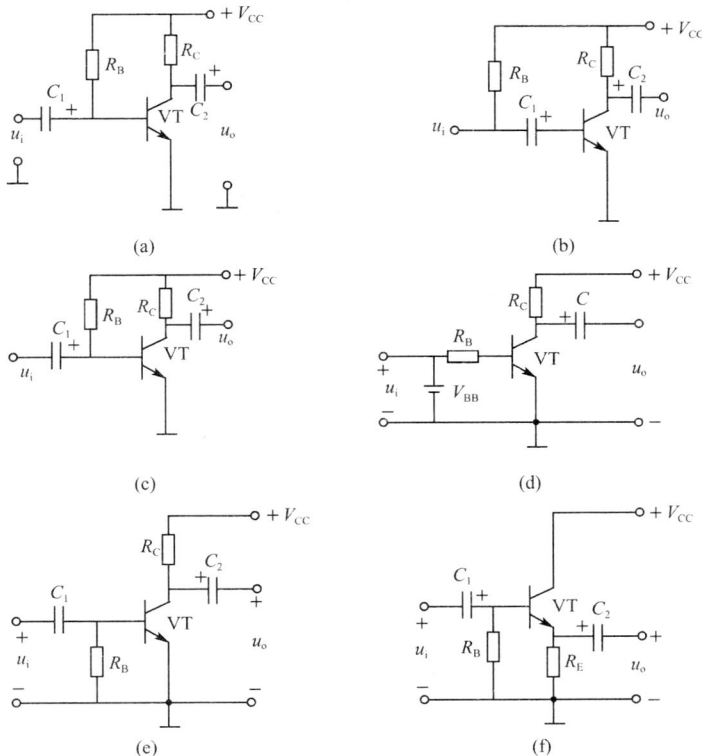

图 4-32　综合题（1）题图

(2)画出如图 4-33 所示各个电路的直流通道图、交流通道图。已知：$V_{CC}=12$ V，$R_B=300$ kΩ，$\beta=50$，$R_C=R_L=3$ kΩ，求：

①放大器的静态工作点。

②放大器的空载和带载时电压放大倍数、输入电阻、输出电阻。

(3)画出如图 4-34 所示电路的直流通道图，分析稳定静态工作点的原理。已知：$R_{B1}=20$ kΩ，$R_{B2}=10$ kΩ，$\beta=50$，$V_{CC}=12$ V，$R_C=1$ kΩ，$R_E=1$ kΩ，试估算放大器的静态工作点。

(4)画出如图 4-35 所示共集电极放大器的直流通道图、交流通道图、微变等效电路图。$R_B=100$ kΩ，$\beta=50$，$V_{CC}=12$ V，$R_S=100$ Ω，$R_E=R_L=1$ kΩ，求：

①放大器的静态工作点。

②放大器的电压放大倍数、输入电阻、输出电阻。

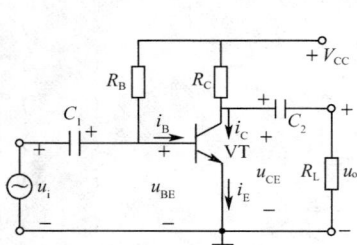

图 4-33 综合题(2)题图　　图 4-34 综合题(3)题图　　图 4-35 综合题(4)题图

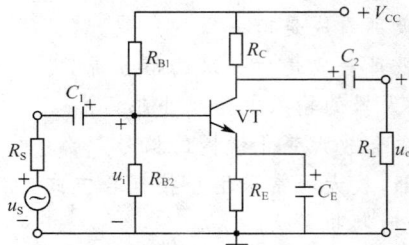

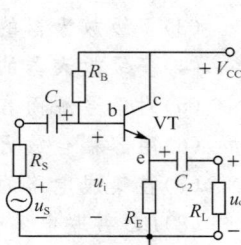

(5)放大电路如图 4-36 所示。已知：$\beta_1=\beta_2=100$，$V_{CC}=6$ V。求：

①画出电路的直流通道图、交流通道图、微变等效电路图。

②估算放大器各级的静态工作点。

③计算放大器的放大倍数、输入电阻、输出电阻。

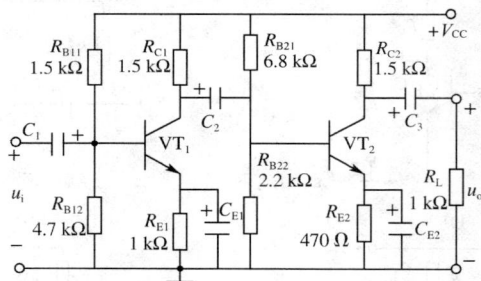

图 4-36 综合题(5)题图

(6)测得某放大电路的输入正弦电压和电流的峰值分别为 10 mV 和 10 μA，在负载电阻为 2 kΩ 时，测得输出正弦电压信号的峰值为 2 V。试计算该放大电路的电压放大倍数、电流放大倍数和功率放大倍数，并分别用分贝(dB)表示。

(7)如图 4-37 所示是一个 NPN 型三极管组成的共发射极放大电路的输出电压波形图。问：分别发生了什么失真？该如何改善？

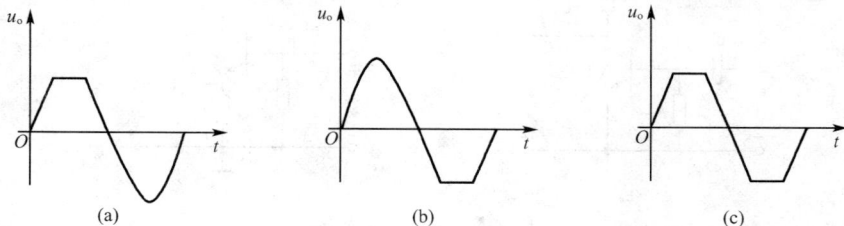

(a)　　　　　　　(b)　　　　　　　(c)

图 4-37 综合题(7)题图

项目5

集成运放与负反馈放大器

【知识目标】

1. 了解集成运算放大器的组成及理想集成运放的技术指标。

2. 了解集成运算放大器主要参数的意义。

3. 了解集成运放的两个工作区域及其工作条件。

4. 了解集成运放工作于线性区域时"虚短"和"虚断"的特点。

5. 了解反馈的概念,掌握负反馈的四种组态及其特点。

【技能目标】

1. 会用集成运放组成工作在线性区的电路。

2. 会用集成运放组成工作在非线性区的电路。

3. 能根据实际应用选择专用集成运放。

4. 会分析判断负反馈的四种组态和电路特点。

【学习方法】

通过对各种集成运算放大器实物进行认识和检测,学习了解理想集成运放的特点和主要参数的意义,用集成运放实际连接成各种组态的负反馈电路。

【实施器材】

1. 各种类型、不同管脚数目的集成运放若干。

2. 各种类型、不同规格的已经损坏的集成运放若干(可到电子产品维修部寻找)。

3. 每两个人配备指针式万用表和数字式万用表各一只。

4. 连接各种实际电路用到的其他电子元器件。

【初识集成运算放大器】

多级放大器采取直接耦合存在着严重的温漂问题,采用差动放大电路是解决温漂问题的最有效方法,但由于差动放大电路对器件的对称性要求十分严格,所以能真正实现抑制温漂的电路是集成运算放大器。

集成运算放大器(简称集成运放)把采用直接耦合方式的多级放大器集中制作在一块芯片上,其输入级采用差动放大电路,可以有效地减小温漂。由于许多电路是同时制作在同一块芯片上,能有效地保证对称性,从而解决了制作差动电路的不对称问题。集成运算放大器有多种型号,其实物外形和电路符号如图 5-1 所示。

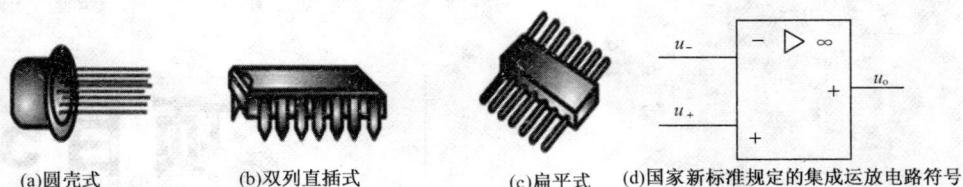

(a)圆壳式　　　　(b)双列直插式　　　　(c)扁平式　　(d)国家新标准规定的集成运放电路符号

图 5-1　集成运算放大器的实物外形和电路符号

国家标准(GB 3430－1989)规定,集成运放的型号由字母和阿拉伯数字表示,例如 CF741、CF124 等,其中 C 表示国家标准,F 表示运算放大器,阿拉伯数字表示种类。

图 5-1(d)所示的电路符号是国家新标准(GB 4728.13－1996)规定的集成运放在电路中的符号,图 5-2所示符号是在许多电路中曾经用过的部颁符号,但这个符号至今还在一些国外和国内的电路中使用。

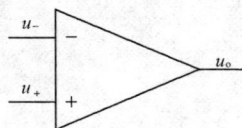

图 5-2　集成运算放大器曾经用过的电路符号

画电路图时,通常只画出集成运放的输入端和输出端,输入端标"＋"号的端表示是同相输入端,标"－"号的端表示是反相输入端,电源端一般不画出。

【知识链接】

5.1　集成运算放大器

运算放大器是一种高电压放大倍数、高输入电阻、低输出电阻的直接耦合式多级放大电路,由于它最初主要用在模拟计算机上进行数学运算,故得其名。集成运算放大器则是利用集成电路的制造工艺,将运算放大器的所有元件都制作在同一块硅片上,然后再封装起来。随着电子技术的飞速发展,集成运放的性能不断提高,它的应用领域已大大超出数学运算的范畴,在电子电路的各个领域都可以见到它的身影,成为模拟电子技术领域中的核心器件。

5.1.1　集成运算放大器电路的组成及其基本特性

在集成运放电路中,为了抑制零点漂移,对温漂影响最大的第一级电路毫无例外地都采用了差动放大电路。集成运算放大器电路的组成如图 5-3 所示。

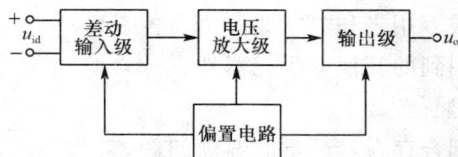

图 5-3　集成运算放大器电路的组成

集成运放的电路内部包含了四个基本组成部分,即偏置电路、差动输入级、电压放大级和输出级。

1.差动输入级

集成运放的输入级采用差动放大电路,整个电路工作在弱电流状态,而且电流比较恒定,这有利于提高集成运放的共模抑制比。

2.电压放大级

电压放大级的主要任务是提供足够大的电压放大倍数,因此,电压放大级不仅要求电压放大倍数高,而且还要求输入电阻比较高,以减少本级对前级电压放大倍数的影响。电压放大级还要向输出级提供较大的推动电流。

3.输出级

输出级的主要作用是提供足够的输出电流以满足负载的需要,同时还要具有较低的输出电阻和较高的输入电阻,以起到将放大级和负载隔离的作用,所以电路采用射极跟随器的形式。除此之外,电路中还设有过载保护电路,用以防止输出端短路或负载电流过大时烧坏管子。

4.偏置电路

偏置电路用于给各个电路提供所需的直流偏压,多采用恒流源和镜像微恒流源电路。

集成运放的输入级由差动放大电路组成,因此具有两个输入端。分别从两个输入端加入信号,在电路的输出端得到的信号相位是不同的,一个为反相关系,另一个为同相关系,所以把这两个输入端分别称为反相输入端和同相输入端。

5.1.2 集成运放的主要参数

为了描述集成运放的性能,设立了许多技术指标,现将常用的几项分别介绍如下:

1.开环差模电压放大倍数 A_{od}

开环差模电压放大倍数 A_{od} 是指集成运放在无外加反馈回路情况下的差模电压放大倍数,即

$$A_{od} = \frac{U_o}{U_{id}}$$

对于集成运放而言,希望 A_{od} 大且稳定。目前高增益的集成运放器件,其 A_{od} 可高达 140 dB(10^7 倍),与理想集成运放的 A_{od}(其指标为无穷大)没有实质上的差别。

2.最大输出电压 U_{opp}

最大输出电压是指在额定的电源电压下,集成运放的最大不失真输出电压的峰-峰值。如 F007 的电源电压为 ±15 V 时,其最大输出电压为 ±10 V,按 $A_{od}=10^5$ 计算,当输出为 ±10 V 时,输入差模信号的电压 u_{id} 其峰-峰值为 ±0.1mV,所以集成运放的放大能力特别大。当输入信号超过 ±0.1 mV 时,电路的输出恒为 ±10 V,不再随 u_{id} 变化,此时标志着集成运放进入了非线性工作状态。

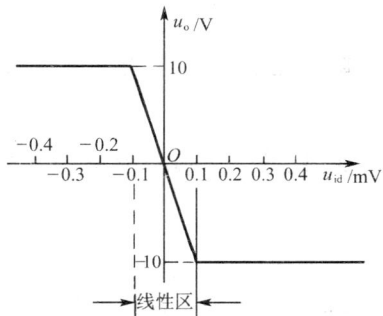

图 5-4 集成运放 F007 的电压传输特性曲线

用电压传输特性曲线来表示集成运放的输入电压与输出电压的关系,如图 5-4 所示。

3. 差模输入电阻 r_{id}

r_{id} 的大小反映了集成运放的输入端向信号源索取电流的大小。一般要求 r_{id} 愈大愈好，普通集成运放的 r_{id} 为几百千欧至几兆欧。在集成运放的输入级采用场效应管组成差动放大电路，可以提高放大器的差模输入电阻 r_{id}。F007 的 r_{id} 为 2 MΩ，理想集成运放的 r_{id} 为无穷大。

4. 输出电阻 r_o

输出电阻 r_o 的大小反映了集成运放在输出信号时的带负载能力。有时也用最大输出电流 I_{omax} 来表示它的极限带负载能力。理想集成运放的 r_o 为零。

5. 共模抑制比 K_{CMRR}

共模抑制比 K_{CMRR} 反映了集成运放对共模输入信号的抑制能力。K_{CMRR} 愈大愈好，理想集成运放的 K_{CMRR} 为无穷大。

6. −3dB 带宽 f_h

实验发现，随着输入信号频率的上升，放大电路的电压放大倍数将下降，当 A_{od} 下降到最大放大倍数的 0.707 倍时所对应的信号频率称为截止频率，以分贝为单位表示时正好是 3 dB，对应此点的频率 f_h 称为上限截止频率，又常称为 −3 dB 带宽。

当输入信号频率继续增大时，电压放大倍数继续下降；当电压放大倍数 $A_{od}=1$ 时，与此对应的频率 f_c 称为单位增益带宽。F007 的单位增益带宽为 $f_c=1$ MHz。

7. 输入失调电压 U_{io}

当输入电压为零时，为了使放大器的输出电压为零，在输入端外加的补偿电压，一般为毫伏级。它表征了电路输入部分不对称的程度，U_{io} 越小，集成运放的性能越好。

8. 输入失调电流 I_{io}

当输入电压为零时，为了使放大器输出电压为零，在输入端外加的补偿电流。其值为两个输入端静态基极电流之差。

9. 输入偏置电流 I_{iB}

当输入电压为零时，两个输入端静态基极电流的平均值。一般为微安数量级，I_{iB} 越小越好。

10. 静态功耗 P_D

将集成运放电路的输入端短路、输出端开路时，集成运放所消耗的功率叫做静态功耗 P_D，此值越小越好。

除上述参数外，还有共模输入电阻 r_{ic}、静态电流 I_D、转换速率 S_R、电源参数等，这里就不再一一详述。

5.1.3 集成运放工作的两个区域

1. 理想运算放大器

所谓理想集成运放，就是将集成运放的各项技术指标理想化，即

(1)开环差模电压放大倍数 $A_{od}=\infty$；

(2)输入电阻 $r_{id}=\infty$，$r_{ic}=\infty$；

(3)共模抑制比 $K_{CMRR}=\infty$；

(4)输出电阻 $r_o=0$；

（5）－3 dB 带宽 $f_h = \infty$。

在分析和计算电路性能时，用理想集成运放来代替实际集成运放所得到的误差，完全可以满足实际工程的允许误差范围，所以将集成运放视为理想集成运放是完全可以的。

2. 理想集成运放工作在线性区时的特点

集成运放有两个工作区域：线性区和非线性区。

集成运放工作在线性区时，其输出电压与两个输入端的电压之间存在着线性放大关系，即

$$u_o = -A_{od}(u_- - u_+)$$

式中，u_o 是集成运放的输出端电压；u_- 和 u_+ 分别是其反相输入端和同相输入端的对地电压；A_{od} 是其开环差模电压放大倍数，因为 u_o 为定值，且 A_{od} 很大，所以必须要求 u_+ 和 u_- 的差很小才行。

理想集成运放工作在线性区时，有两个重要特点：

（1）两个输入端电位相等

由于集成运放工作在线性区，有

$$u_o = -A_{od}(u_- - u_+)$$

再考虑到理想集成运放的 $A_{od} = \infty$，所以必然有

$$u_+ = u_-$$

上式表示理想集成运放的同相输入端与反相输入端的电位相等，好像这两个输入端是短路一样，这种现象称为"虚短"。

（2）理想集成运放的输入电流等于零

由于理想集成运放的差模输入电阻 $r_{id} = \infty$，因此在其两个输入端均可以认为没有电流输入，即

$$i_+ = i_- = 0$$

此时，集成运放的同相输入端和反相输入端的输入电流都等于零，如同这两个输入端内部被断开一样，所以将这种现象称为"虚断"。

"虚短"和"虚断"是理想集成运放工作在线性区时的两条重要结论，也是理想集成运放工作在线性区的两个重要特点，常常作为分析集成运放应用电路的出发点。

3. 理想集成运放工作在非线性区时的特点

如果集成运放的输入信号超出一定范围，则输出电压不再随输入电压线性增长，而将达到饱和。集成运放的电压传输特性如图 5-5 所示。

理想集成运放工作在非线性区时，也有两个重要的特点：

（1）理想集成运放的输出电压 u_o 具有两值性

理想集成运放的输出电压 u_o 或等于集成运放的正向最大输出电压 $+U_{opp}$，或等于集成运放的负向最大输出电压 $-U_{opp}$，如图 5-5 中的实线所示。

当 $u_+ > u_-$ 时，$u_o = +U_{opp}$；

当 $u_+ < u_-$ 时，$u_o = -U_{opp}$。

在非线性区内，集成运放的差模输入电压可能很大，即 $u_+ \neq u_-$，此时，电路的"虚短"现象将不复存在。

（2）理想集成运放的输入电流等于零

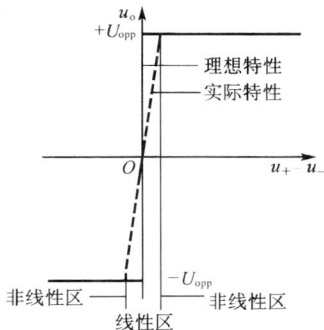

图 5-5 集成运放的电压传输特性

在非线性区内,虽然集成运放两个输入端的电位不等,但因为理想集成运放的输入电阻 $r_{id}=\infty$,故仍可认为理想集成运放的输入电流等于零,即

$$i_+ = i_- = 0$$

实际集成运放的电压传输特性如图 5-5 中的虚线所示,但因集成运放的 A_{od} 值通常很高,所以其线性放大的范围很小,如在电路上不采取适当措施,即使在输入端加上一个很小的信号电压,也有可能使集成运放超出线性工作范围而进入非线性区。

5.2 集成运放的发展和应用

5.2.1 集成运放的发展

集成运放在最近三十多年间的发展十分迅速。

第一代集成运放是通用型产品,经历了多年发展,各项技术指标不断提高。

第二代集成运放以 μA741(我国的 F007 或 5G24)为代表,它有很高的开环增益,电路中设有短路保护措施,至今在生产中仍有应用。

第三代集成运放以 AD508(我国的 4E325)为代表,其特点是在失调电压、失调电流、开环增益、共模抑制比等技术指标上都有明显的改善。

第四代以 HA2900 为代表,它的特点是制造工艺达到了大规模集成电路的水平,输入级采用 MOS 场效应管,输入电阻达到 100 MΩ 以上,而且采取了调制和解调措施,成为自稳零(即无需外加调整元件就可使集成运放的静态输出为零)运算放大器,使温漂进一步降低。

除了通用型集成运放以外,还有专门为适应某些特殊需要设计的专用型集成运放,它们往往在某些单项指标方面达到比较高的水平,以满足特殊条件下的使用。

集成运放典型产品的技术指标见表 5-1。

表 5-1　　　　　　　　　　　　集成运放典型产品的技术指标

品 种 类 型			通用型			高精度型		高速型
			Ⅰ	Ⅱ	Ⅲ			
	国内外类似型号		CF702 F002 μA702	CF709 F005 μA705	CF741 F007 μA715	CF725 μA725	C7650 ICL7650	CF715 μA715
参数名称	符号及单位							
输入失调电压	U_{io}	mV	0.5	1.0	1.0	0.5	5×10^{-2}	2.0
输入失调电流	I_{io}	nA	180	50	20	2.0	5×10^{-3}	70
输入偏置电流	I_{iB}	nA	2000	200	80	42	0.01	400
U_{io} 的温漂	$\dfrac{dU_{io}}{dT}$	μV/℃	2.5	3.0		2.0	0.01	
I_{io} 的温漂	$\dfrac{dI_{io}}{dT}$	μA/℃	1.0			35×10^{-3}		
开环差模电压增益	A_{od}	dB	70	93	106	130	120	90
共模抑制比	K_{CMRR}	dB	100	90	90	120	120	92

（续表）

品 种 类 型			通用型			高精度型		高速型
			I	II	III			
国内外类似型号			CF702 F002 μA702	CF709 F005 μA705	CF741 F007 μA715	CF725 μA725	C7650 ICL7650	CF715 μA715
参数名称	符号及单位							
输入共模电压范围	U_{icm}	V	$+0.5$ -5.0	±10	±13	±14		±12
输入差模电压范围	U_{idm}	V	±5	±5.0	±30	±5		±15
差模输入电阻	r_{id}	MΩ	0.04	0.4	2.0	1.5	10^6	1.0
最大输出电压	U_{opp}	V		±13	±14	±13.5	±5.8	±13
−3dB 带宽	f_h	Hz			10	2		
单位增益带宽	f_c	MHz			1			
静态功耗	P_D	mW	90	80	50	80	3.5	165
静态电流	I_D	mA	5.0		1.7			5.5
转换速率	S_R	V/μs			0.5		2	100
电源电压	U	V	+12	±15	±15	±15	±5	±15

5.2.2 使用集成运放需要注意的几个问题

1.调零

由于集成运算放大器的内部电路参数不可能达到完全对称，因此当输入信号为零时，输出端也会有一定的输出电压，使电路不能达到零入零出。通常的做法是外接调零电阻，如图 5-6 所示，为集成运放 μA741 的调零电路图，1 脚和 5 脚是差动输入级的外接调零电阻管脚，4 脚为负电源端。在输入信号为零，也就是将两个输入端均接地时，调节 R_p 可使输出电压为零。

目前，由于新型集成运放内部电路的改进，已不再需要进行调零工作了。

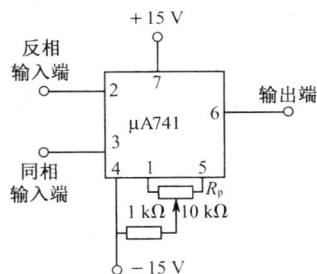

图 5-6 集成运放 μA741 的调零电路图

2.消除自激振荡

由于晶体管内部极间电容和其他分布参数的影响，容易使放大电路产生自激振荡。所谓自激振荡就是在没有输入信号时，输出端就已经存在着近似正弦波的高频电压信号，尤其在人体或金属物体接近时更为明显，这将使集成运算放大器的有用输出信号淹没在高频自激振荡信号中，使放大器不能正常工作。

消除自激振荡的方法是增加阻容补偿网络。阻容补偿网络的具体参数和接法可查阅该型号集成运放的使用说明书。目前，由于新型集成运放内部电路的改进，已不再需要外加补偿网络了。

3. 外加电源极性保护

由于电源极性接反会造成集成运放的损坏,故利用二极管的单向导电性,可以防止当电源极性错接时对集成运放的损坏。如图 5-7 所示。当电源接成上负下正时,两二极管均不导通,等于电源断路,从而起到了保护集成运放的作用。

4. 输入保护

利用二极管的限幅作用,可以对输入信号的幅度加以限制,以免输入信号超过额定值损坏集成运放的内部结构。无论是输入信号的正向电压或负向电压超过二极管的导通电压,则 VD_1 或 VD_2 就会有一个导通,从而限制了输入信号的幅度,起到了保护作用,如图 5-8 所示。

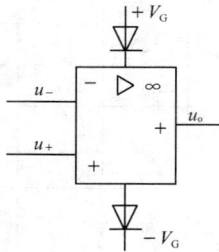

图 5-7 利用二极管对集成运放
进行电源极性保护的电路

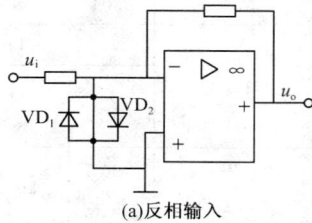

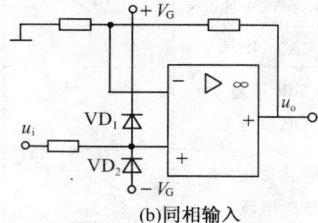

图 5-8 集成运放的输入保护电路

(a)反相输入   (b)同相输入

5. 输出保护

利用稳压管 VS_1 和 VS_2 接成反向串联电路,若输出端出现过高电压,集成运放的输出端电压将受到稳压管稳压值的限制,从而避免了集成运放的损坏和对下一级电路的影响,如图 5-9 所示。

图 5-9 集成运放的输出保护电路

5.2.3 专用集成运放

随着电路技术指标要求的提高,专用集成运放的使用越来越多,应该对专用集成运放引起足够的重视。专用集成运算放大器可分为高输入阻抗型、低漂移型、高精度型、高速型、宽带型、低功耗型、高压型和大功率型等。

1. 高输入阻抗型集成运算放大器

要想实现高输入阻抗,可利用场效应管输入电阻高的优点,用场效应管制作集成运放的输入级,这种集成运放的差模输入电阻 r_{id} 可大于 $10^9 \sim 10^{12}$ Ω,输入偏置电流 I_{iB} 为几皮安到几十皮安,所以又称为低输入偏置电流型集成运算放大器。

高输入阻抗型运算放大器主要用于制作测量放大器,比如,在生物医学领域用于微弱电信号的传感、测量与精密放大。另外,高输入阻抗型运算放大器也广泛应用于有源滤波器、采样-保持电路、对数和反对数运算及模数转换、数模转换、模拟调节器等方面。

常用的高输入阻抗型运算放大器的型号有 LF356、TL081、TL082 等。

2. 高速宽带型集成运算放大器

高速宽带型集成运放的转换速率 S_R 要高于 30 V/μs,单位增益带宽要大于 10 MHz,一般用于快速 A/D 转换和 D/A 转换、有源滤波器、高速采样-保持电路、锁相环等电路中。

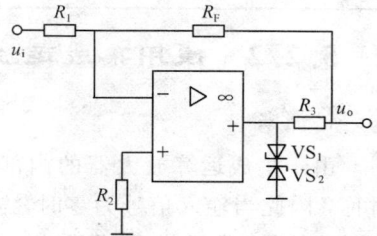

常用的高速宽带型集成运算放大器的型号有 F715、μA715 等。

3. 高精度低漂移型集成运算放大器

高精度低漂移型集成运算放大器是指具有失调小、温度漂移小和噪声低等特点的集成运放，一般用于毫伏级或更低数量级微弱信号的精密检测、精密模拟计算、高精度稳压电源及自动控制仪表中。

常用的高精度低漂移型集成运算放大器的型号有 OP27 等。

4. 低功耗型集成运算放大器

低功耗型集成运放的静态功耗较低，要求在电源为 ± 15 V 时，其最大功耗小于 6 mW，并可以在低电源电压下（$1.5 \sim 4$ V）保持良好的电气性能。

常用的低功耗型集成运算放大器的型号有 F3078、CA3078 等。

5. 高压型集成运算放大器

某些显示设备要求集成运算放大器有 100 V 以上的输出电压，而普通运放中晶体三极管的集电极和发射极间的击穿电压仅为 40 V 左右，不能满足需要。为得到高的输出电压，可在集成电路的设计中制作出高压晶体管，或采用串接三极管以提高耐压。在高压型集成运放中还加入了特殊保护电路，以提高运放的工作可靠性。比如超高压型集成运放 LF3583 的电源最高电压允许为 ± 150 V，此时可输出 ± 140 V 的电压。

常用的高压型集成运算放大器的型号有 HA2645、LF3583 等。

6. 电流型集成运算放大器

LM1900、LH0036 和 AD522 等是电流型集成运算放大器，可用于仪器仪表电路的设计中。

常见的专用集成运放的主要参数见表 5-2 所示。

表 5-2　　　　　　　　　　　常见的专用集成运放的主要参数

类型与型号	参数与单位	电源电压 $V_{CC}(V_{EE})$	开环差模电压增益 A_{od}	共模抑制比 K_{CMRR}	差模输入电阻 r_{id}	最大差模输入电压 U_{idmax}	最大共模输入电压 U_{icmax}	最大输出电压 U_{omax}
		V	dB	dB	kΩ	V	V	V
通用型	μA741 (F007)	$\pm 9 \sim \pm 18$	100	80	1000	± 30	± 12	± 12
高阻型	LF356 (TL081)	± 15	106	100	10^9	± 30	$+15，-12$	± 13
高速型	F715(μA715)	± 15	90	92	1000	± 15	± 12	± 13
高精度	OP27	$8 \sim 44$	110	<126				$\pm 3 \sim \pm 40$
低功耗	F3078 (CA3078)	± 6	100	115	870	± 6	± 5.5	± 5.3
高压型	HA2645	$20 \sim 80$	100	74		37		
电流型	5G14573	± 7.5	80	76	10^7	$-0.5 \sim (V_{CC}+0.5)$	12	12

5.2.4 集成运放的应用

集成运算放大器在电子技术中可以说是无处不在,从通用集成运算放大器到专用集成运算放大器,在模拟电子技术中发挥了巨大的作用。集成运算放大器的具体应用在后续的章节中还要专门介绍,这里给出集成运放的应用领域。

1. 集成运算放大器在各种信号运算电路中的应用

集成运算放大器工作在线性区时,可以实现反相比例运算、同相比例运算、加法运算、减法运算、对数运算、指数运算、积分运算、微分运算、乘法运算、除法运算以及它们的复合运算。

2. 集成运算放大器在各种信号处理电路中的应用

在信号处理方面,集成运算放大器可以用来构成有源滤波器、采样-保持电路、电压比较器等。

3. 集成运算放大器在各种波形产生电路中的应用

集成运算放大器作为波形发生器中的主要部件,用来产生各种所需要的波形信号,可以组成正弦波、矩形波、三角波、锯齿波等波形产生电路。

【动手做】 用集成运放做一个音频信号发生器

在进行电路调试时,往往需要用到信号发生器。用一块型号为 LM324 的集成运放,再加上几个电阻和电容,就可以做一个简易的信号发生器。LM324 可以使用单电源供电,按照如图 5-10 所示电路选择元器件,电源可以使用四节 2 号电池,给集成运放提供 6 V 的直流电压,就可以保证输出的是音频信号,若在输出端加一级三极管放大器,就能使其带动小喇叭发出声音,可以当作一个门铃使用。

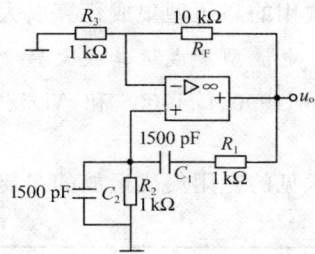

图 5-10 使用集成运放制作的音频信号发生器

5.3 负反馈放大器

反馈的说法已司空见惯,谈得最多的是信息反馈,其实用得最多的还是在电子技术领域。模拟电路中广泛采用反馈,以改善电路的性能指标。可以说,实际应用的电路几乎没有不采用反馈的。

5.3.1 反馈的基本概念

1. 反馈

在电子系统中,把放大电路的输出量(输出电压或输出电流)的一部分或全部,通过某些元件和网络(称为反馈网络),反送到输入回路中,从而构成一个闭环系统,使放大电路的输入量不仅受到输入信号的控制,也受到放大电路输出量的影响,这种连接方式就叫反馈。引入了反馈的放大电路叫做反馈放大电路,也叫闭环放大电路;而未引入反馈的放大电路,则称为开环放大电路。

2.反馈放大电路的框图

所有的反馈放大电路都可以看成是由基本放大电路和反馈网络两大部分组成,如图 5-11 所示。

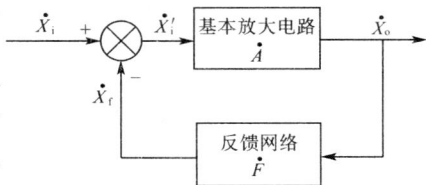

在框图中,$\dot{X}_i$、$\dot{X}'_i$、$\dot{X}_o$ 和 $\dot{X}_f$ 分别表示输入信号、净输入信号、输出信号和反馈信号,它们可以是电压,也可以是电流。符号"$\otimes$"表示比较环节,$\dot{X}_i$ 和 $\dot{X}_f$ 通过这个比较环节进行比较,得到差值信号(净输入信号)$\dot{X}'_i$,图中箭头表示信号的传输方向。其实,信号的传输方向是

图 5-11　反馈放大电路的框图

个很复杂的问题,为了简化分析,在本书中规定信号的传输具有单向性,即在基本放大电路中,信号是正向传输的,输入信号只通过基本放大电路到达输出端;在反馈网络中,信号则是反向传输的,反馈信号只通过反馈网络回到电路的输入端。

反馈可以在一级放大器内存在,称为本级反馈;也可以在多级放大电路中构成,称为级间反馈。级间反馈改善整个放大电路的性能;本级反馈只改善本级电路的性能。

3.反馈放大电路的一般关系式

定义:放大器的开环放大倍数 $\dot{A}$ 为

$$\dot{A}=\frac{\dot{X}'_o}{\dot{X}'_i}$$

反馈系数 $\dot{F}$ 为

$$\dot{F}=\frac{\dot{X}_f}{\dot{X}_o}$$

放大电路的闭环放大倍数 $\dot{A}_f$ 为

$$\dot{A}_f=\frac{\dot{X}_o}{\dot{X}_i}$$

净输入信号 $\dot{X}'_i$ 为　　　$$\dot{X}'_i=\dot{X}_i-\dot{X}_f$$
根据上述关系式,可得

$$\dot{A}_f=\frac{\dot{A}}{1+\dot{A}\dot{F}}$$

这是一个十分重要的关系式,也叫闭环增益方程,是分析反馈放大器的基本关系式。如果放大电路工作在中频范围,而且反馈网络又是纯电阻性时,开环放大倍数 $\dot{A}$ 和反馈系数 $\dot{F}$ 皆为实数,则开环放大倍数 $\dot{A}$ 可用 A 表示,反馈系数 $\dot{F}$ 可用 F 表示,闭环增益方程可写为

$$A_f=\frac{A}{1+AF}$$

式中,$1+AF$ 称为反馈深度,一般用 D 来表示,是衡量放大器反馈信号强弱程度的一个重要指标。

5.3.2　反馈放大电路的基本类型及分析方法

1.反馈信号的极性与判断方法

放大器中的反馈,按照反馈信号极性的不同,可分为正反馈和负反馈。按照反馈信号是

交流还是直流,可以分成直流反馈和交流反馈。

（1）正反馈和负反馈

在放大器中,如果引入反馈信号后,放大电路的净输入信号减小,导致放大器的放大倍数降低,这种反馈称为负反馈;若反馈信号使放大电路的净输入信号增大,导致放大器的放大倍数增大,这种反馈称为正反馈。

区别正、负反馈时用瞬时极性法。方法是先假定放大器输入端的输入信号在某一瞬时的极性为正,说明该点瞬时电位的变化是升高,在图中用"＋"号表示。再根据各级放大器对输入信号和输出电压的相位关系,依次推断出由瞬时输入信号所引起的电路中有关各点的电位的瞬时极性,分别用"＋"或"－"表示。例如当"＋"信号从三极管的基极输入时,信号从集电极上输出时为"－",从发射极上输出时则为"＋";信号经过电阻和电容时不改变极性;信号在经过集成运放时,从同相端输入,则输出与输入同相,从反相端输入,则输出与输入反相。最后在放大器的输入回路上比较反馈信号和原输入信号的极性。若反馈信号和原输入信号同相,则为正反馈;若反馈信号和原输入信号反相,则为负反馈。

这里要强调指出:在运用瞬时极性法时,反馈信号和原输入信号极性的比较,一定要在放大器输入回路的同一点上进行。这是因为在确定电路中各个点的信号极性时,一般都是以该点对地的极性来确定信号的正负,而信号经过电路和反馈网络回到放大器的输入端时,不一定会回到原设为"＋"的输入点,有可能会回到放大器输入端的另一点。单凭反馈回来的信号极性的正负来确定反馈是正反馈还是负反馈,容易引起错误判断。

例如,图 5-12 是由集成运放组成的反馈放大电路。对于图 5-12（a）所示电路,设输入信号 u_i 的瞬时极性为正,因为 u_o 与 u_i 同相,则输出信号 u_o 的瞬时极性为正,u_o 经电阻 R_3、R_4 分压后得到的反馈电压 u_f 的极性也为正,由于反馈信号与输入信号在输入的同一端上且二者极性相同,可以看出,反馈信号将使净输入信号增大,所以为正反馈。

对于图 5-12（b）所示电路,设输入信号 u_i 的瞬时极性为正,因为是从同相输入端输入,则 u_o 和 u_f 的瞬时极性都为正,但由于反馈信号回到了输入的另一端,与原输入信号不在同一输入端,所以单凭反馈信号的极性是正就判断是正反馈显然是错误的。此时可这样分析:设输入信号在集成运放的同相输入端瞬时极性为正,则其在输入的另一端（反相端）必为负。当正的反馈信号回到集成运放的反相输入端时,应和该点的原输入信号比较,显然二者的极性相反,所以是负反馈。

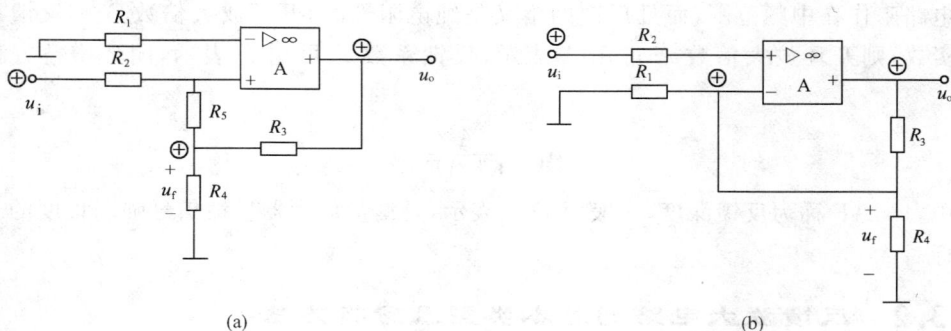

图 5-12　反馈极性的判断

通过以上分析,可以得出如下结论:当输入信号 u_i 与反馈信号 u_f 在输入端的不同点时,

若反馈信号 u_f 的瞬时极性和输入信号 u_i 的瞬时极性相同,为负反馈;若二者极性相反,为正反馈。当输入信号 u_i 与反馈信号 u_f 在输入的同一点时,若反馈信号 u_f 的瞬时极性和输入信号 u_i 的瞬时极性相同,为正反馈;若二者极性相反,为负反馈。这个方法可以叫做瞬时极性同点比较法。

对由单级集成运放组成的反馈放大电路,其正、负反馈的判别较容易:反馈信号回到反相输入端时为负反馈,反馈信号回到同相输入端时为正反馈。

图 5-13 是由两个集成运放组成的多级放大电路。由瞬时极性法可以判断出两个集成运放本级的反馈是负反馈,整个电路的级间反馈也是负反馈。所以,对于级间反馈来说,不能以反馈信号回到哪个输入端作为判据,要用瞬时极性法逐级确定信号极性,最后要进行同点比较定出是正反馈还是负反馈。

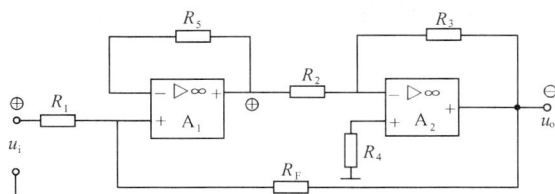

图 5-13　多级放大电路反馈极性的判断

【例 5-1】 判断图 5-14 所示电路的反馈极性。

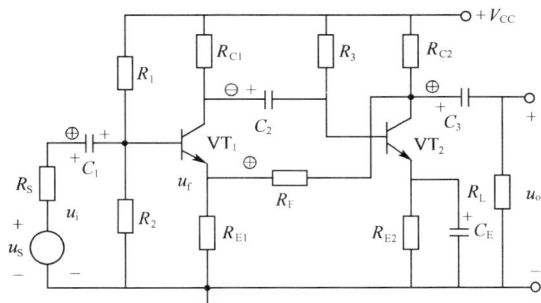

图 5-14　例 5-1 电路

解:这是一个由分立元件组成的反馈放大器,仍然可以用瞬时极性同点比较法来判断反馈极性。

设输入信号 u_i 的瞬时极性为正,由于共发射极放大器的输出电压与输入电压相位相反,所以信号在电路中各点的瞬时极性如图中符号所示,信号 u_f 反馈到输入回路时的极性为正,但由于输入信号 u_i 和反馈信号 u_f 在电路输入端的不同端点上,按照同点比较的结论,此反馈属于负反馈。

(2)直流反馈和交流反馈

在反馈放大器中,若反馈回来的信号是直流量,称为直流反馈;若反馈回来的信号是交流量,称为交流反馈;若反馈信号中既有交流分量,又有直流分量,则称为交、直流反馈。

直流反馈和交流反馈可以通过画出整个反馈电路的交、直流通路来判定。反馈回路存在于直流通路中即为直流反馈;反馈回路存在于交流通路中,即为交流反馈;反馈通路既存在于直流通路中,又存在于交流通路中,为交、直流反馈。

例如在图 5-15(a)所示的电路中,由于电容 C 对直流相当于开路,R_2、R_3 串接在反相输入端和输出端之间,所以存在直流反馈。对于交流而言,电容 C 相当于短路,交流通路如图 5-15(b)所示,可以看出,交流通路中不存在反馈,所以这个电路不存在交流反馈。在图 5-15(c)所示电路中,有两个级间反馈通路:R_{F1} 和 C_2、R_{F2}。由图中可看出,R_{F1} 在直流通路和交流通路中都存在,输出信号的交流成分和直流成分都可以通过 R_{F1} 反馈到输入端,所以 R_{F1} 构成了交、直流级间反馈。而由于 C_2 的"隔直"作用,输出信号的直流成分被隔断,无法送回到电路的输入端,只有交流信号可以送回到输入端,所以 C_2、R_{F2} 只构成了交流反馈。

直流负反馈在放大器中的作用只有一个,就是稳定放大器的静态工作点。前面分析过的分压偏置式放大器就是直流负反馈的典型应用。

交流负反馈的作用是改善放大器的动态特性,有许多内容要在下面详细讨论。射极跟随器是交、直流负反馈共同存在的典型电路,它的静态工作点相当稳定,并且在动态特性上与共发射极放大器相比有很大的改善。

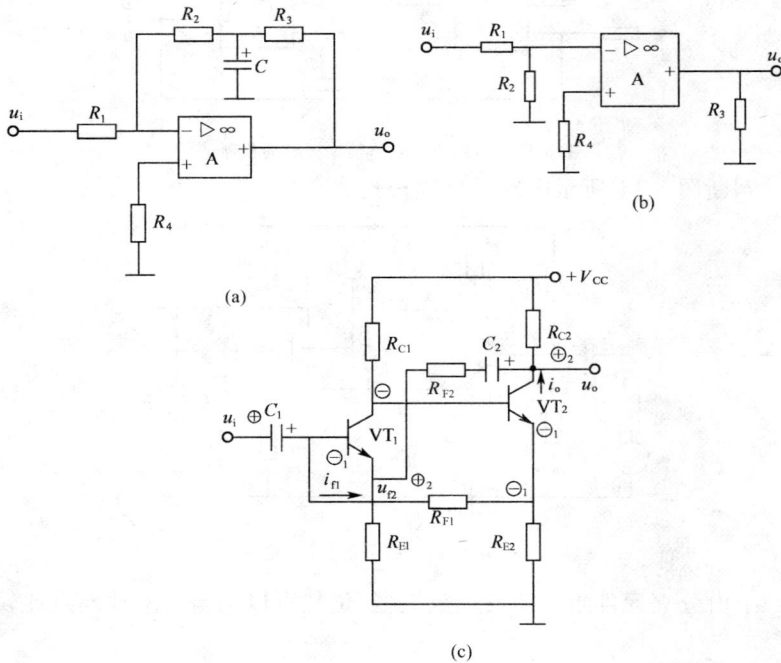

图 5-15 判断电路的直流反馈与交流反馈

2. 负反馈放大器的四种组态

交流负反馈在放大器中有着特殊而广泛的应用,下面要讨论的负反馈都指的是交流负反馈。交流负反馈可以按照对放大器性能的要求组成各种类型。

从放大器的输出端,按照反馈网络在输出端的采样不同,可分成电压反馈和电流反馈。如果反馈取样是输出电压,称为电压反馈;如果反馈取样是输出电流,称为电流反馈。

从放大器的输入端,按照反馈信号与输入信号在输入端的连接方式的不同,可分成串联反馈和并联反馈。如果反馈信号与输入信号在输入端串联连接,称为串联反馈;如果反馈信号与输入信号在输入端并联连接,则称为并联反馈。

（1）电压反馈和电流反馈的区分

区分电压反馈和电流反馈可采用假想负载短路法。假设把输出负载短路，即 $u_o=0$，若反馈信号因此而消失，则为电压反馈；如果反馈信号依然存在，则为电流反馈。

在图 5-16（a）所示电路中，假想将负载 R_L 短路，短路后的等效电路如图 5-16（b）所示，可以看出，当负载短路后，$u_o=0$，没有了反馈回路，反馈信号也消失了，故为电压反馈；对于图 5-16（c）所示电路，当负载短路后，尽管输出电压 $u_o=0$，但反馈回路依然存在，输出信号还能反馈到输入端，如图 5-16（d）所示，故图 5-16（c）所示电路为电流反馈。

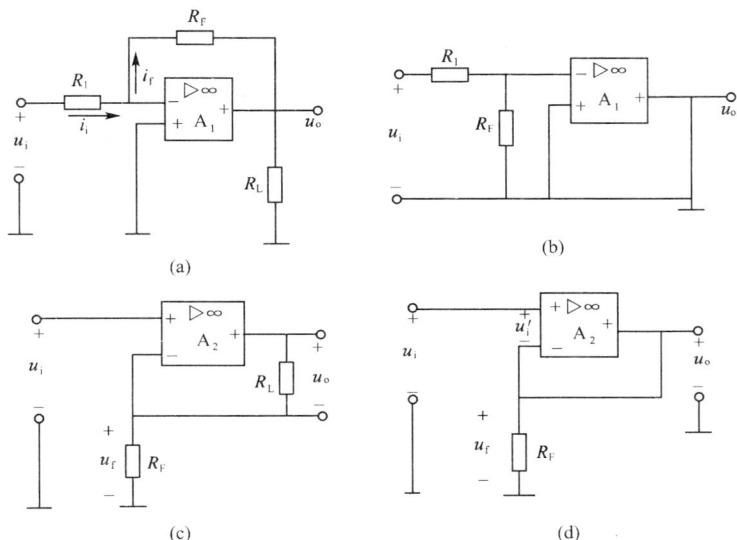

图 5-16　区分电路是电压反馈还是电流反馈

【例 5-2】　电路如图 5-17 所示。若负载接在 C_1 的输出端或者接在 C_2 的输出端，分别判断此电路是电压反馈还是电流反馈。

解：此电路图粗看是一个射极跟随器电路，但仔细分析又有所不同。若负载接在 C_1 的输出端，则是一个典型的射极跟随器电路，此时用负载短路法，不难判断出 R_{E1} 和 R_{E2} 属于电压负反馈；若负载接在 C_2 的输出端，当将负载短路后，R_{E1} 的反馈回路仍然存在，反馈信号还能回到输入端，可见在这种情况下，R_{E1} 构成了电流负反馈。

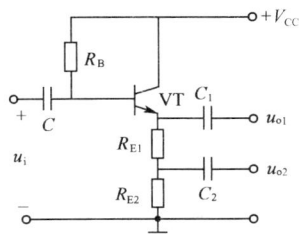

图 5-17　例 5-2 电路

（2）串联反馈和并联反馈的区分

区分串联反馈和并联反馈的方法是：如果反馈信号和输入信号在输入端的同一节点引入，为并联反馈；如果反馈信号和输入信号不在输入端的同一节点引入，则为串联反馈。

在图 5-16（a）所示电路中，输入信号和反馈信号在同一节点上，故为并联反馈。对于图 5-16（c）所示电路，输入信号和反馈信号不在同一节点上，故为串联反馈。

3. 四种类型的负反馈组态

从反馈信号在电路输出端的两种取样方式和在输入端两种不同的引入方式，可以构成四种类型的负反馈组态，即电压串联负反馈、电流串联负反馈、电流并联负反馈、电压并联负反馈。

(1)电压串联负反馈

在图 5-18 所示电路中,由 R_1、R_F 构成输入、输出间的反馈通路。在该电路的直流通路和交流通路中,均有该反馈存在,所以是交、直流反馈。对该集成运放而言,反馈加在集成运放的反相输入端,所以是交流负反馈。从输出端来看,若将负载 R_L 短路,则 $u_o=0$,$u_f=0$,反馈不存在,可见属于电压反馈。从输入回路来看,输入信号和反馈信号不在同一个节点,所以属于串联反馈。故图 5-18 所示的放大电路为电压串联负反馈放大电路。

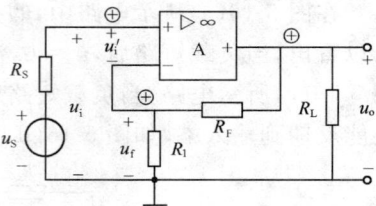

图 5-18 电压串联负反馈电路

电压负反馈有稳定输出电压 u_o 的作用。设输入信号不变,即 u_i 恒定,由于某种原因(如 R_L 增大),使输出电压 u_o 增大,经 R_1、R_F 对 u_o 分压,使反馈电压 u_f 增大,结果使净输入电压 $u_i'=u_i-u_f$ 减小,将引起 u_o 向相反的方向变化,最后趋于稳定。上述过程可表示如下

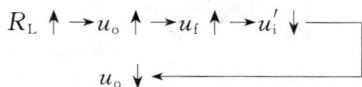

$$R_L \uparrow \rightarrow u_o \uparrow \rightarrow u_f \uparrow \rightarrow u_i' \downarrow$$
$$u_o \downarrow$$

可见,引入电压负反馈后,通过反馈的自动调节,可以使输出电压趋于稳定。

电压串联负反馈放大器的特点是:输出电压稳定,输出电阻减小,输入电阻增大。它是良好的电压-电压放大器。

(2)电流串联负反馈

在图 5-19 所示电路中,由 R_F 构成输入、输出间的反馈通路。反馈通路能同时通过交流和直流信号,所以该反馈为交、直流反馈。对该集成运放而言,反馈加在集成运放的反相输入端,所以是交流负反馈。从输出端来看,若将负载 R_L 短路,则当 $u_o=0$ 时,反馈信号依然存在,说明该反馈属于电流反馈。从输入端来看,由于输入信号与反馈信号是从集成运放的两个不同的节点引入,属于串联反馈。因此,图 5-19 所示电路为电流串联负反馈放大电路。

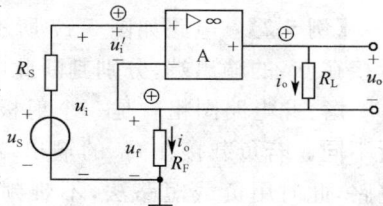

图 5-19 电流串联负反馈电路

电流负反馈具有稳定输出电流 i_o 的作用。设由于某种原因(如 R_L 增大),使输出电流 i_o 减小,则反馈到输入端的电压 u_f 减小,则净输入信号 $u_i'=u_i-u_f$ 增大,从而使 i_o 增大,最后趋于稳定。其过程为

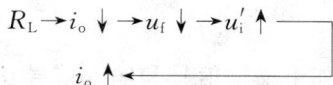

$$R_L \rightarrow i_o \downarrow \rightarrow u_f \downarrow \rightarrow u_i' \uparrow$$
$$i_o \uparrow$$

可见,引入电流负反馈后,通过反馈的自动调节,使输出电流趋于稳定。

电流串联负反馈放大器的特点是:输出电流稳定,输出电阻增大,输入电阻增大。它是良好的电压-电流放大器。

(3)电流并联负反馈

在图 5-20 所示电路中,由 R_F 构成输入、输出间的反馈通路。反馈通路能同时通过交流和直流信号,所以该反馈为交、直流反馈。用瞬时极性法可判断出是交流负反馈。当将 R_L 短路后,$u_o=0$,反馈信号依然存在,说明该反馈属于电流反馈;又由于输入信号与反馈信号

均从集成运放的反相输入端引入,属于并联反馈。所以该电路为电流并联负反馈放大电路。

电流并联负反馈放大器的特点是:输出电流稳定,输出电阻增大,输入电阻减小。它是良好的电流-电流放大器。

(4)电压并联负反馈

电压并联负反馈电路如图 5-21 所示,由 R_F 构成输入、输出间的反馈通路,反馈通路能同时通过交流和直流信号,所以该反馈为交、直流反馈。用瞬时极性法可判断出是交流负反馈。从输出端看,假设将负载 R_L 短路,则 $u_o=0$,输入、输出间不存在反馈通路,反馈信号消失,故为电压反馈;从输入端看,输入信号和反馈信号都在集成运放的反相输入端,属于并联反馈。所以图 5-21 电路是电压并联负反馈放大电路。

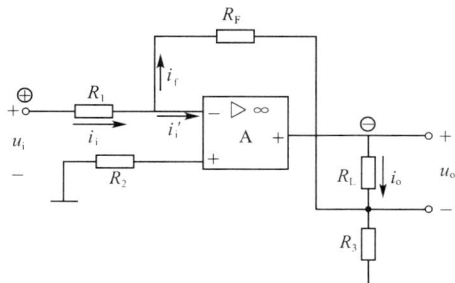

图 5-20　电流并联负反馈电路图　　　　　图 5-21　电压并联负反馈电路图

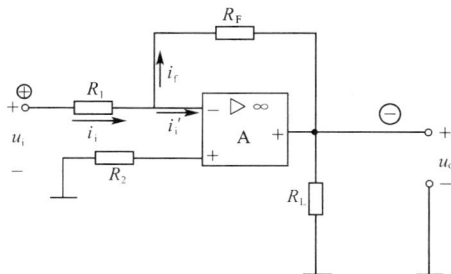

电压并联负反馈放大器的特点是:输出电压稳定,输出电阻减小,输入电阻减小。它是良好的电流-电压放大器。

应当引起注意的是,不论采用什么组态的负反馈,反馈效果都受信号源内阻 R_S 的制约。当采用串联负反馈时,为能充分发挥负反馈的作用,应采用 R_S 小的信号源,以使输入电压保持稳定;当采用并联负反馈时,R_S 愈大,则输入电流愈稳定,并联负反馈的效果愈显著,所以此时应采用 R_S 大的信号源。

5.3.3　负反馈对放大电路性能的影响

从反馈放大器的闭环增益方程可以看出,当反馈深度 D 取不同值时,放大器的闭环增益和开环增益的关系是不同的。

1.闭环增益的三种结果

对闭环增益方程可分成三种情况加以讨论:

(1)当 $|1+\dot{A}\dot{F}|>1$ 时,$|\dot{A}_f|<|\dot{A}|$,即闭环增益降低了,说明此时放大电路引入了负反馈。上述四种反馈组态都属于这种情况。

(2)如果 $|1+\dot{A}\dot{F}|<1$,则 $|\dot{A}_f|>|\dot{A}|$,即闭环增益升高了,说明此时放大器引入了正反馈。在放大器级数不多的情况下,使用正反馈可将单级放大器的增益变大,使整机的灵敏度增加,有些简单收音机的电路就采用这样的设计方法,以提高收音机接收微弱信号的能力。

(3)若 $|1+\dot{A}\dot{F}|=0$,则 $|\dot{A}_f|=\infty$。说明放大电路在没有输入信号时,也会有信号输出,技术上称此种情况为自激振荡。自激振荡破坏了放大器的正常工作,在实际工作中是应当避免的。比如在会场中,若话筒和音箱摆放的位置不对,或者放大器的音量开得过大,则在喇叭中会发出啸叫声,这就是在电路中产生了自激振荡所导致的。

2. 负反馈对放大器性能的影响

放大器引入负反馈后,放大倍数有所下降,但却可以改善放大器的动态性能,如提高放大器的稳定性、减小非线性失真、抑制干扰、降低电路内部噪声和扩展通频带等。这些指标的改善对于提高放大器的性能是非常有益的,至于放大倍数的降低则可以通过增加放大器的级数来解决。

（1）交流负反馈可以提高放大器增益的稳定性

设放大电路工作在中频范围,反馈网络为纯电阻,所以 $\dot{A}$、$\dot{F}$ 都可用实数表示,则闭环增益方程为

$$A_f = \frac{A}{1+AF}$$

为了表示增益的稳定性,通常用增益的相对变化量作为衡量指标。

对上式闭环增益方程求微分,可得

$$dA_f = \frac{(1+AF)\cdot dA - AF\cdot dA}{(1+AF)^2} = \frac{dA}{(1+AF)^2}$$

上式两边同时除以 A_f,得

$$\frac{dA_f}{A_f} = \frac{1}{1+AF}\frac{dA}{A}$$

上式表明,引入负反馈后,闭环放大器增益的相对变化量是开环放大器增益相对变化量的 $(1+AF)$ 分之一。可见反馈越深,放大器的增益就越稳定,当然放大器的增益也就越低。

例如,某放大器的反馈深度

$$D = 1+AF = 101, \frac{dA}{A} = \pm 10\%$$

则
$$\frac{dA_f}{A_f} = \frac{1}{101}\times(\pm 10\%)\approx \pm 0.1\%$$

即在开环增益时相对变化量为 10%,引入负反馈,电路的闭环增益相对变化量只有千分之一,放大倍数的稳定性提高了 100 倍。

结合电路的具体反馈组态,可以得出结论:电压负反馈使电路的输出电压保持稳定;电流负反馈使电路的输出电流保持稳定。

（2）交流负反馈可以减小对信号放大的非线性失真

由于三极管本身是非线性器件,所以放大器对信号进行放大时产生的非线性失真是不可避免的,问题是如何尽量减小非线性失真,给三极管设置合适的静态工作点是首选方法。然而当输入信号的幅度较大时即使三极管的静态工作点合适,也会导致三极管工作在特性曲线的非线性部分,从而使输出波形失真,这是用合理设置工作点也解决不了的问题。而用交流负反馈就可以在很大程度上解决这个问题。

假设正弦信号 x_i 经过开环放大电路后,变成了正半周幅度大、负半周幅度小的输出波形,如图 5-22(a)所示。这时在电路中引入负反馈,如图 5-22(b)所示,并假定反馈网络是不会引起失真的纯电阻网络,则在输入端将得到正半周幅度大、负半周幅度小的反馈信号 x_f。两者叠加后,由此得到的净输入信号 x_{id} 则是正半周幅度小、负半周幅度大的波形,即引入了失真(称预失真),再经过基本放大电路放大后,就会使输出波形趋于正负对称的正弦波,从而减小了非线性失真。需要注意的是,对输入信号本身固有的失真,负反馈是无能为力的。

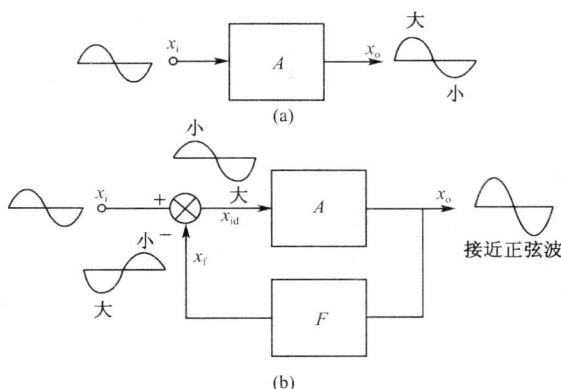

图 5-22　非线性失真的改善

（3）交流负反馈可以抑制电路内部产生的干扰和噪声

对于三极管内部由于载流子的热运动而引起的干扰和噪声，负反馈也可以对其进行抑制，其原理与改善信号的非线性失真相同。

（4）交流负反馈可以扩展放大器的通频带

从上面的分析中已经可以看出，负反馈的作用就是对电路输出的任何变化都有反向的纠正作用，所以放大电路在高频区及低频区放大倍数的下降，必然会引起反馈量的减小，从而使净输入量增加，放大倍数随频率的变化减小，幅频特性变得平坦，使上限截止频率升高，下限截止频率下降，从而放大器的通频带被展宽了，如图 5-23 所示。

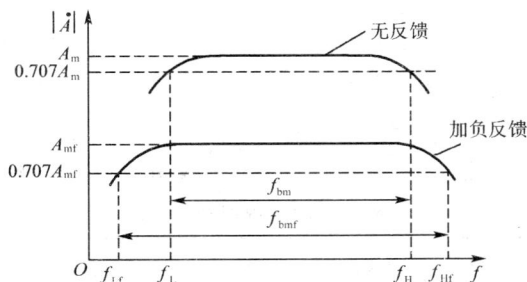

图 5-23　交流负反馈可以扩展放大器的通频带

可见借助于负反馈的自动调节作用，放大器的幅频特性得以改善，其改善程度与反馈深度有关，$(1+AF)$愈大，负反馈越强，通频带就越宽。计算表明，负反馈使放大电路的通频带展宽了约$(1+AF)$倍。

（5）交流负反馈可改变放大器的输入电阻和输出电阻

通过引入不同组态的负反馈，可以改变放大器的输入电阻和输出电阻，以实现电路的阻抗匹配和提高放大器的带负载能力。

①串联负反馈使输入电阻增大，并联负反馈使输入电阻减小。

设基本放大电路的输入电阻为 r_i，当引入串联负反馈后，反馈电压与原输入信号串联，抵消原输入，使输入端的电流较无负反馈时减小，相当于负反馈放大器的输入电阻 r_{if} 增大。可以证明

$$r_{if}=(1+AF)r_i$$

即串联负反馈放大电路的输入电阻为无反馈时输入电阻的$(1+AF)$倍。

当引入并联负反馈后,反馈电流在放大器的输入端并联,使放大器的输入电流增大,相当于负反馈放大器的输入电阻减小。可以证明

$$r_{if} = \frac{r_i}{(1+AF)}$$

即并联负反馈放大电路的输入电阻是无反馈时的$(1+AF)$分之一。

②电压负反馈使输出电阻减小,电流负反馈使输出电阻增大。

设基本放大电路的输出电阻为r_o,当引入电压负反馈后,放大器的输出电压非常稳定,相当于电压源的特性,而电压源的电阻是非常小的。可以证明电压负反馈放大电路的输出电阻r_{of}为

$$r_{of} = \frac{r_o}{1+AF}$$

即有电压负反馈时的输出电阻是无反馈时的$(1+AF)$分之一。

当引入电流负反馈后,放大器的输出电流非常稳定,相当于恒流源的特性,而恒流源的电阻是很大的。可以证明电流负反馈放大器的输出电阻r_{of}为

$$r_{of} = (1+AF)r_o$$

即电流负反馈放大器的输出电阻是无负反馈时输出电阻的$(1+AF)$倍。

③结论。

四种负反馈组态使放大器的输入电阻和输出电阻的变化规律如下:

电压串联负反馈放大器的输入电阻增大、输出电阻减小;

电流串联负反馈放大器的输入电阻增大、输出电阻增大;

电压并联负反馈放大器的输入电阻减小、输出电阻减小;

电流并联负反馈放大器的输入电阻减小、输出电阻增大。

【实训项目1】 集成运放的认识

要求:对给定的各种集成运放进行直观识别,查阅相关手册,将查询结果填入表5-3中。

表 5-3　　　　　　　　　　　集成运放的直观识别记录表

序号	型号	集成运放外形封装	集成运放的管脚数	集成运放是属于专用还是通用	备注
1	LM358				
2	TL082				
3	OP-27				
4	LF356				
5	F715				
6	HA2645				
7	CA3078				

【实训项目2】 集成运放主要参数的查阅

要求:查阅集成运放手册,找出给定的各种集成运放的主要参数,将结果填入表5-4中。

表 5-4　集成运放的主要参数

序号	型号	开环差模电压增益	共模抑制比	输入共模电压范围	输入差模电压范围	差模输入电阻	最大输出电压	−3 dB 带宽	单位增益带宽	静态功耗	静态电流	转换速率	电源电压
1	LM358												
2	TL082												
3	OP-27												
4	LF356												
5	F715												
6	HA2645												
7	CA3078												

【实训项目 3】　反馈类型和负反馈组态的判断

要求:对给定的电路图,判断其反馈类型和负反馈组态,填入表 5-5 中。

表 5-5　电路反馈类型和负反馈组态的判断

电路图号	正、负反馈	交、直流反馈	电压、电流反馈	串联、并联反馈	负反馈组态	级间反馈还是多级间反馈
图 5-12						
图 5-13						
图 5-14						
图 5-15						
图 5-16						
图 5-17						
图 5-18						
图 5-19						
图 5-20						
图 5-21						

【项目小结】

1.集成运放采用差动放大器解决了直接耦合放大器产生的温漂问题,衡量集成运放解决温漂能力的主要指标是共模抑制比。

2.理想集成运放电路的各项技术指标与实际集成运放的各项技术指标相比,达到了工程要求。理想运放概念的引入为实际电路分析带来了方便,并能满足实际工程计算的结果。

3.集成运放有两个工作区,在线性区,电路的输出与输入成比例;在非线性区,电路的输出具有两值性。

4.集成运放工作于线性区时,有"虚短"和"虚断"的特点。

5.集成运放工作于非线性区时,有"虚断"但无"虚短",两输入端的电位不再相等。

6.负反馈是实际放大器必须采用的技术,以提高和改善放大器的性能。闭环增益方程定量地描述了放大器的开环增益和闭环增益的关系,对放大器的设计具有指导意义。

7.判断正、负反馈的方法是瞬时极性法。要注意将反馈信号和输入信号在同一点上进行相位比较才有意义,同相为正反馈,反相为负反馈。

8.直流负反馈的作用是稳定工作点,交流负反馈的作用是改善放大器的性能。

9.交流负反馈降低了放大器的增益,提高了放大器增益的稳定性,降低了电路内部的噪声,改善了非线性失真,扩展了通频带,改变了放大器的输入电阻和输出电阻。

10.交流负反馈有四种组态,各种组态有不同的特点:

电压串联负反馈电路能稳定输出电压,输入电阻增大,输出电阻减小;

电压并联负反馈电路能稳定输出电压,输入电阻减小,输出电阻减小;

电流串联负反馈电路能稳定输出电流,输入电阻增大,输出电阻增大;

电流并联负反馈电路能稳定输出电流,输入电阻减小,输出电阻增大。

11.判断电压负反馈和电流负反馈的方法是负载短路法,判断串联负反馈和并联负反馈的方法是同点区分法。

【项目练习题】

一、选择题

(1)由于不易制作大容量电容器,所以集成电路采用(　　)电路。

    A.直接耦合　　　　　B.阻容耦合

(2)集成电路制造工艺可使半导体管和电阻器的参数(　　),因此性能较高。

    A.很准确　　　　　　B.一致性较好　　　　　C.范围很广

(3)差动放大电路是为了(　　)而设计的。

    A.稳定放大倍数　　　B.提高输入电阻　　　C.克服温漂　　　D.扩展通频带

(4)差模放大倍数 A_{od} 是(　　)之比,共模放大倍数 A_{oc} 是(　　)之比。

    A.输出变化量与输入变化量　　　　　　　B.输出差模量与输入差模量

    C.输出共模量与输入共模量　　　　　　　D.输出直流量与输入直流量

(5)共模抑制比 K_{CMRR} 是(　　)之比。

    A.差模输入信号与共模输入信号　　　　　B.输出量中差模成分与共模成分

    C.差模放大倍数与共模放大倍数　　　　　D.交流放大倍数与直流放大倍数

(6)集成运放的 K_{CMRR} 越大表明电路(　　)。

    A.放大倍数越稳定　　　　　　　　　　　B.交流放大倍数越大

    C.抑制温漂能力越强　　　　　　　　　　D.输入信号中差模成分越大

二、综合题

1.两个直接耦合放大电路,A放大电路的电压放大倍数为100,当温度由20 ℃变到30 ℃时,输出电压漂移了2 V;B放大电路的电压放大倍数为1000,当温度从20 ℃变到30 ℃时,输出电压漂移了10 V,试问哪一个放大器的温漂小?为什么?

2.已知某集成运算放大器的开环差模电压放大倍数 $A_{od}=$ 80 dB,最大输出峰值电压 $U_{opp}=\pm10$ V,输入信号 U_S 按图5-24连接,设 $U_S=0$ V 时,$U_o=0$ V。问:

(1)$U_S=\pm1$ mV 时,U_o 等于多少?

(2)$U_S=\pm1.5$ mV 时,U_o 等于多少?

(3)画出放大器的传输特性曲线,并指出放大器的线性工作范围和 U_S 的允许变化范围。

图5-24 综合题2题电路图

(4)当考虑输入失调电压 $U_{io}=2$ mV 时,图中 U_o 的静态值为多少?由此分析电路此时能否正常放大?

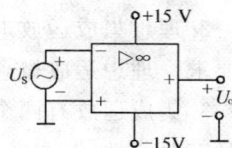

项目 6

集成运放的线性应用

【知识目标】

1. 了解集成运算放大器工作在线性区的条件。
2. 掌握反相比例放大器的组成和电路参数的计算。
3. 掌握同相比例放大器的组成和电路参数的计算。
4. 掌握反相比例求和放大器的组成和电路参数的计算。
5. 掌握倒相放大器和电压跟随器的组成和特点。
6. 了解微分计算和积分计算电路的组成。
7. 了解用集成运放组成的有源滤波电路和精密整流电路。

【技能目标】

1. 会用集成运放组成反相比例放大器,能根据放大倍数选择电路元件的参数。
2. 会用集成运放组成同相比例放大器,能根据放大倍数选择电路元件的参数。
3. 会用集成运放组成反相比例求和放大器,能根据放大倍数选择电路元件的参数。
4. 会用集成运放组成倒相放大器和电压跟随器,了解其电路特点。
5. 会用集成运放组成有源滤波电路和精密整流电路。

【学习方法】

通过对各种集成运算放大器的线性运用电路进行实际安装和测量,掌握集成运算放大器的线性运用,学习了解集成运放线性电路的特点,实际测量各种电路的参数,并和理论计算值进行比较。

【实施器材】

1. 集成运放(LM324、OP082 等通用型号均可)、各种规格电阻、电容若干。
2. 每两个人配备指针式万用表和数字式万用表各一只。
3. 每两个人配备稳压电源、信号源、示波器各一台。

【知识链接】

6.1　集成运放组成的基本运算放大电路

运算放大器最早应用于模拟信号的运算,至今,信号的运算仍是集成运放的一个重要而基本的应用领域。在各种运算电路中,要求电路的输出和输入的模拟信号之间实现一定的数学运算关系,因此,运算电路中的集成运放必须工作在线性区。理想集成运放工作在线性区时的两个特点,即"虚短"和"虚断",它们是分析运算电路的基本出发点。

6.1.1 比例运算电路

将输入信号按比例放大的电路,称为比例运算电路。按输入信号加在集成运放输入端的不同,比例运算又分为:反相比例运算和同相比例运算。

1.反相比例运算电路

反相比例运算电路又叫做反相放大器,其电路如图6-1所示。

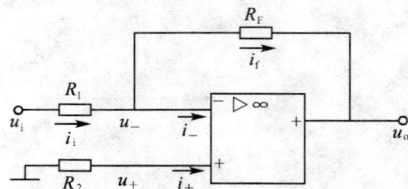

图 6-1　反相比例运算电路

图中,R_1 是电路的输入电阻,R_F 是反馈电阻,它引入了并联电压负反馈,由于集成运放的开环增益 A_{od} 非常大,所以 R_F 引入的是深度负反馈,这保证了集成运放工作在线性区。

因为集成运放在线性区有"虚断"和"虚短"的特点,即

$$i_+ = i_- = 0, \ u_+ = u_-$$

所以

$$i_i = i_f, \frac{u_i - u_-}{R_1} = \frac{u_- - u_o}{R_F}$$

由上述关系可求得反相比例运算电路的电压放大倍数为

$$A_{uf} = \frac{u_o}{u_i} = -\frac{R_F}{R_1}$$

电路的输入电阻为

$$r_{if} = \frac{u_i}{i_i} = R_1$$

电路的输出电阻很小,可以认为

$$r_o = 0$$

综合以上分析,对反相比例运算电路可以归纳出以下几条结论:

(1)反相比例运算电路实际上是一个电压并联负反馈电路。在理想情况下,反相输入端的电位为零,称为"虚地",因此加在集成运放输入端的共模输入电压很小。

(2)反相比例运算电路的电压放大倍数 $A_{uf} = -\dfrac{R_F}{R_1}$,即输出电压与输入电压的相位相反,比值 $|A_{uf}|$ 决定于电阻 R_F 和 R_1 之比,而与集成运放的各项参数无关。只要 R_F 和 R_1 的阻值比较准确而稳定,就可以得到准确的比例运算关系。也就是说,此电路实现了信号的反相比例运算。根据电阻取值的不同,比值 $|A_{uf}|$ 可以大于1,也可以小于1,这是这种电路一个很重要的特点。当 $R_F = R_1$ 时,$A_{uf} = -1$,此时的电路称为单位增益倒相器,或叫做反相器,用于在数学运算中实现变号运算。

(3)由于在电路中引入了电压并联负反馈,因此该电路的输入电阻不高,输出电阻很低。

(4)为了使集成运放中的差动放大电路的参数保持对称,应使两个差分对管的基极对地电阻尽量一致,以免静态基流流过这两个电阻时,在集成运放的两个输入端产生附加的偏差

电压。因此,要选择 R_2 的阻值为: $R_2 = R_1 /\!/ R_F$。R_2 称为平衡电阻,其值与计算无关。

2.同相比例运算电路

同相比例运算电路又叫做同相放大器,电路如图 6-2 所示。在电路中电阻 R_1 与 R_F 引入串联电压负反馈,保证集成运放工作在线性区。R_2 是平衡电阻,应保证 $R_2 = R_1 /\!/ R_F$,其值与计算无关。

图 6-2　同相比例运算电路

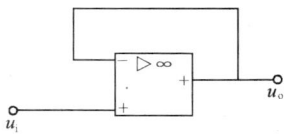

在图 6-2 中,根据集成运放工作于线性区时有"虚短"和"虚断"的特点,可以得到

$$i_+ = i_- = 0, u_+ = u_-$$

故

$$u_- = \frac{R_1}{R_1 + R_F} u_o$$

而且

$$u_- = u_+ = u_i$$

由以上两式可得

$$\frac{R_1}{R_1 + R_F} u_o = u_i$$

则同相比例运算电路的电压放大倍数为

$$A_{uf} = \frac{u_o}{u_i} = 1 + \frac{R_F}{R_1}$$

理论分析可得出,同相比例运算电路的输入电阻为

$$r_{if} = (1 + A_{od} F) r_{id}$$

式中,F 是反馈系数,其值为

$$F = \frac{u_f}{u_o} = \frac{R_1}{R_1 + R_F}$$

电路的输出电阻很小,可以认为

$$r_o = 0$$

对同相比例运算电路可以得到以下几条结论:

(1)同相比例运算电路是一个电压串联负反馈电路。因为 $u_- = u_+ = u_i$,所以不存在"虚地"现象,在选用集成运放时要考虑到其输入端可能具有较高的共模输入电压,要选用输入共模电压高的集成运放器件。

(2)同相比例运算电路的电压放大倍数 $A_{uf} = 1 + \frac{R_F}{R_1}$,即输出电压与输入电压的相位相同。也就是说,电路实现了同相比例运算。比值也只取决于电阻 R_F 和 R_1 之比,而与集成运放的参数无关,所以同相比例运算的精度和稳定性主要取决于电阻 R_F 和 R_1 的精确度和稳定度。值得注意的是,比值恒大于等于1,所以同相比例运算电路不能完成比例系数小于1的运算。当将电阻取值为 $R_F = 0$ 或 $R_1 = \infty$ 时,显然有 $A_{uf} = 1$,这时的电路称为电压跟随器,在电路中用于驱动负载和减轻对信号源的电流索取。电压跟随器电路如图 6-3 所示。

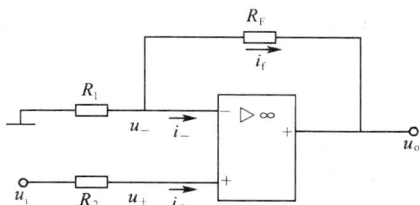

图 6-3　电压跟随器电路

（3）由于在电路中引入了电压串联负反馈，因此同相比例运算电路的输入电阻很高，输出电阻很低。

6.1.2 加法与减法运算电路

1. 加法运算电路

如果在集成运放的反相输入端增加若干个输入电路，则构成反相加法运算电路，如图6-4 所示。

由集成运放工作于线性区有"虚短"和"虚断"的特点，可列出

$$i_{i1} = \frac{u_{i1}}{R_{11}}$$

$$i_{i2} = \frac{u_{i2}}{R_{12}}$$

$$i_{i3} = \frac{u_{i3}}{R_{13}}$$

图 6-4　反相加法运算电路

由基尔霍夫节点电流定律，可得出

$$i_f = i_{i1} + i_{i2} + i_{i3}$$

又

$$i_f = -\frac{u_o}{R_F}$$

由上列各式可得

$$u_o = -\left(\frac{R_F}{R_{11}}u_{i1} + \frac{R_F}{R_{12}}u_{i2} + \frac{R_F}{R_{13}}u_{i3}\right)$$

当 $R_{11} = R_{12} = R_{13} = R_1$ 时，上式可写为

$$u_o = -\frac{R_F}{R_1}(u_{i1} + u_{i2} + u_{i3})$$

又当 $R_1 = R_F$ 时，上式就成为

$$u_o = -(u_{i1} + u_{i2} + u_{i3})$$

该电路实现了几个输入量的加法运算。

由上式可知，加法运算电路的结果也与集成运放器件本身的参数无关，只要各个电阻的阻值足够精确，就可保证加法运算的精度和稳定性。

R_2 是平衡电阻，应保证 $R_2 = R_{11} /\!/ R_{12} /\!/ R_{13} /\!/ R_F$

若在同相输入端增加若干个输入电路，则可构成同相加法运算电路，如图 6-5 所示，R_F 与 R_1 引入了串联电压负反馈，所以集成运放工作在线性区。

同相加法运算电路的数学表达式比较复杂，而且在电路调试时，当需要改变某一项的系数而改变某一电阻值时，必须同时改变其他电阻的值，以保证满足电路的平衡条件。尽管同相加法运算电路与反相加法运算电路相比较而言，同相加法运算电路的调试比较麻烦，但因为其输入电阻比较大，对信号源的信号衰减小，所以在仪器仪表电路中仍得到广泛的使用。

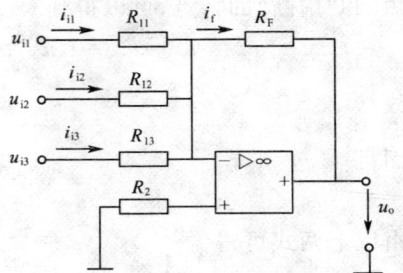

2.减法运算电路

在集成运放的同相输入端和反相输入端同时加入两个信号,再使集成运放工作于线性区,就可以实现两个信号的比例减法运算,如图 6-6 所示。

对这个电路的分析要用到叠加定理,表达式也比较复杂,若取 $\dfrac{R_3}{R_2}=\dfrac{R_F}{R_1}$,再取 $R_F=R_1$,则会得到

$$u_o=u_{i2}-u_{i1}$$

显然,在电路的设计和调试中,是很难做到这一点的,尤其是平衡电阻的取值很难使电路既满足运算关系,又能达到电路的平衡。

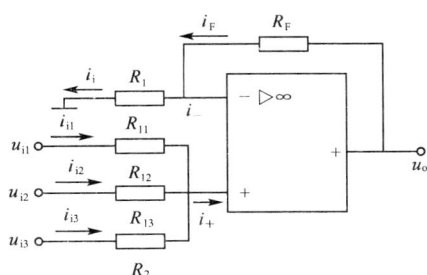

图 6-5 同相加法运算电路   图 6-6 单集成运放组成的减法电路

在实际中常常采用反相比例求和的方法来实现两个甚至是多个量的减法运算,其电路如图 6-7 所示。

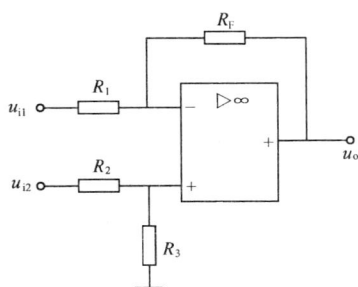

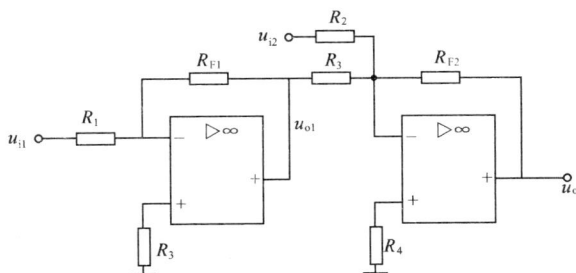

图 6-7 采用两级集成运放组成的减法电路

在电路中采用了两级反相比例运算电路。作为被减数的信号从第一级的反相输入端输入,其输出与作为减数的信号在第二级的反相输入端做求和运算,将每个反相比例放大器的比例系数都取作 1,则在第二级的输出端就实现了两个量的减法运算,其表达式为

$$u_o=u_{i1}-u_{i2}$$

若改变对每个输入信号的比例系数,则可以实现两个量或几个量的比例减法运算。

用这种方法很容易实现在电路中各个元件参数的选取,并且每个电路的平衡电阻也非常容易取值。

6.1.3 积分和微分运算电路

1. 积分运算电路

在反相比例运算电路中,用电容 C_F 代替 R_F 作为反馈元件,引入并联电压负反馈,就成为积分运算电路,如图 6-8 所示。

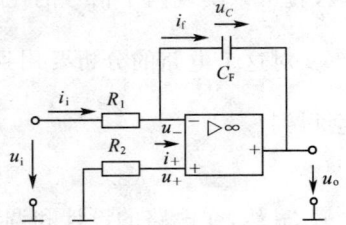

图 6-8 积分运算电路

由集成运放工作于线性区的"虚短"和"虚断"特点,可列出

$$u_- \approx 0, i_- = 0$$

故

$$i_i = i_f = \frac{u_i}{R_1}$$

再由电容量的定义,可导出

$$u_o = u_C = -\frac{1}{C_F}\int i_f \mathrm{d}t = -\frac{1}{R_1 C_F}\int u_i \mathrm{d}t$$

上式表明 u_o 与 u_i 的积分成比例,式中的负号表示输出电压与输入电压两者在相位上是相反的。式中的 $R_1 C_F$ 称为积分时间常数。

当 u_i 为阶跃电压,如图 6-9(a)所示时,其输出电压为

$$u_o = -\frac{U_i}{R_1 C_F}t$$

其波形如图 6-9(b)所示,输出电压最后达到负饱和值 $-U_{opp}$ 后不再变化,其值受直流电源电压的限制。

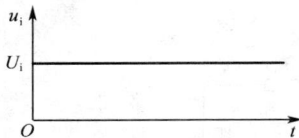

(a)

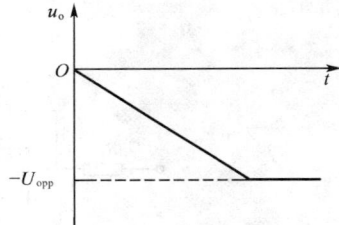

(b)

图 6-9 积分运算电路的阶跃响应

在电工技术书的有关章节中也介绍过仅由电阻和电容组成的积分电路,但在该电路中当输入信号 u_i 为一常数时,电路的输出电压 u_o 随电容元件的被充电而按指数规律变化,其线性度较差。而采用集成运算放大器组成的积分电路,由于充电电流基本是恒定的($i_f \approx i_i \approx \frac{U_i}{R_1}$),故输出电压 u_o 是时间 t 的一次函数,从而提高了它的线性度。

积分电路除用于信号运算外,在信号波形变换、自动化控制和自动测量系统中也应用广泛。

2. 微分运算电路

微分是积分的逆运算,电路的输出电压与输入电压成微分关系。其电路如图 6-10(a)所示。

在电路图中,反馈电阻 R_F 引入并联电压负反馈,保证集成运放工作在线性区。

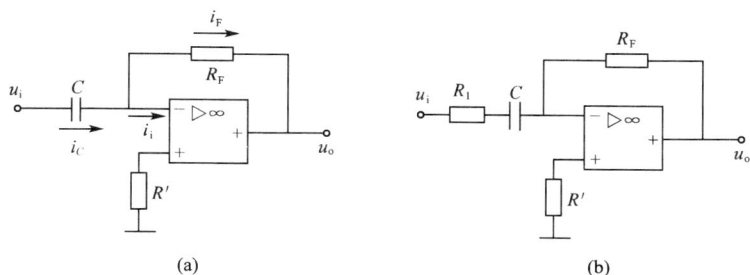

图 6-10　微分运算电路

由集成运放工作于线性区的"虚短"和"虚断"的特点,并考虑到集成运放的"一"端是"虚地",所以有

$$u_o = -RC\frac{\mathrm{d}u_i}{\mathrm{d}t}$$

可见输出电压 u_o 与输入电压 u_i 对时间的微分成正比例关系。

基本微分电路由于对输入信号中的快速变化分量敏感,所以它对输入信号中的高频干扰不能有效地抑制,使电路的性能下降。在实际的微分电路中,通常在输入回路中串联一个小电阻,如图 6-10(b)中所示,可以提高电路的抗干扰能力。但是,这将影响到微分电路的精度,故要求 R_1 在数值上要选取合适,一般要在现场通过实验来确定。

6.2　集成运放组成的运算电路在实际工程中的应用

6.2.1　集成运放组成的测量放大器

在自动控制和非电量测量等系统中,常用各种传感器将非电量(如温度、应变、压力等)的变化转变为电压信号,然后再输入系统。由于这些非电量的变化经常比较缓慢,所以导致产生的电信号的变化量常常很小(一般只有几毫伏到几十毫伏),这就需要将电信号加以放大。最为实用的测量放大器(也称数据放大器或仪表放大器)的电路原理图如图 6-11 所示。

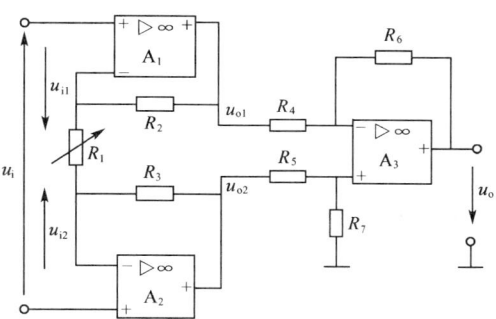

图 6-11　测量放大器的电路原理图

电路由三个集成运放组成,其中,每个集成运放都接成比例运算电路的形式。电路中包含了两个放大级,A_1、A_2 组成第一级,二者均接成同相输入方式,因此整个电路的输入电阻很高,有利于接收微弱的电信号。由于电路在设计上是一种对称的结构,使各个集成运放的温度漂移和失调都有互相抵消的作用。A_3 接成双端差分输入、单端输出的形式,可以将无极性信号转换为有极性信号输出,以方便驱动负载。

在图 6-11 中,当加上差模输入信号 u_i 时,若集成运放 A_1 和 A_2 的参数对称,且 $R_2 = R_3$,则电阻 R_1 的中点将为地电位,此时 A_1 的工作情况如图 6-12 所示。A_2 的工作情况与 A_1 相同。

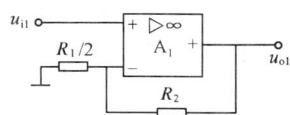

图 6-12　A_1 的工作情况分析

因为

$$\frac{u_{o1}}{u_{i1}} = 1 + \frac{R_2}{R_1/2} = 1 + \frac{2R_2}{R_1}$$

则

$$u_{o1} = (1 + \frac{2R_2}{R_1})u_{i1}$$

同理

$$u_{o2} = (1 + \frac{2R_3}{R_1})u_{i2} = (1 + \frac{2R_2}{R_1})u_{i2}$$

因此

$$u_{o1} - u_{o2} = (1 + \frac{2R_2}{R_1})(u_{i1} - u_{i2}) = (1 + \frac{2R_2}{R_1})u_i$$

则第一级放大器的电压放大倍数为

$$\frac{u_{o1} - u_{o2}}{u_i} = 1 + \frac{2R_2}{R_1}$$

由上式可知,只要改变电阻 R_1 的取值,即可灵活地调节测量放大器的增益。当 R_1 开路时, $\frac{u_{o1} - u_{o2}}{u_i} = 1$,得到单位增益。

A_3 为差分输入比例放大电路,在设计中,通常取 $R_4 = R_5$,$R_6 = R_7$,则可得到表达式

$$\frac{u_o}{u_{o1} - u_{o2}} = -\frac{R_6}{R_4}$$

因此,该测量放大器总的电压放大倍数为

$$A_u = \frac{u_o}{u_i} = \frac{u_o}{u_{o1} - u_{o2}} \cdot \frac{u_{o1} - u_{o2}}{u_i} = -\frac{R_6}{R_4}(1 + \frac{2R_2}{R_1})$$

由图 6-11 可见,测量放大器的差模输入电阻等于两个同相比例电路的输入电阻之和,在电路参数对称的条件下,可得

$$r_i = 2(1 + A_{od}F)r_{id}$$

式中,A_{od} 和 r_{id} 分别是集成运放 A_1 和 A_2 的开环差模增益和差模输入电阻,F 为反馈系数,由图 6-11 可知

$$F = \frac{R_1/2}{R_1/2 + R_2} = \frac{R_1}{R_1 + 2R_2}$$

所以,测量放大器的输入电阻为

$$r_i = 2(1 + \frac{R_1}{R_1 + 2R_2}A_{od})r_{id}$$

必须指出,在测量放大器中,R_4、R_5、R_6、R_7 四个电阻必须采用高精密度的电阻,并且要精确匹配,否则不仅给放大器的增益带来误差,而且将降低整个电路的共模抑制比。

现在,已经有用于测量放大器的专用集成电路,参考型号为 AD622、AD622AN,其效果相当好,使用也非常方便。

6.2.2　集成运放组成的滤波器

滤波器的作用是允许信号中的某一部分频率的信号通过,而将其他频率的信号衰减,使其不能通过。

按其工作频率的不同,滤波器可分为:

低通滤波器:允许低于某一频率的信号通过,将高于此频率的信号衰减。

高通滤波器:允许高于某一频率的信号通过,将低于此频率的信号衰减。

带通滤波器:允许在某一频带范围内的信号通过,将此频带以外的信号衰减。

带阻滤波器:将某一频带范围内的信号衰减,允许此频带以外的信号通过。

1. 无源滤波器

利用电阻、电容等无源器件可以构成简单的滤波电路,称为无源滤波器。图 6-13(a)、(b)所示的电路分别为低通滤波器和高通滤波器。图 6-13(c)、(d)分别为它们的幅频特性。

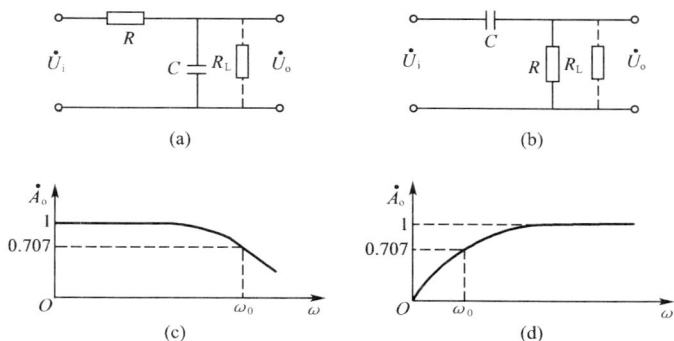

图 6-13　无源滤波器及其幅频特性

无源滤波器主要存在如下问题:

(1)电路的增益小,最大仅为 1。

(2)带负载能力差。如在无源滤波器的输出端接上一个负载电阻 R_L,如图 6-13(a)、(b)中的虚线所示,则其截止频率和增益均随 R_L 的变化而变化。

为了克服上述缺点,可将 RC 无源网络接至集成运放的输入端,组成有源滤波器。

2. 有源滤波器

在有源滤波器中,集成运放起着放大作用,提高了电路的增益,而且因集成运放的输入电阻很高,故集成运放本身对 RC 网络的影响小,同时由于集成运放的输出电阻很低,因而大大增强了电路的带负载能力。由于在有源滤波器中,集成运放是作为放大元件,所以集成运放应工作在线性区。

(1)有源低通滤波器

有源低通滤波器如图 6-14 所示,在图 6-14(a)中无源滤波网络 RC 接至集成运放的同相输入端,在图 6-14(b)中 $R_F C$ 接至集成运放的反相输入端。

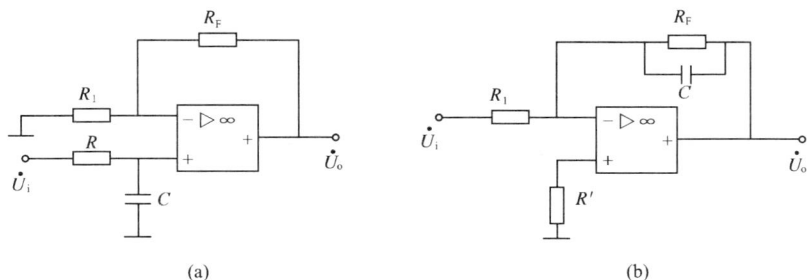

图 6-14　有源低通滤波器

实验给出有源低通滤波器的幅频特性,如图 6-15(b)所示,图 6-15(a)是有源低通滤波器的理想幅频特性。

如需改变有源低通滤波器的截止频率,调整 R 和 C 的参数即可。

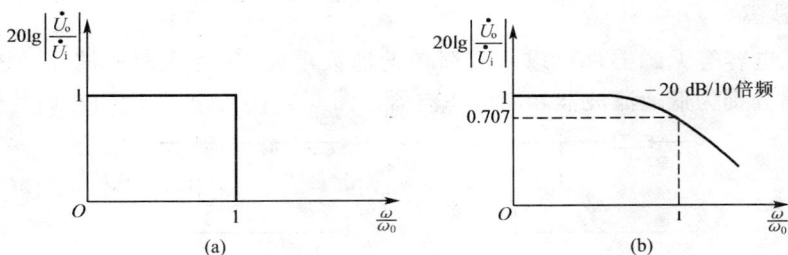

图 6-15 有源低通滤波器的幅频特性

为了使幅频特性更接近于理想特性,可以再增加一级 RC 网络,组成如图 6-16 所示的电路,这种电路也叫做二阶有源低通滤波器。

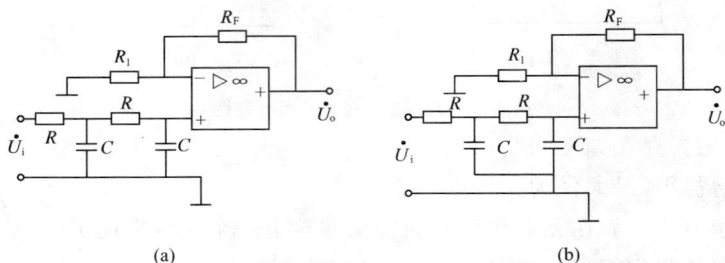

图 6-16 二阶有源低通滤波器

(2)有源高通滤波器

有源高通滤波器如图 6-17 所示。图 6-17(a)为同相输入式;图 6-17(b)为反相输入式。

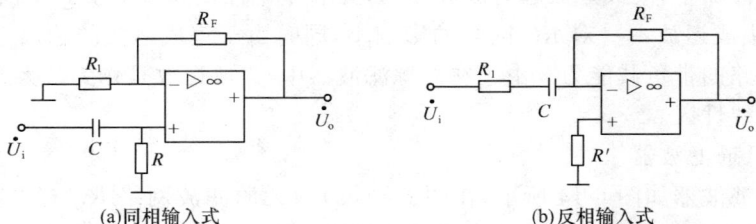

(a)同相输入式   (b)反相输入式

图 6-17 有源高通滤波器

实验给出有源高通滤波器的幅频特性如图 6-18(b)所示。

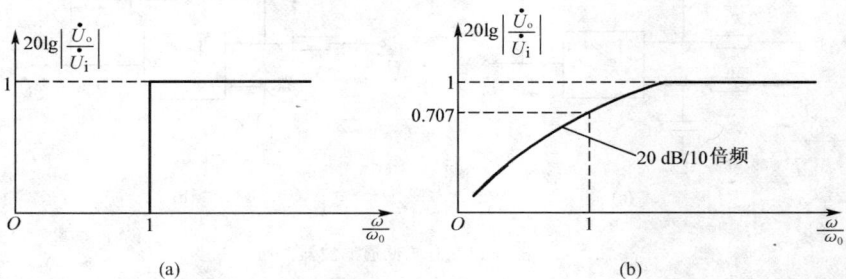

图 6-18 有源高通滤波器的幅频特性

与有源低通滤波器相似,一阶电路在低频处衰减太慢,为此可再增加一级 RC 网络,组成二阶有源高通滤波器,使其幅频特性更接近于理想特性,有源高通滤波器的理想幅频特性如图 6-18(a)所示。二阶有源高通滤波器如图 6-19 所示。

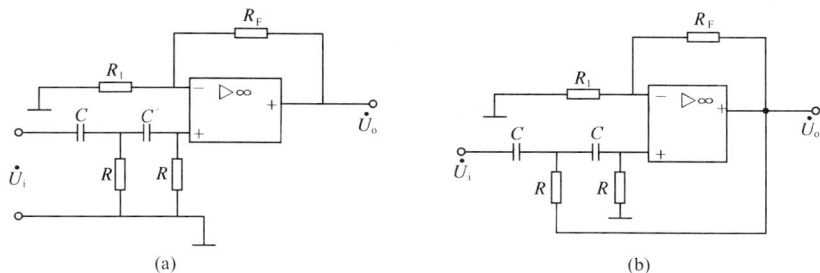

图 6-19　二阶有源高通滤波器

（3）有源带通滤波器和有源带阻滤波器

将低通滤波器和高通滤波器进行不同的组合，就可获得带通滤波器和带阻滤波器。如图 6-20(a)所示为将一个低通滤波器和一个高通滤波器"串接"组成带通滤波器。如图 6-20(b)所示为一个低通滤波器和一个高通滤波器"并联"组成的带阻滤波器。

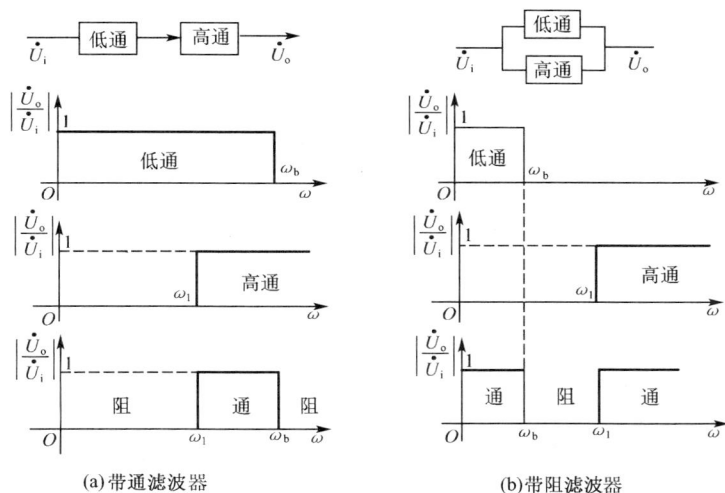

图 6-20　带通滤波器和带阻滤波器的组成原理图

有源带通滤波器和有源带阻滤波器的典型电路如图 6-21(a)、(b)所示。

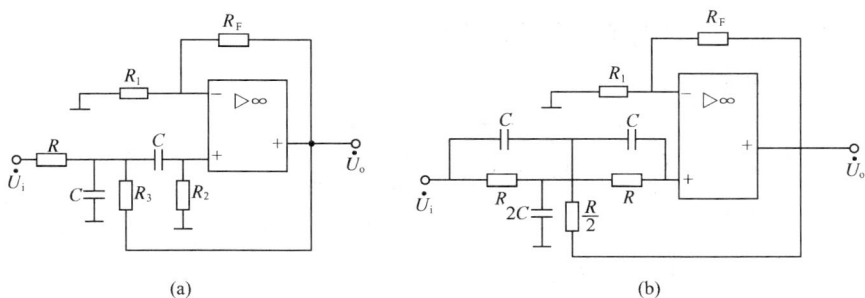

图 6-21　有源带通滤波器和有源带阻滤波器的典型电路

6.2.3 集成运放组成的精密整流电路

由于 PN 结死区电压的存在,当信号比较微弱时,单纯用二极管组成的整流电路就不能输出信号。将二极管和集成运放结合起来,可以实现对微弱信号的整流,在信号检测和自动控制系统中有着广泛的应用,尤其在航天领域,信号极其微弱,不采用精密整流电路,是无法检测出信号的。

1. 精密半波整流电路

精密半波整流电路如图 6-22(a)所示,可以将其看成是一个包括整流二极管在内的反相比例放大器。

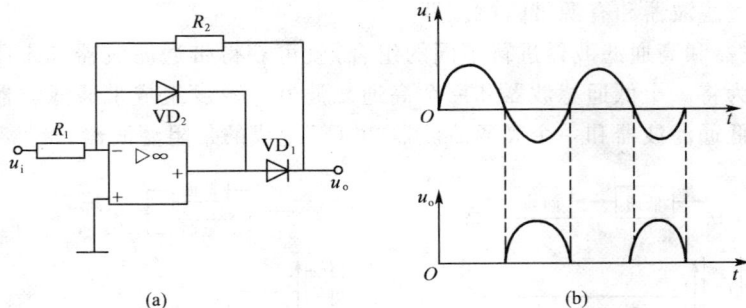

图 6-22 精密半波整流电路

当输入信号 u_i 大于零时,集成运放的输出小于零,二极管 VD_2 导通,集成运放的输出电压被钳位在 -0.7 V 左右。这时整流二极管 VD_1 截止,电路的输出电压 u_o 等于零。

当输入信号 u_i 小于零时,集成运放的输出大于零,二极管 VD_1 导通、VD_2 截止,VD_1 和 R_2 构成放大器的反馈通路,组成了反相比例放大器。由"虚地"的概念,可得到输出电压为

$$u_o = -\frac{R_2}{R_1}u_i \quad (u_i < 0 \text{ 时})$$

可见,电路在输入信号的负半周产生按比例放大的整流输出电压。若将整流二极管反接(此时 VD_2 也应反接),电路就能在输入信号的正半周产生按比例放大的整流输出电压。

2. 精密全波整流电路

精密全波整流电路如图 6-23(a)所示。此电路由集成运放 A_1 构成的精密半波整流电路和集成运放 A_2 构成的反相输入比例求和电路组成。

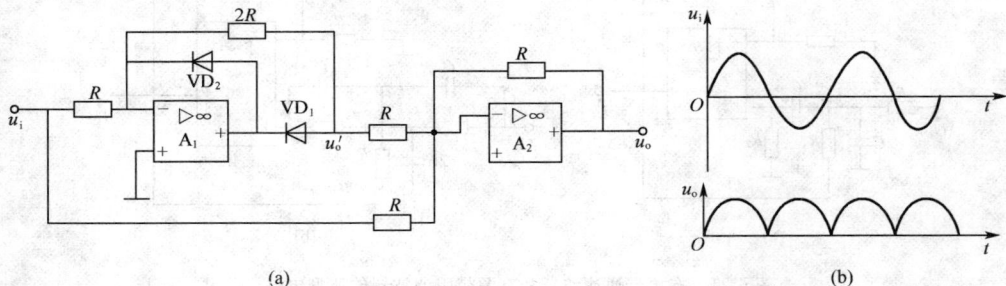

图 6-23 精密全波整流电路

在输入信号的正半周，A_1 的输出为 $-2u_i$，在 A_2 的输入端与 u_i 求和（注意 A_2 的比例系数为 1），则 A_2 的输出为

$$u_o = -(-2u_i + u_i) = u_i$$

在输入信号的负半周，A_1 没有输出，A_2 只有一个信号输入为 $-u_i$，经过 A_2 倒相后，A_2 的输出为

$$u_o = u_i$$

由此可见，电路实现了全波整流输出，在信号特别微弱时，这种电路对提高仪器检测信号的灵敏度有很重要的意义。

当输入信号不是正弦波而是很微弱的且随着时间变化比较缓慢的直流信号时，精密整流电路同样有输出，只不过输出信号是按比例反相放大的直流信号，此时把这种电路叫做折点函数发生器。用几个折点函数发生器可以将变化非常缓慢的直流信号变成模拟曲线，以反映信号的变化规律，这是在实际工程和实验分析中常用的方法。具体电路及分析请参考其他文献。

6.2.4 使用集成运放的几个技巧

集成运放在电路中发挥着重要的作用，其应用已经延伸到汽车电子、通信、消费等各个领域，并将在支持未来技术方面扮演重要角色。在运算放大器的实际应用中，经常遇到集成运放的选型、供电电路的设计、偏置电路的设计、PCB 设计等方面的问题，作者总结了集成运放应用设计的几个技巧，供读者参考。

1. 如何实现微弱信号的放大

传感器＋运算放大器＋模数转换器＋处理器是运算放大器的典型应用电路，在这种应用中，一个典型的问题是传感器提供的电流非常低，在这种情况下，如何完成信号的放大？实际上，对于微弱信号的放大，只用单个放大器难以达到好的效果，必须使用一些特别的方法和传感器激励电路，比如使用同步检测电路结构可以得到非常好的测量效果。同步检测电路类似于锁相环放大器结构，包括传感器的方波激励、电流转电压放大器、同步解调三部分。特别需要注意的是，电流转电压放大器需选用输入偏置电流极低的集成运放。

在集成运放、电容、电阻的选择和 PCB 布板时，要特别注意选择高阻抗、低噪声的集成运放和低噪声电阻。在电路设计时，需要注意平衡的处理，使电路尽量达到平衡，这样对于抑制干扰特别有效，这些电路在美国国家半导体、ADI 等公司关于运放的设计手册中均可以查到。在电路中增加金属屏蔽罩，将微弱信号部分罩起来，并将金属体接地，可以大大改善电路的抗干扰能力。

如果传感器输出的是 nA 级信号，则选择输入电流为 pA 级的集成运放即可，选择仪表放大器是最好的选择，但成本较高。若选用非仪表运放，反馈电阻不能太大，几十千欧级就可以，后级再进行两级放大，中间加入简单的高通电路，抑制 50 Hz 的交流干扰。

2. 集成运放的偏置如何设置

双电源集成运放在接成单电源电路时，在偏置电压的设置方面会遇到一些两难选择，比如作为偏置的直流电压是用电阻分压好还是接基准电压源好？用基准电压源精度高一些，还能提供交流旁路；用电阻分压的成本低而且方便，各有优点和缺点。一般说来，把双电源集成运放改成单电源电路时，采用基准电压源的效果最好。这种基准电压源可以使电路得到最小的噪声。若采用电阻分压方式，必须考虑电源纹波对系统的影响，这种用法的噪声比较高。

3.如何解决运算放大器的零漂问题

在传感器动态工作时,集成运放的输出电压会有不归零的现象发生。为了使放大器的工作稳定,减少零漂,在反馈电容的两端并上电阻,形成一个直流负反馈,这样可以稳定放大器的直流工作点。选择集成运放的输入电阻不够高,也会造成电荷泄漏,导致零漂。选择集成运放的开环输入电阻要高、运放的反馈电阻要小,即反馈电阻的作用是为了防止零漂,稳定直流工作点。但是反馈电阻太小的话,会影响到放大器的频率下限,必须综合考虑。

【新器件与新技术】 轨对轨运算放大器(rail-to-rail operational amplifier)

运放的输入电位通常要求高于负电源某一数值,而低于正电源某一数值。经过特殊设计的运放可以允许输入电位在从负电源到正电源的整个区间变化,甚至稍微高于正电源或稍微低于负电源也被允许。这种运放称为轨对轨(rail-to-rail)输入运算放大器。轨对轨输入,有的称之为满电源摆幅(R-R)性能,可以获得零交越失真,适合驱动模数转换 ADC,而不会造成差动线性衰减。运放的输出电位通常只能在高于负电源某一数值,而低于正电源某一数值之间变化。经过特殊设计的运放可以允许输出电位在从负电源到正电源的整个区间变化。这种运放称为轨对轨输出运算放大器。简单点说就是,一般运放的工作电压与输出会相差 1～2 V,而轨对轨运算放大器的输出电压可以与电源电压相当,从而充分利用了电源所提供的电压空间。即"轨对轨"指输出(或输入)电压范围与电源电压相等或近似相等,从而扩大了动态范围,最大限度地提高了放大器的整体性能。

轨对轨运算放大器的典型型号有 AD627。

【实训项目1】 集成运放在运算方面的线性运用

要求:列出集成运放在运算方面的线性运用,画出电路图,写出计算公式,填入表6-1中。

表 6-1　　　　　　　　　　　集成运放在运算方面的线性运用

序 号	运算形式	典型电路图	计算公式（$u_o=?$）	平衡电阻取值（$R_2=?$）	备注
1	反相比例				
2	同相比例				
3	加法				
4	减法				
5	微分				
6	积分				
7	倒相				

【实训项目2】 集成运放在滤波器方面的线性运用

要求:列出集成运放在滤波器方面的线性运用,画出电路图,写出该滤波器特点,填入表6-2中。

表 6-2　　　　　　　　　　　集成运放在滤波器方面的线性运用

序 号	滤波器种类	典型电路图	滤波器特点	备注
1	一阶低通			
2	二阶低通			
3	一阶高通			
4	二阶高通			
5	带通			
6	带阻			

【实训项目3】　集成运放在精密整流方面的线性运用

要求:列出集成运放在精密整流方面的线性运用,画出电路图,写出该精密整流电路的特点,填入表 6-3 中。

表 6-3　　　　　　　　　集成运放在精密整流方面的线性运用

序　号	精密整流电路类型	典型电路图	电路特点	备注
1	精密半波整流电路			
2	精密全波整流电路			

【项目小结】

1. 集成运放工作于线性区时,有"虚短"和"虚断"的特点。

2. 集成运放线性运用的条件是必须有负反馈,若是开环或是有正反馈,则集成运放就工作在非线性区。

3. 集成运放在线性运用方面的实际应用之一是运算。主要有反相比例运算、同相比例运算、加法运算、减法运算、微分运算和积分运算。

4. 反相比例运算和同相比例运算还用于对信号进行精确的放大。微分运算和积分运算还用于对信号波形的变换。

5. 滤波器分成高通、低通、带通和带阻四种。有源滤波器极大地改善了滤波器的性能,采用二阶滤波器可以得到理想的滤波特性,这也是集成运放的一个重要应用领域。

6. 精密整流电路可以实现对小信号的检波,采用精密全波整流可以提高对信号检波的灵敏度。

【项目练习题】

一、填空题

理想集成运放的 $A_{od}=$ _____ , $r_{id}=$ _____ , $r_o=$ _____ , $K_{CMRR}=$ _____ 。

二、选择题

在图 6-24 中, $\dfrac{\dot{U}_o}{\dot{U}_i}$ 约为(　　　)。

A. −10　　　　　　　　B. +10

C. +20

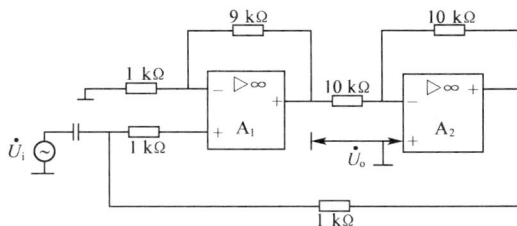

图 6-24　选择题图

三、问答题

1. 理想集成运放工作在线性区和非线性区时各有什么特点？各得出什么重要关系式？

2. 集成运放应用于信号运算时工作在什么区域？

3. 试比较反相输入比例运算电路和同相输入比例运算电路的特点（如闭环电压放大倍数、输入电阻、共模输入信号、负反馈组态等）。

4. "虚地"的实质是什么？为什么"虚地"的电位接近零而又不等于零？在什么情况下才能引用"虚地"的概念？

5. 为什么用集成运放组成的多输入运算电路，一般多采用反相输入形式，而较少采用同相输入形式？

四、综合题

1. 反相比例电路如图 6-25 所示，图中 $R_1 = 10\ \text{k}\Omega$，$R_F = 30\ \text{k}\Omega$，试估算它的电压放大倍数和输入电阻，并估算 R' 应取多大？

2. 同相比例运算电路如图 6-26 所示，图中 $R_1 = 3\ \text{k}\Omega$，若希望它的电压放大倍数等于 7，试估算电阻 R_F 和 R' 的值。

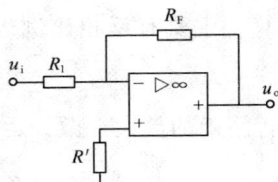

图 6-25 综合题 1 题图

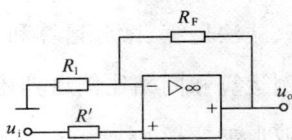

图 6-26 综合题 2 题图

3. 在图 6-27 所示的放大电路中，已知 $R_1 = R_2 = R_5 = R_7 = R_8 = 10\ \text{k}\Omega$，$R_6 = R_9 = R_{10} = 20\ \text{k}\Omega$。

(1) 试问 R_3 和 R_4 分别应选用多大的电阻？

(2) 列出 u_{o1}、u_{o2} 和 u_o 的表达式。

(3) 设 $u_{i1} = 0.3\ \text{V}$，$u_{i2} = 0.1\ \text{V}$，则输出电压 $u_o = ?$

4. 试设计一个比例运算放大器，实现以下运算关系

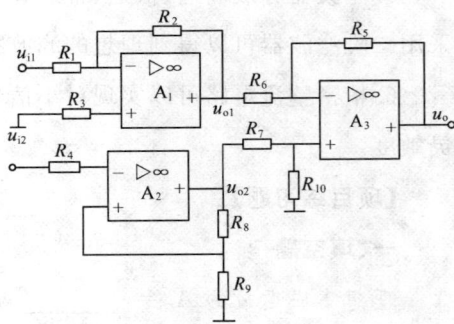

图 6-27 综合题 3 题图

$$A_{uf} = \frac{u_o}{u_i} = 0.5$$

要求画出电路原理图，并估算各电阻的阻值。希望所用电阻的阻值在 $20 \sim 200\ \text{k}\Omega$ 的范围内。

5.假设实际工作中提出以下要求,试选择滤波器的类型(低通、高通、带通、带阻)。

(1)有效信号为 20 Hz～200 kHz 的音频信号,消除其他频率的干扰及噪声;

(2)抑制频率低于 100 Hz 的信号;

(3)在有效信号中抑制 50 Hz 的工频干扰;

(4)抑制频率高于 20 MHz 的噪声。

6.试判断图 6-28 中的各种电路是什么类型的滤波器(低通、高通、带通还是带阻滤波器,有源还是无源滤波器,几阶滤波器)。

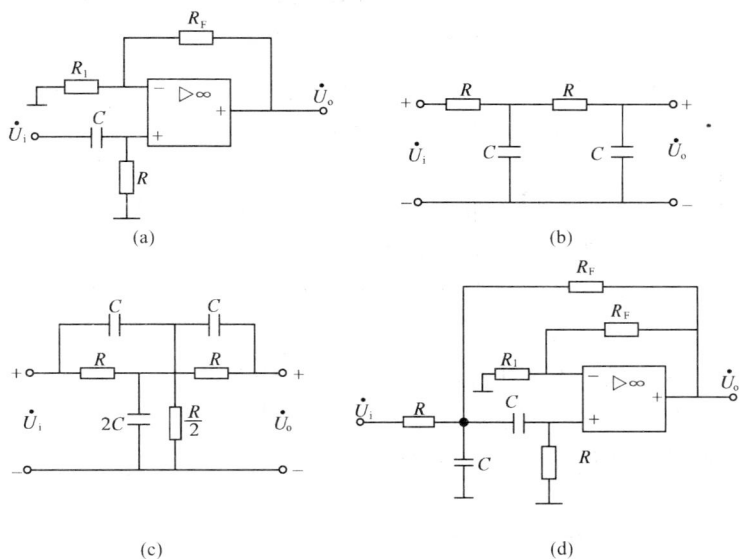

图 6-28　综合题 6 题图

项目7

集成运放的非线性应用

【知识目标】

1. 了解集成运算放大器工作在非线性区的条件。

2. 掌握基本电压比较器的组成和电路参数的计算。

3. 掌握迟滞电压比较器的组成和电路参数的计算。

【技能目标】

1. 会用集成运放组成基本电压比较器,能根据电路选择元件参数。

2. 会用集成运放组成迟滞电压比较器,能根据电路选择元件参数。

3. 能根据电路特点选择专用集成运放的型号。

【学习方法】

通过对各种集成运算放大器的非线性运用电路进行实际安装和测量,掌握集成运算放大器的非线性运用,学习了解集成运放非线性电路的特点,实际测量各种电路的参数,并和理论计算值进行比较。

【实施器材】

1. 集成电压比较器(LM311、LM339 等型号)、各种规格电阻、电容若干。

2. 每两个人配备指针式万用表和数字式万用表各一只。

3. 每两个人配备稳压电源、信号源、示波器各一台。

【实验演示】 电压比较器

过零电压比较器的实验电路如图 7-1 所示,让集成运放工作于开环状态。在输出端接示波器,在输入端接信号发生器,电源可用 ±12 V。

1. 先将两个输入端短路,观察输出端示波器的波形。

2. 再将两个输入端打开,观察输出端示波器的波形。由于集成运放的开环增益很高,这时即使在两个输入端有非常微小的差值信号存在,也会使集成运放的输出达到饱和状态,输出信号与输入信号不成线性关系,这说明集成运放已经工作在非线性区了。

3. 在同相输入端接入频率为 1 kHz 的正弦波信号,观察示波器上的输出波形。显然,在示波器上看到的是与正弦波同频同相的方波信号。

4. 在反相输入端接入比较电压 U_R,如图 7-2 所示,U_R 的值可以变化。在同相输入端接入正弦波信号,观察示波器上的输出波形。显然,在示波器上看到的是与正弦波同频同相的矩形波信号,当 U_R 的值变化时,矩形波信号的占空比也随之发生变化。

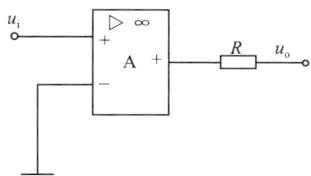

图 7-1 过零电压比较器的实验电路   图 7-2 有反相比较电压 U_R 的电压比较器电路

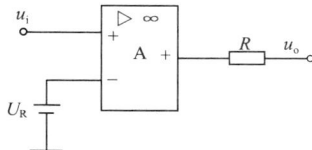

【结论】 集成运放工作在开环状态时,其输出电压将变成矩形波,不再与输入信号成线性关系。对输入的模拟信号可以进行电压幅值大小的比较,在集成运放的输出端则以高电平或低电平来反映比较的结果。

【知识链接】

7.1 集成运放组成的基本电压比较器

随着计算机技术的普及,运算放大器在非线性方面的运用越来越广泛。电压比较器是模拟电路和数字电路的接口,广泛应用于自动控制和测量系统中,用来实现越限报警、模/数转换以及诸如矩形波、锯齿波等各种非正弦信号的产生及变换等。

7.1.1 基本电压比较器

集成运放工作在非线性区可用来作信号的电压比较器,即对模拟信号进行幅值大小的比较,在集成运放的输出端则以高电平或低电平来反映比较的结果。电压比较器是信号发生、波形变换、模/数转换等电路常用的单元电路。

1. 基本电压比较器

如图 7-3 所示为基本电压比较器电路及其电压传输特性。

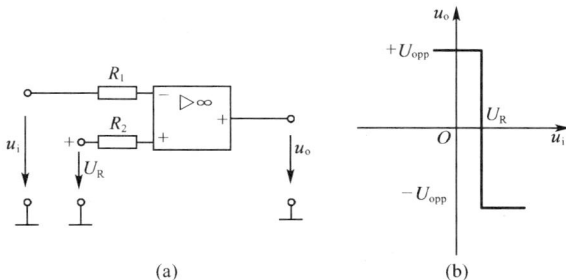

图 7-3 基本电压比较器电路及其电压传输特性

由集成运放的特点,可以分析出:

当输入信号 u_i 小于比较信号 U_R 时,有 $u_o = +U_{opp}$;

当输入信号 u_i 大于比较信号 U_R 时,有 $u_o = -U_{opp}$。

U_{opp} 是集成运放工作于非线性区时的输出电压最大值。

2. 过零电压比较器

当比较电压 $U_R = 0$ 时，即将输入电压和零电平进行比较，此时的电路称为过零电压比较器，其电路和电压传输特性如图 7-4 所示。

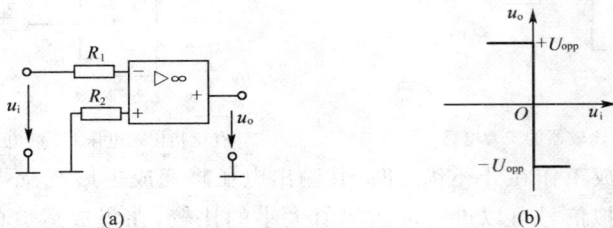

图 7-4　过零电压比较器电路及其电压传输特性

当输入信号 u_i 为正弦波电压时，则输出信号 u_o 为矩形波电压，如图 7-5 所示，电路实现了波形变换的功能。

3. 有限幅输出的过零电压比较器

有时为了将输出电压限制在某一特定值，以便与接在输出端的稳压管数字电路的电平配合，可在电压比较器的输出端与反相输入端之间跨接一个双向稳压管 VS，做双向限幅用，其电路和电压传输特性如图 7-6 所示。电路中稳压管的稳定电压为 U_Z，输入信号 u_i 与零电平比较后，在输出端的输出电压 u_o 被限制为 $+U_Z$ 和 $-U_Z$ 这两个规定值。

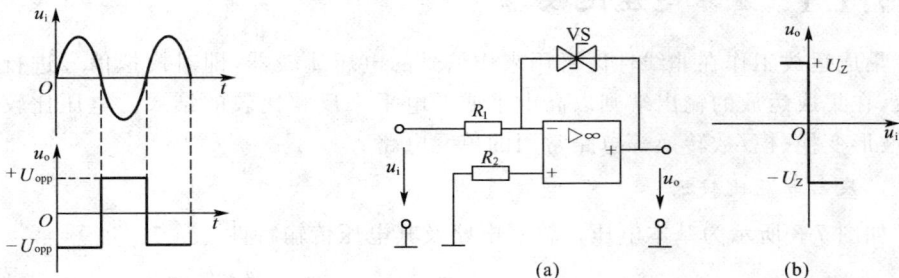

图 7-5　过零电压比较器将正弦波电压变换为矩形波电压　图 7-6　有限幅输出的过零电压比较器电路及其电压传输特性

7.1.2　迟滞电压比较器

基本电压比较器电路简单，但除了用于纯粹的电压比较外，几乎没有实用价值。因为在实际生产和实验中，不可避免地会有干扰信号，干扰信号的幅值如果恰好在比较电压附近，就会引起输出电压的频繁变化，致使电路的执行元件产生误动作。在这种情况下，电路的灵敏度高反而成了不利因素。如何将干扰信号滤除而又使电路能正常工作呢？采用迟滞电压比较器就可以解决这个矛盾。

1. 迟滞电压比较器电路

迟滞电压比较器电路如图 7-7 所示。在电路中，引入了一个正反馈，使集成运放工作在非线性区，电路的输出只有两个值（高电平或低电平）。

2. 迟滞电压比较器的门限电压

当输入电压 u_i 很低没有达到比较电平（又叫做门限电压，用 U_{TH+} 表示）时，集成运放输出为

$$u_o = +U_Z$$

随着输入电压的增加，当 u_i 达到门限电压 U_{TH+} 时，即

图 7-7　迟滞电压比较器电路

$$U_{TH+} = \frac{R_1}{R_1 + R_2} U_{REF} + \frac{R_2}{R_1 + R_2} U_Z$$

若输入信号 u_i 再稍微大一点，电压比较器的输出电平就会发生翻转，输出低电平。此时电路的输出电压为

$$u_o = -U_Z$$

随着输出电压的改变，门限电压也随之发生改变，门限电压变为

$$U_{TH-} = \frac{R_1}{R_1 + R_2} U_{REF} + \frac{R_2}{R_1 + R_2} (-U_Z)$$

3. 迟滞电压比较器的抗干扰作用

当输入电压从高逐渐降低时，要一直降低到小于新的门限电压 U_{TH-}，电压比较器才能发生再次翻转，输出电压由低电平变为高电平，即 $u_o = +U_Z$，这就是迟滞名称的由来。当输入信号在两个门限电压之间时，电压比较器的输出不发生变化。若干扰信号正好处在这两个门限电压之间，则因为电路的输出没有变化，相当于把干扰信号给滤除掉了，其波形如图7-8所示。

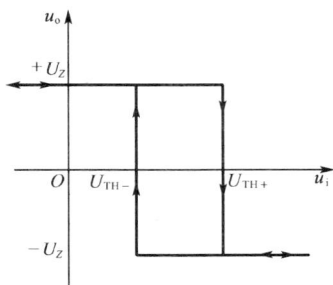

迟滞电压比较器的特性还经常用电压传输特性来表示，如图 7-9 所示。

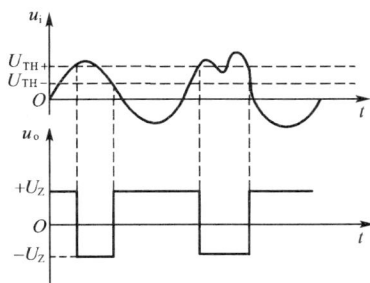

图 7-8　迟滞电压比较器对干扰信号的滤除　　图 7-9　迟滞电压比较器的电压传输特性

一般将 $(U_{TH+} - U_{TH-})$ 称为回差电压，回差电压的取值范围要按照电路的实际工作地点对干扰信号进行实验测量后才能决定。

在生产实践中，经常需要对温度、水位进行控制，这些都可以用迟滞电压比较器来实现。例如，东芝 GR 系列电冰箱的温控采取了电子温控电路，在这个电路中，迟滞电压比较器是必不可少的，只要改变门限电压值，就可改变电冰箱的温控值。

迟滞电压比较器还经常用于对信号的整形，例如，将一个波形比较差的矩形波整形成为比较理想的矩形波，如图 7-10 所示。

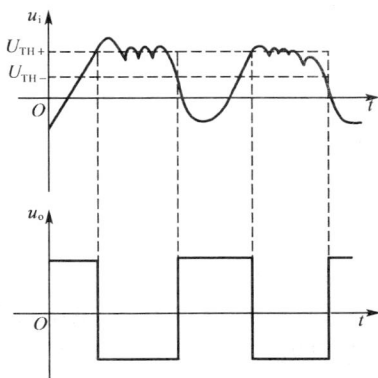

图 7-10　迟滞电压比较器用于对矩形波的整形

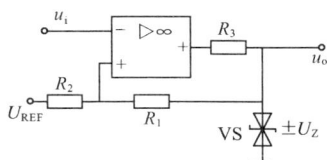

7.2　专用集成电压比较器 LM339 及其应用

7.2.1　专用集成电压比较器 LM339

LM339 是专用集成电压比较器,其集成块内部装有四个独立的电压比较器,故也常称之为四电压比较器。

1. LM339 的主要参数

LM339 的主要参数均比一般的用运算放大器制作的电压比较器要好一些。

(1)失调电压小,其典型值为 2 mV;

(2)电源电压范围宽,单电源电压为 2～36 V,双电源电压为 ±1～±18 V;

(3)对比较信号源的内阻限制较宽;

(4)共模输入电压范围很大,为 $0～u_o(V_{CC}-1.5\ V)$;

(5)差动输入电压范围较大,大到可以等于电源电压;

(6)输出端电位可灵活方便地选用。

2. LM339 的封装与管脚功能

LM339 集成块采用 C-14 型封装,其外形及管脚排列图如图 7-11 所示。由于 LM339 使用灵活,应用广泛,所以世界上各大集成电路生产厂家和公司竞相推出自己的四电压比较器,如 IR2339、ANI339、SF339 等,它们的参数基本一致,其外形及管脚功能也相同,可以互换使用。

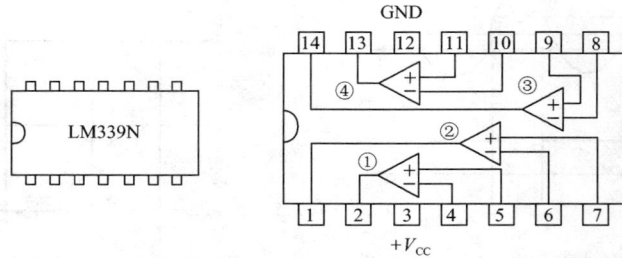

图 7-11　LM339 集成块外形及管脚排列图

3. LM339 的电路特点

LM339 中的每一个电压比较器都类似于一个增益不可调的运算放大器。每个电压比较器有两个输入端和一个输出端,两个输入端中,一个称为同相输入端,用"＋"表示,另一个称为反相输入端,用"－"表示。用作比较两个电压时,可在任意一个输入端加一个固定电压作参考电压(也称为门限电平,它可选择 LM339 共模输入范围的任何一点),另一端加一个待比较的信号电压。

当同相输入端"＋"的电压高于反相输入端"－"的电压时,输出管截止,相当于输出端开路,输出为高电平。当反相输入端"－"的电压高于同相输入端"＋"的电压时,输出管饱和,相当于输出端接低电位,输出为低电平。

对 LM339 而言,当两个输入端的电压差别大于 10 mV 时,就能确保输出端的状态从一种状态可靠地转换到另一种状态,因此,把 LM339 用在弱信号的检测等场合是比较理想的。LM339 的输出端相当于一只不接集电极电阻的晶体三极管,在使用时需要在输出端到正电源之间接一只电阻(称为上拉电阻,选 3～15 kΩ 均可)。这种结构的用处之一是,选不同阻值的上拉电阻,会改变输出端高电位值的大小,因为当输出晶体三极管截止时,它的集电极电压基本上等于上拉电阻与负载电阻的分压值,这样就可以和不同电路的高电平进行匹配。这种结构的用处之二是,四个比较器的输出端允许连接在一起使用。

7.2.2　电压比较器 LM339 的实际应用

1. 用 LM339 制作两路信号整形电路

最简单的信号整形电路就是单门限电压比较器,如图 7-12 所示,给出了两个基本单门限电压比较器。输入信号 U_{in} 是正弦波,它加到同相输入端,在反相输入端接一个参考电压(门限电平)U_{REF},此处可接地,即参考电压是零。当输入电压 $U_{\text{in}} > 0$ V 时,单门限电压比较器的输出为高电平 U_{OH}。当输入电压 $U_{\text{in}} < 0$ V 时,单门限电压比较器的输出为低电平 U_{OL}。这个电路实现了由正弦波到方波的信号整形,但该信号整形电路的抗干扰能力很差,由于干扰信号的存在,将导致输入信号在过零点时,输出信号会产生多次跳变的现象。

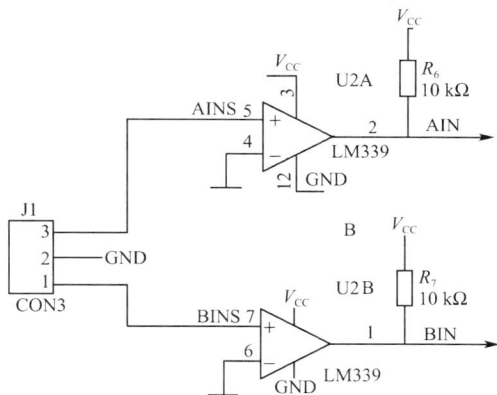

图 7-12　用 LM339 制作的两路信号整形电路

为了避免过零点多次触发的现象,可以使用施密特电压比较器组成整形电路。施密特电压比较器是在单门限电压比较器的基础上引入了正反馈网络,由于正反馈的作用,它的门限电压随着输出电压值的变化而改变,因此提高了抗干扰能力。使用两个施密特电压比较器对两路信号进行整形的电路如图 7-13 所示,为了保证输入电路的平衡,必须保证两个施密特电压比较器的门限电平相等,这可以通过调节电位器 R_8 来实现。

2. 用 LM339 制作过热检测保护电路

如图 7-14 所示,为某仪器中的过热检测保护电路。它采用单电源供电,在 1/4 LM339 的反相输入端加一个固定的参考电压,它的值取决于 R_1 与 R_2 的比值:$U_R = V_{\text{CC}} R_2 / (R_1 + R_2)$。同相输入端上的电压就等于热敏元件 R_t 的电压降。当仪器内的温度为设定值以下时,同相输入端"＋"输入的电压大于反相输入端"－"的电压,输出电压 U_o 为高电位。当温度上升为设定值以上时,反相输入端"－"输入的电压大于同相输入端"＋"输入的电压,比较器反转,输出电压 U_o 为低电位,使后面接的保护电路动作(如在电源和比较器的输出端之

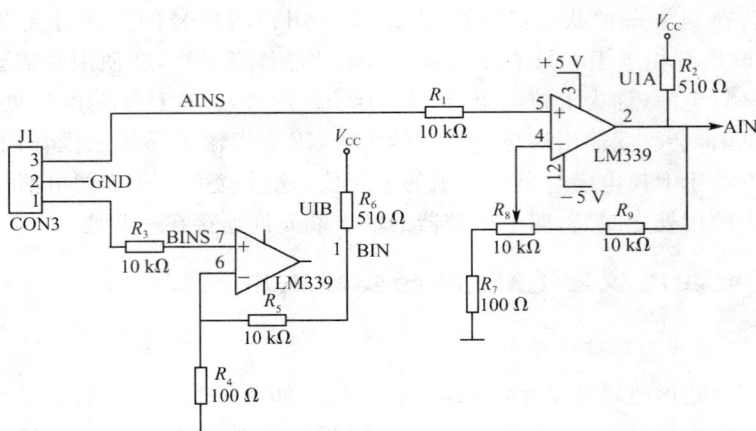

图 7-13　使用两个施密特电压比较器对两路信号进行整形的电路

间接一个继电器的绕组线圈),调节 R_1 的值可以改变门限电压,即可以设定所需温度值的大小。

3. 用 LM339 制作电网过电压检测电路

如图 7-15 所示,为某电磁炉电路中电网过电压检测电路。当电网电压正常时,1/4 LM339 的 $U_4 < 2.8$ V,$U_5 = 2.8$ V,输出开路,过电压保护电路不工作,作为正反馈的射极跟随器 VT 是导通的。当电网电压大于 242 V 时,$U_4 > 2.8$ V,比较器翻转,输出为 0 V,VT 截止,U_5 的电压就完全决定于 R_1 与 R_2 的分压值,为 2.7 V,促使 U_4 更大于 U_5,这就使比较器翻转后的状态极为稳定,避免了在过压点附近由于电网电压很小的波动而引起保护电路工作不稳定的现象。由于在电路中采用了回差(迟滞),所以在过电压电路起保护作用后,电网电压要降到 $242 - 5 = 237$ V 时,即 $U_4 < U_5$ 时,电磁炉才又重新开始工作。

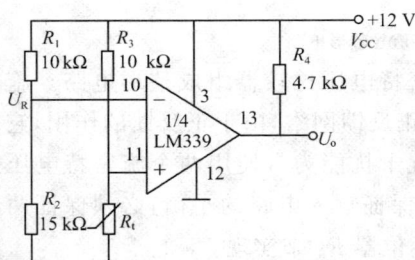

图 7-14　用 LM339 制作的过热检测保护电路

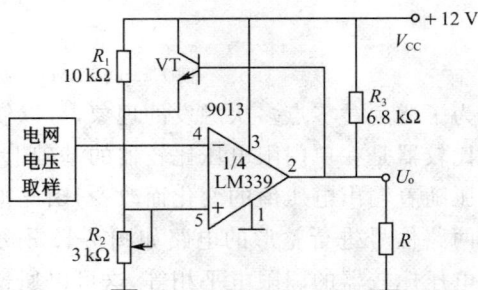

图 7-15　用 LM339 制作的电网过电压检测电路

4. 用 LM339 制作双限比较器(窗口比较器)

如图 7-16(a)所示,为由两个 1/4 LM339 组成的双限比较器。当被比较的信号电压 U_{in} 位于门限电压之间($U_{R1} < U_{in} < U_{R2}$)时,输出为高电位($U_o = U_{OH}$)。当 U_{in} 不在门限电压之间($U_{in} > U_{R2}$ 或 $U_{in} < U_{R1}$)时,输出为低电位($U_o = U_{OL}$),窗口电压 $\Delta U = U_{R2} - U_{R1}$。这个电路可用来判断输入信号电压是否位于指定的门限电压之间。

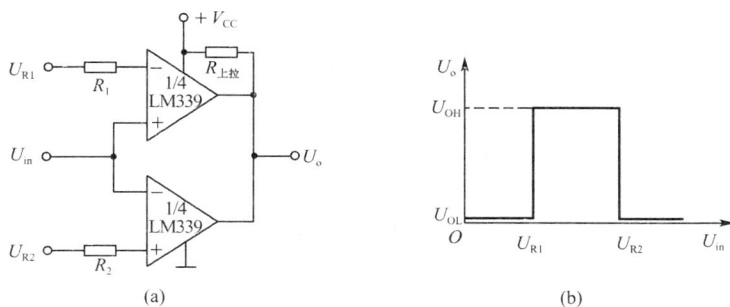

图 7-16 用 LM339 制作双限比较器

7.3 运算放大器与专用电压比较器的区别

电压比较器在最常用的单集成电路中,仅次于排名第一的运算放大器。在各类出版物中可以经常看到关于运算放大器的理论,关于运算放大器的设计和使用方法的图书非常多,但却很难找到关于电压比较器的理论研究。究其原因,是因为电压比较器本身功能十分简单,只用于比较电压,然后根据比较结果,把输出电压设定在低电平或高电平。有人认为电压比较器就是一个没有负反馈回路的运算放大器,但实际情况并非如此。运算放大器与专用电压比较器的区别可分为以下几点:

(1)专用电压比较器的翻转速度快,大约在 ns 数量级,而运算放大器的翻转速度一般为 μs 数量级,特殊的高速运放除外。

(2)运算放大器的输入可以接成负反馈电路,而专用电压比较器不能使用负反馈。虽然专用电压比较器也有同相和反相两个输入端,但因为其内部没有相位补偿电路,如果输入端接入负反馈,电路将不能稳定工作,这也是专用电压比较器比运算放大器速度快的原因。

(3)运算放大器的末级一般采用推挽电路,双极性输出,而多数专用电压比较器输出为集电极开路结构,单极性输出,所以在电路中需要接入上拉电阻,这样容易和数字电路连接。

(4)在一般应用中,可以用运算放大器构成电压比较器来使用。可用作电压比较器的运算放大器芯片有 LM324、LM358、μA741、TL081、TL082、TL083、TL084、OP07、OP27 等,这些都可以用来制作电压比较器。

(5)电子信号比较微弱的情况下,必须使用专用的电压比较器。现在常用的专用电压比较器芯片有 LM339、LM393 等。专用电压比较器切换速度快,延迟时间小,可用在专门的电压比较场合。

(6)一般情况下,电压比较器和运算放大器是不能互换的。运算放大器是一种为在负反馈条件下工作设计的电子器件,设计重点是保证这种配置的稳定性,对压摆率(上升和下降时间)等参数的要求并不高;而电压比较器是为无负反馈的开环结构工作设计的,这些器件通常不需要进行内部补偿,因此对传播延迟和压摆率的要求比较高,而总体增益通常比较小。用运算放大器代替电压比较器不会使性能得到优化,而且功耗速度比将会很低。如果反过来,用电压比较器代替运算放大器,情况则会更坏。所以通常情况下,不能使用电压比较器代替运算放大器,而在特殊情况下,可以使用高速运算放大器接成电压比较器电路。

【新器件与新技术】 片状陶瓷电容、片状钽电容和无极性电解电容器

近些年来,有许多新型的电容产品问世,片状陶瓷电容、片状钽电容和无极性电解电容器就是其中的典型产品。

片状电容是一种新器件,主要有片状陶瓷电容和片状钽电容。

片状陶瓷电容是片状电容器中产量最大的一种,有 3216 型和 3215 型两种(其定义见片状电阻的定义)。片状陶瓷电容的容量范围宽(1～47800 pF),耐压为 25 V、50 V,常用于混合集成电路和电子手表电路中。

片状钽电容的体积小、容量大。其正极使用钽棒并露出一部分,另一端是负极。片状钽电容的容量范围为 0.1～100 μF,其耐压值常用的有 16 V 和 35 V。它广泛应用在台式计算机、手机、数码照相机和精密电子仪器等电路中。

无极性电解电容器是能用在电压极性变换电路中的电解电容器,其特点是容量大、无极性且耐高压,它实质上是在制造过程中,用两个有极性的电解电容器将负极对接而成的。

【实训项目】 集成运放的非线性运用

要求:列出集成运放在非线性方面的运用,画出电路图,写出电路功能和特点,填入表 7-1 中。

表 7-1　　　　　　　　　　　　集成运放在非线性方面的运用

序　号	电路名称	典型电路图	电路功能	电路特点	备注
1	过零电压比较器				
2	单门限电压比较器				
3	双门限电压比较器				
4	迟滞电压比较器				

【项目小结】

1. 集成运放工作于非线性区时,有"虚断"但是没有"虚短"的特点。

2. 集成运放的非线性运用条件是开环或电路有正反馈。

3. 电压比较器是集成运放在非线性方面运用的典型电路,可以实现两个电压的比较,也可以实现波形变换和信号的整形。

4. 基本电压比较器可以实现过零比较和设定门限比较,但其抗干扰能力差。

5. 迟滞电压比较器可以解决抗干扰能力差的问题,将干扰电压取在回差电压之间,就可以滤除干扰。

6. 专用电压比较器和集成运算放大器在一般情况下是不能互换的,尤其是不能用专用电压比较器代替集成运算放大器来使用。

【项目练习题】

1.画出图 7-17 中所示电路中 u_i 和 u_o 的电压传输特性。

2.说明图 7-18 所示电路的功能，并画出 u_o 与 u_i 关系的特性曲线。若 u_i 为正弦波，则画出输出波形。

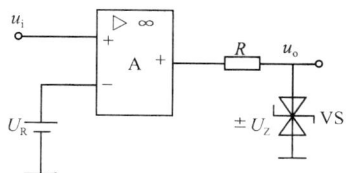

图 7-17　练习题 1 题图

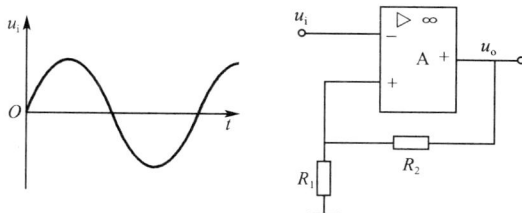

图 7-18　练习题 2 题图

项目8

信号的产生和波形变换

【知识目标】

1.认识 RC 自激振荡器、正弦波转换为方波电路、方波转换为三角波电路及其各组成部分的作用。

2.理解振荡器电路的功能和波形转换电路的功能。

3.掌握振荡器组成的四部分及各部分的作用。

4.掌握振荡器的起振条件。

5.会分析电路各点波形。

【技能目标】

1.能正确连接电路,识别检测所用元件,正确使用仪器仪表(示波器、万用表)。

2.具有分析电路、排除电路故障能力。

3.能按步骤进行参数调试和测试,同时做好数据记录。

4.能调节可调电阻控制放大倍数,使 RC 振荡器起振,输出标准正弦波。

5.通过分析波形、测试数据总结振荡器、波形变换器的功能。

6.能计算振荡器的振荡频率。

【学习方法】

根据学时情况,可选择教师演示或学生亲自参与的实验法。通过连接一个简易的多种函数信号发生器电路,使学生直观地看到振荡器的组成环节、起振条件和输出波形。

【实施器材】

1.直流稳压电源一台。

2.双踪示波器一台。

3.指针式万用表和数字式万用表各一只。

4.集成运放 CF353、稳压二极管 1N4735、电阻器、电容器和电位器若干。

【初识信号发生器】

信号发生器就是一个能自己产生信号的电路。连接电路如图 8-1 所示,这是一个最简单的多种函数信号发生器的电路,是用集成运放连接而成的。连接电路时,特别要注意集成运放正、负双电源的连接。当电路连接无误后,接通电源,一边调节反馈电路的可调电阻

R_F，一边用示波器观察输出信号 u_{o1} 的波形，输出信号为正弦波且不失真时为合适。

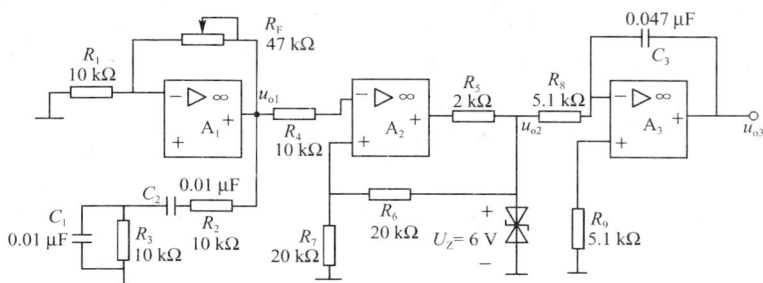

图 8-1　最简单的多种函数信号发生器电路

读出示波器上显示的输出信号 u_{o1} 的频率，填入表 8-1 中。

表 8-1　　　　　　　　　　　　　信号发生器的输出频率

RC 反馈网络的电阻值 R	RC 反馈网络的电容值 C	按照公式计算的频率 f_0	实际测试的频率 f_0

将示波器接成双踪工作形式，同时观察 u_{o1} 和 u_{o2} 的波形，再同时观察 u_{o2} 和 u_{o3} 的波形，记录下波形，填入表 8-2 中。

表 8-2　　　　　　　　　　多种函数信号发生器各个输出端的信号波形

u_{o1} 的波形	
u_{o2} 的波形	
u_{o3} 的波形	

【知识链接】

8.1　正弦波振荡器

电子电路除了能对信号进行放大和处理外，还有一个重要的功能就是产生信号。能自己产生信号的电路叫做振荡器。振荡器产生的信号有各种波形，最常用的是正弦波。电子琴、音乐合成器等电子乐器所发出的各种美妙的声音，以及近年来面世的手机所发出的令人回味无穷的和弦声，都是由正弦波振荡器产生的。无线通讯的基础就是建立在正弦波振荡器上的。

根据电路产生波形的不同，振荡器分成正弦波振荡器和非正弦波振荡器两种。

8.1.1　正弦波振荡器的基本概念

1. 正弦波振荡器的振荡条件

正弦波振荡器的组成框图如图 8-2 所示。在图 8-2 中，$\dot{A}$ 是放大器，$\dot{F}$ 是反馈网络，$\dot{U}_{id}$ 为放大器的输入信号。当开关 S 打在端点 1 时，放大器没有反馈，其输入电压为外加输入信

号 $\dot{U}_i$（设为正弦波信号）。信号经放大后，输出电压为 $\dot{U}_o$。如果通过正反馈引入的反馈信号与 $\dot{U}_{id}$ 的幅度和相位相同，即 $\dot{U}_f = \dot{U}_{id}$，那么，可以用反馈电压代替外加输入电压。这时如果将开关 S 打到端点 2 上，即使去掉输入信号 $\dot{U}_i$，电路仍能维持稳定输出，成为不需要输入信号就能输出信号的振荡器。

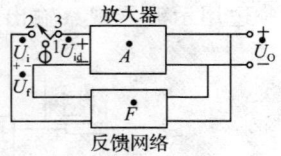

图 8-2 正弦波振荡器的组成框图

由组成框图可知，电路产生振荡的基本条件是反馈信号与原输入信号大小相等，相位相同。因为反馈电压为

$$\dot{U}_f = \dot{F}\dot{U}_o = \dot{F}\dot{A}\dot{U}_{id}$$

当 $\dot{U}_f = \dot{U}_{id}$ 时，有

$$\dot{F}\dot{A} = 1$$

这就是电路产生振荡的条件。

这个式子可分解为两部分：

（1）幅度平衡条件

$$|\dot{F}\dot{A}| = 1$$

幅度平衡条件要求放大器的放大倍数 $\dot{A}$ 与反馈网络的反馈系数 $\dot{F}$ 的乘积的模为 1，这是对放大器和反馈网络在信号幅度方面的要求。

（2）相位平衡条件

$$\varphi_a + \varphi_f = 2n\pi \ (n = 0, 1, 2 \cdots)$$

相位平衡条件要求放大器对信号的相移与反馈网络对信号的相移之和为 $2n\pi$，即电路必须引入正反馈。

以上就是振荡器工作的两个基本条件。为了获得某一指定频率 f_0 的正弦波，可在放大器或反馈网络中，加入具有选频特性的网络，使只有选定频率 f_0 的信号满足振荡条件，而其他频率的信号不满足振荡条件。

2. 振荡器的起振与稳幅

当电路中满足 $\dot{U}_f = \dot{U}_{id}$ 的条件时，振荡器就有稳定的信号输出，那么最初的原输入信号 $\dot{U}_{id}$ 是怎么产生的呢？

当振荡器刚接通电源时，随着电路中的电流从零开始突然增大，电路中就产生了电冲击，它包含了从低频到高频的各种频率成分，其中必有一种频率的信号满足振荡器的相位平衡条件，产生正反馈。如果此时放大器的放大倍数足够大，满足 $|\dot{A}\dot{F}| > 1$ 的条件，则经过电路的不断放大后，输出信号在很短的时间内就由小变大，由弱变强，使电路振荡起来。随着电路输出信号的增大，晶体管的工作范围进入了截止区和饱和区，电路的放大倍数 $\dot{A}$ 自动地逐渐减小，从而限制了振荡幅度的无限增大，最后当 $|\dot{A}\dot{F}| = 1$ 时，电路就有稳定的信号输出。从电路的起振到形成稳幅振荡所需的时间是极短的，大约经历几个振荡周期的时间即可实现稳定。振荡器的起振与稳幅过程如图 8-3 所示。

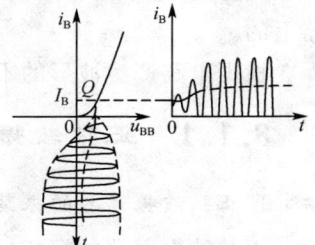

图 8-3 振荡器的起振与稳幅过程

3. 振荡器的组成

根据振荡器对起振、稳幅和振荡频率的要求,振荡器由以下几部分组成:

(1)放大器

它具有放大信号的作用,并将电源的直流能量转换成振荡信号的交流能量。

(2)反馈网络

它形成正反馈,满足振荡器的相位平衡条件。

(3)选频网络

在正弦波振荡器中,它的作用是选择某一频率 f_0,使之满足振荡条件,形成单一频率的振荡。

(4)稳幅电路

用于稳定振荡器输出信号的振幅,改善波形。

4. 振荡器的分析

对振荡器的分析,包含判断电路能否产生振荡、振荡器的振荡频率是多少等。

通常可采用下列步骤来进行分析:

(1)检查振荡器是否具有放大器、反馈网络、选频网络和稳幅电路,特别是要检查前三项是否存在。

(2)检查放大器的静态工作点是否合适,是否满足放大条件。

(3)判断振荡器能否振荡。

一般说来,振荡器的幅度平衡条件容易满足,主要是检查电路的相位平衡条件,即判断电路是否有正反馈,这可用瞬时极性法来加以判断。

5. 正弦波振荡器的分类

为了保证振荡器产生单一频率的正弦波,电路中必须包含选频网络,根据选频网络组成的元件不同,可将振荡器分为 RC 正弦波振荡器、LC 正弦波振荡器和石英晶体正弦波振荡器。

8.1.2　RC 正弦波振荡器

RC 正弦波振荡器常用于输出从零点几赫兹到几百千赫兹的低频信号,目前常用的低频信号发生器大多采用这种形式的振荡器。

1. RC 桥式振荡器

RC 桥式振荡器如图 8-4 所示。放大器采用集成运放,其输入端和输出端分别跨接在电桥的对角线上,故把这种振荡器称为 RC 桥式振荡器。

RC 桥式振荡器的振荡频率为

$$f_0 = \frac{1}{2\pi RC}$$

RC 桥式振荡器在应用时一般将 R_F 选成可调电阻,调整 R_F 使之刚刚大于 $2R_1$ 时,电路就会起振,输出稳定的正弦波波形。

为了实现稳幅,可在 RC 桥式振荡器加上二极管或热敏电阻,通过它们来改变负反馈深度,

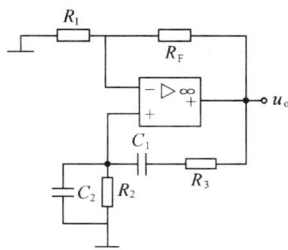

图 8-4　RC 桥式振荡器

从而实现稳幅的目的。能实现稳幅的 RC 桥式振荡器如图 8-5 所示。

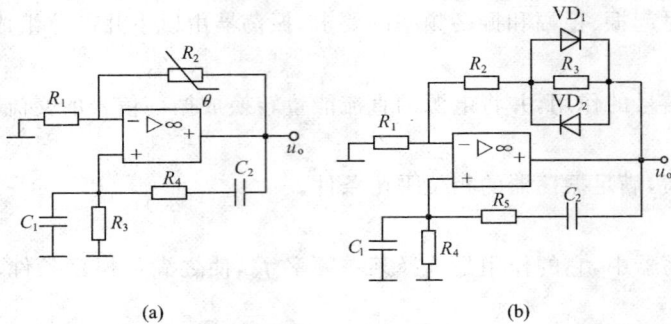

图 8-5 能实现稳幅的 RC 桥式振荡器

RC 正弦波振荡器的优点是电路简单,容易起振,但其振荡频率不高,一般小于 1 MHz。如图 8-6 所示,是一种实用的正弦波音频信号发生器的电路图。在这个电路中,采用双刀四掷波段开关切换电容来实现频率的粗调,采用双连同轴电位器来实现频率的细调。二者配合使用,可实现在音频范围内输出信号频率的连续可调。

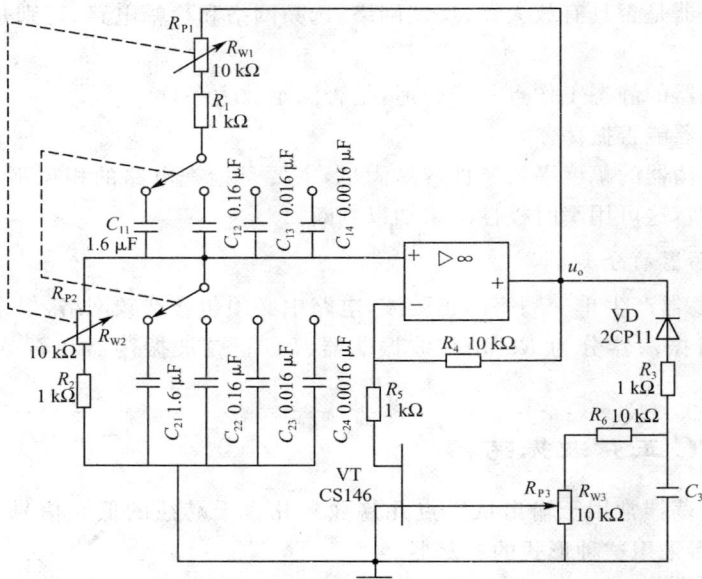

图 8-6 用 RC 振荡器组成的实用正弦波音频信号发生器的电路图

8.1.3 LC 正弦波振荡器

LC 正弦波振荡器是利用 LC 并联电路作为选频网络,它主要用来产生高频正弦波信号,振荡频率通常高于 0.5 MHz。根据反馈形式的不同,LC 振荡器可分为变压器反馈式和三点式。

1. 变压器反馈式 LC 正弦波振荡器

电路如图 8-7 所示,图中变压器应采用高频变压器。

（1）电路组成

①放大器

放大器采用的是分压偏置式共发射极放大器，起放大和限幅作用。电容 C_B、C_E 对交流信号可视作短路，分别起耦合和旁路的作用。

②选频网络

选频网络由变压器的原边绕组 L_1 与电容 C 并联组成，此时放大器对 L_1 与电容 C 谐振频率信号的放大倍数最大，选频网络的移相为零。

③反馈网络

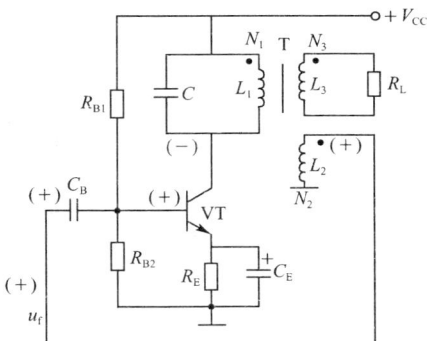

图 8-7　变压器反馈式 LC 正弦波振荡器

反馈网络由变压器的副边绕组 L_2 完成，将输出电压的一部分反馈到电路的输入端。

（2）振荡条件

改变绕组的匝数比很容易改变反馈深度，满足幅度平衡条件。根据电路中变压器绕组同名端的标注，利用瞬时极性法可判断反馈为正反馈，满足相位平衡条件。

（3）振荡频率

电路的振荡频率为

$$f_0 = \frac{1}{2\pi\sqrt{LC}}$$

（4）电路特点

变压器反馈式 LC 正弦波振荡器很容易起振，用可调电容替代固定电容，则可方便地调节输出频率。但该电路的振荡频率不太高，通常为几到十几兆赫。

2. 三点式 LC 振荡器

三点式 LC 振荡器的特点是电路中 LC 并联谐振回路的三个端子分别与放大器的三个端子相连，故而称为三点式振荡器。按反馈网络应用的元件不同又分为电感三点式振荡器和电容三点式振荡器。

（1）电感三点式振荡器

电感三点式振荡器（又称哈特莱振荡器）如图 8-8 所示。谐振回路的三个端点 1、2、3 分别与三极管的三个极相接，反馈信号取自电感线圈两端，故称为电感三点式振荡器，也称电感反馈式振荡器。由集成运放组成的电感三点式振荡器如图 8-9 所示。谐振回路的三个端点分别与运放的同相、反相输入端和输出端相连接。

①电路组成

• 放大器　图 8-8(a) 采用分压式共发射极放大器，图 8-9 采用集成运放作为放大器。

• 选频网络　电感 L_1、L_2 串联后与电容 C 构成选频网络。

• 反馈网络　在图 8-8(a) 中，反馈信号取自电感线圈 L_1 两端的电压，经耦合电容 C_B 送到三极管的基极。在图 8-9 中，反馈信号取自电感线圈 L_1 两端的电压，送到集成运放的反相输入端。

②振荡条件

利用瞬时极性法可判断该反馈为正反馈，满足相位平衡条件。选择电流放大倍数合适的三极管，改变线圈抽头的位置，就很容易满足幅度平衡条件，使电路起振，一般取反馈线圈

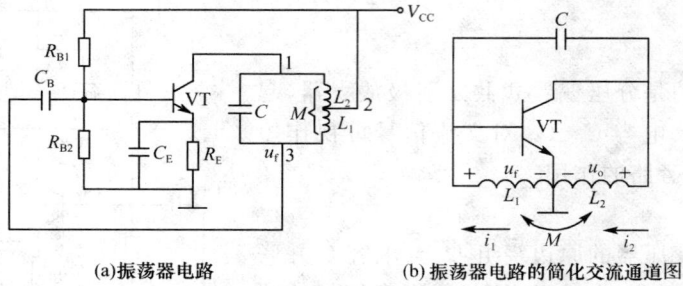

(a)振荡器电路　　　　　(b)振荡器电路的简化交流通道图

图 8-8　电感三点式振荡器

的匝数为电感线圈总匝数的 $1/8\sim1/4$ 即可起振。

③振荡频率

电路的振荡频率为

$$f_0 = \frac{1}{2\pi\sqrt{(L_1+L_2+2M)C}}$$

式中，M 为线圈 L_1 与 L_2 的互感耦合系数。

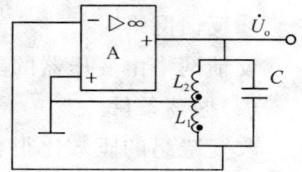

图 8-9　由集成运放组成的
电感三点式振荡器

④电路特点

电感三点式振荡器的电路简单，容易起振，用可调电容替代固定电容，则可方便地调节频率。由于反馈信号取自电感 L_1 两端，对高次谐波呈现高阻抗，故不能抑制高次谐波的反馈，因此振荡器输出信号中的高次谐波较多，信号波形较差。该电路振荡频率不太高，通常为几到十几兆赫兹。

（2）电容三点式振荡器

电容三点式振荡器（又称考皮兹振荡器）如图 8-10 所示。谐振回路的三个端点分别与三极管的三个极相接，反馈信号取自电容的两端，故称为电容三点式振荡器，也称电容反馈式振荡器。由集成运放组成的电容三点式振荡器如图 8-11 所示。谐振回路的三个端点分别与运放的同相、反相输入端和输出端相连接。

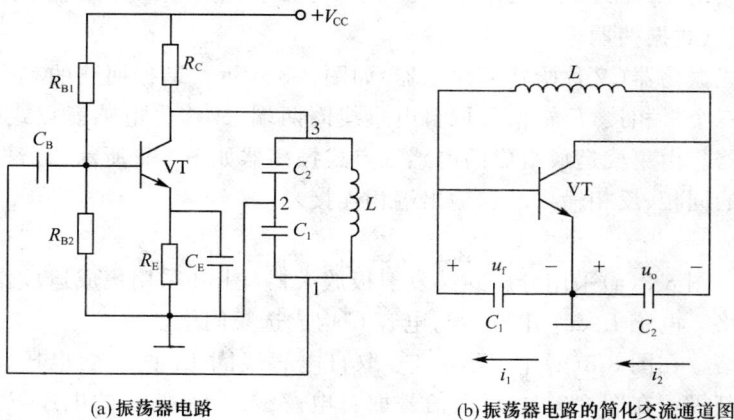

(a)振荡器电路　　　　　(b)振荡器电路的简化交流通道图

图 8-10　电容三点式振荡器

①电路组成

• 放大器　图 8-10 采用分压式共发射极放大器，图 8-11 采用集成运放作为放大器。

• 选频网络　电容 C_1、C_2 串联后与电感 L 构成选频网络。

• 反馈网络　在图 8-10(a)中反馈信号取自电容 C_1 两端电压，经耦合电容 C_B 送到三极管的基极。在图 8-11 中，反馈信号取自电容 C_1 两端电压，送到集成运放的反相输入端。

②振荡条件

利用瞬时极性法可判断反馈为正反馈，满足相位平衡条件。

图 8-11　由集成运放组成的
电容三点式振荡器

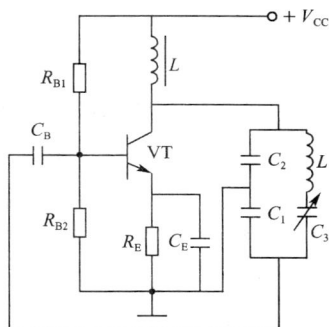

③振荡频率

振荡频率为

$$f_0 = \frac{1}{2\pi\sqrt{L\left(\dfrac{C_1 C_2}{C_1 + C_2}\right)}}$$

④电路特点

电容三点式振荡器的反馈信号取自电容两端，电容对高次谐波呈现较小的容抗，反馈信号中高次谐波的分量小，故振荡器的输出信号波形较好。该电路振荡频率较高，可达 100 MHz 以上，广泛应用于高频信号设备。但是，电容三点式振荡器调节振荡频率很不方便。如果通过改变 C_1 或 C_2 来调节振荡频率时，同时会改变正反馈量的大小，导致输出信号幅度发生变化，可能会使振荡器停振。常用切换电感的方法调节频率，不能实现频率的连续可调，可在电感的两端并联可调电容，如图 8-12 所示，这个电路也叫克拉泼振荡器。此时电路的振荡频率为

图 8-12　克拉泼振荡器

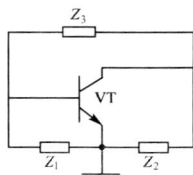

$$f_0 = \frac{1}{2\pi\sqrt{LC}} \approx \frac{1}{2\pi\sqrt{L\left(\dfrac{1}{C_1} + \dfrac{1}{C_2} + \dfrac{1}{C_3}\right)}}$$

C_3 的改变对取出的反馈电压信号没有影响，因此可以通过调整 C_3 的大小方便地调节振荡频率，在小范围内实现频率的连续可调。

从以上的电路分析可总结出三点式 LC 振荡器组成的一般原则如下：

三点式 LC 振荡器选频网络由三部分阻抗组成，有三个端子对外，分别接在三极管的三个极上或集成运放的两个输入端和输出端上。用三极管作放大器时，从发射极向另外两个极看，应是同性质的阻抗，而集电极与基极间应接与上述两个阻抗性质相反的阻抗。用集成运放作放大器时，从同相输入端向反相输入端及输出端看去时，应是同性质的阻抗，反相输入端和输出端之间的阻抗应是与上述两阻抗性质相反的阻抗。只要阻抗性质满足上述要求，反馈必为正反馈，不需用瞬时极性法判断反馈类型。

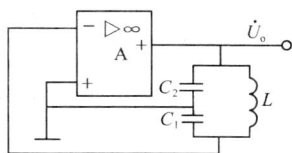

图 8-13　三点式振荡器
等效电抗连接示意图

8.1.4　石英晶体正弦波振荡器

石英晶体正弦波振荡器是目前精度和稳定度最高的正弦波振荡器,被广泛应用于家电、计算机、遥控器、汽车电子、仪器仪表、通信等领域。石英晶体正弦波振荡器由品质因数极高的石英晶体和放大器组成。

1.石英晶体的特性

(1)石英晶体的结构

石英晶体(石英谐振器)一般由外壳、晶片、支架、引线等组成。晶片是从一块石英晶体上按一定方位角切下的薄片,在把晶片的两个对应表面镀银后引出两个电极,在每个电极上各焊一根引线接到管脚上,再加上外壳封装而成。外壳有金属封装,也有用玻璃壳、陶瓷或塑料封装。金属外壳封装的石英晶体结构示意图如图 8-14 所示。

(2)石英晶体的压电效应

如果在石英晶片的两极加上交变电压,晶片就会产生与该交变电压同频率的机械振动,晶片的机械振动又会产生交变电压,这种物理现象称为石英晶体的压电效应。在一般情况下,晶片机械振动的振幅和交变电场的振幅非常微小,但当外加交变电压的频率等于晶体的固有振动频率时,振幅明显加大,比其他频率下的振幅大得多,这种现象称为压电谐振。谐振频率与晶片的切割方式、几何形状、尺寸等有关。体积越小的晶片,谐振频率越高。石英晶体的标称频率标注在外壳上,如 6 MHz、12 MHz 等,可根据需要选择。

(3)石英晶体的符号和等效电路

石英晶体的电路符号和等效电路如图 8-15 所示。当晶体不振动时,可把它看成一个平板电容器,称为静电电容 C_0,它的大小与晶片的几何尺寸、电极面积有关,一般约几个到几十皮法,C_0 值很大。当晶体振动时,机械振动的惯性可用电感 L 来等效。一般 L 的值为几十到几百毫亨。晶片的弹性可用电容 C 来等效,C 的值很小,一般只有 $0.0002\sim0.1$ pF。晶片振动时因摩擦而造成的损耗用 R 来等效,它的数值约为 100 Ω。由于晶片的等效电感很大,而 C 很小,R 也小,因此回路的品质因数 Q 很大,可达 $1000\sim10000$。加上晶片本身的谐振频率基本上只与晶片的切割方式、几何形状、尺寸有关,而且可以做得精确,因此利用石英谐振器组成的振荡器可获得很高的频率稳定度。

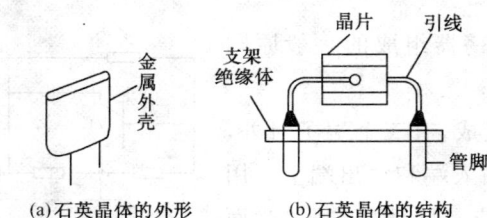

图 8-14　金属外壳封装的石英晶体结构示意图

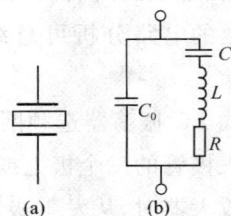

图 8-15　石英晶体的电路符号和等效电路

(4)石英晶体的谐振频率

从石英晶体的等效电路可知,它有两个谐振频率。即在低频时,可把静态电容 C_0 看作开路,L、C、R 支路发生串联谐振时,它的等效阻抗最小(等于 R)。串联谐振频率用 f_S 表示,石英晶体此时呈纯阻性;当频率高于 f_S 时,L、C、R 支路呈感性,可与电容 C_0 发生并联谐振,并联谐振频率用 f_P 表示。当频率低于低频 f_S 时,两条支路的容抗起主要作用,电路呈现容性。石英晶体的电抗-频率特性曲线如图 8-16 所示。可见两个频率很接近,在 $f_S < f < f_P$ 极窄的范围内,石英晶体呈感性;其他频率时石英晶体呈容性;当 $f = f_S$ 时,呈现电阻性。

其中

$$f_S = \frac{1}{2\pi\sqrt{LC}}$$

$$f_P = \frac{1}{2\pi\sqrt{LC'}} = f_S\sqrt{1 + \frac{C}{C_0}}$$

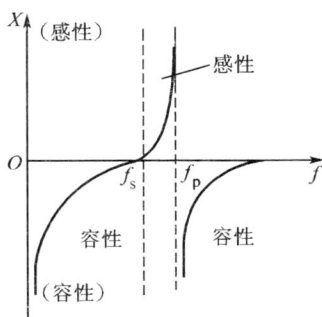

图 8-16　石英晶体的电抗-频率特性曲线

式中, $C' = C \cdot C_0/(C + C_0)$ 。通常 $C_0 \gg C$,所以 f_P 与 f_S 非常接近, f_P 略大于 f_S ,也就是说感性区非常窄。

2.石英晶体正弦波振荡器

石英晶体正弦波振荡器电路的基本形式有串联型和并联型两种。

(1)并联型石英晶体正弦波振荡器

并联型石英晶体正弦波振荡器如图 8-17 所示。从图中可见,在电路中石英晶体呈感性,可等效成一个电感元件与 C_1 、 C_2 组成的电容三点式正弦波振荡器。该电路的频率略高于 f_S ,改变 C_S 可微调振荡器的输出频率。

(2)串联型石英晶体正弦波振荡器

串联型石英晶体正弦波振荡器如图 8-18(a)所示,其简化交流通道图如图 8-18(b)所示。串联谐振时,石英晶体正弦波振荡器的等效阻抗最小且为纯电阻,所以用石英晶体作为反馈元件时,等效于串联谐振频率的信号正反馈最强且没有附加相移。

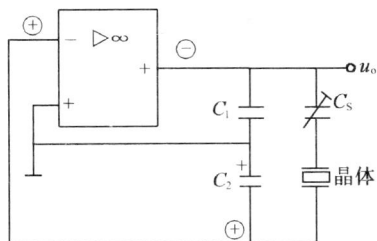

图 8-17　并联型石英晶体正弦波振荡器

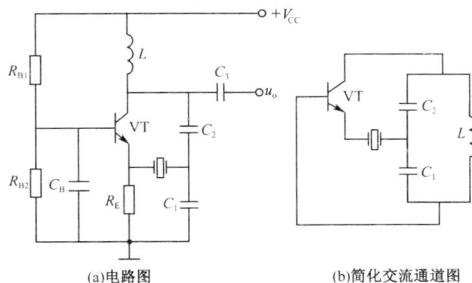

(a)电路图　　　(b)简化交流通道图

图 8-18　串联型石英晶体正弦波振荡器

如图 8-19 所示,是一种实用的石英晶体正弦波振荡器, C_S 可微调输出信号频率,使输出信号频率更准确。

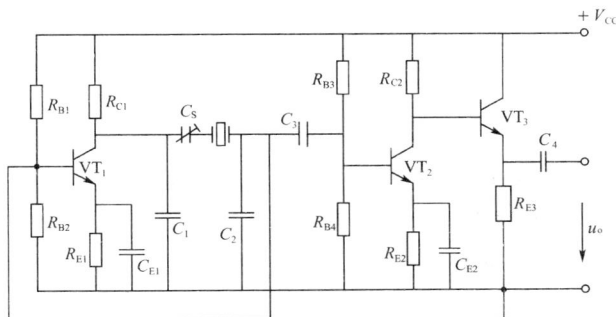

图 8-19　实用的石英晶体正弦波振荡器(皮尔斯振荡器)

8.2　非正弦信号振荡器

在电子设备中常用到非正弦波信号。例如,在数字电路中用到方波和矩形波信号,扫描电路中要用到锯齿波信号等。一般把正弦波以外的波形统称为非正弦波。非正弦信号振荡器一般由迟滞电压比较器和 RC 充、放电电路组成。

8.2.1　方波信号发生器

方波信号发生器可以直接产生方波或矩形波信号,是数字系统常用的一种信号源。由于方波或矩形波中包含着极丰富的谐波分量,因此这种电路又称为多谐振荡器。如图 8-20 所示,将矩形波高电平持续的时间与信号周期的比值 T_1/T 叫做占空比 q,一般将占空比为 50% 的矩形波称为方波。

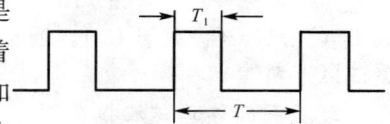

图 8-20　方波信号波形图

1. 电路组成

方波信号发生器电路图如图 8-21(a)所示,输出电压波形图如图 8-21(b)所示。

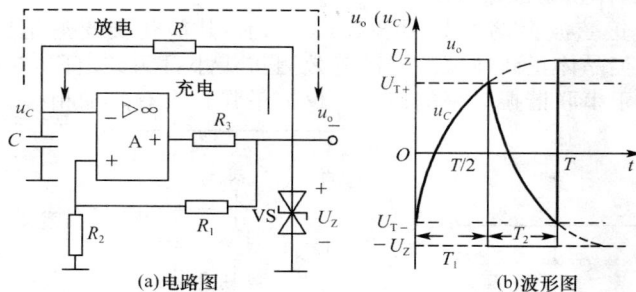

(a)电路图　　(b)波形图

图 8-21　方波信号发生器

图中集成运放和 R_1、R_2 组成反相输入迟滞电压比较器;R_3 和稳压二极管用来对输出电压幅度实现双向限幅;R 和 C 组成积分电路,用来将比较器输出电压的变化反馈回集成运放的反相输入端,以控制输出方波的周期。

2. 电路工作原理

电源刚刚接通时,电容两端电压小于集成运放同相输入端电压,输出电压为 $+U_Z$。此时同相输入端电压为

$$U_{T+} = \frac{R_2}{R_1 + R_2} U_Z$$

同时输出电压 U_Z 经 R 向 C 充电,电容两端的电压按指数规律上升,充的快慢取决于时间常数 $\tau = RC$,τ 越小充电越快。当电容电压略大于比较电压 U_{T+} 时,输出翻转,由 $+U_Z$ 变成 $-U_Z$,此时同相输入端电压为

$$U_{T-} = -\frac{R_2}{R_1 + R_2} U_Z$$

同时电容经电阻 R 开始放电,电容两端的电压按指数规律下降,放电的快慢取决于时

间常数 $\tau = RC$，τ 越小放电越快。当电容电压略小于比较电压 U_{T-} 时，输出翻转，由 $-U_Z$ 变成 $+U_Z$。输出电压变成 $+U_Z$ 后又开始向电容充电，如此反复，在电路的输出端输出了稳定的方波信号。图 8-21(b)为振荡器各点的波形。

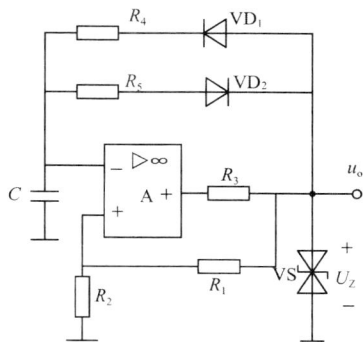

从以上分析可知输出方波的正、负幅度为 $\pm U_Z$。通过电容器的充放电规律可以得到输出方波的周期为

$$T = 2RC\ln(1 + 2\frac{R_2}{R_1})$$

如果图 8-21 中的 $T_1 \neq T_2$，输出信号就是矩形波。T_1 和 T_2 的长短分别由电容的充电、放电时间决定。将充电、放电支路分开，选择不同的时间常数，就可构成矩形波发生器电路。如图 8-22 所示，是一个矩形波发生器电路。充电时间常数由 R_4C 决定，放电时间常数由 R_5C 决定。

图 8-22 矩形波发生器电路

8.2.2 三角波信号发生器

1.电路组成

三角波信号发生器电路图如图 8-23(a)所示，由迟滞电压比较器和反相积分器构成。该迟滞电压比较器为过零电压比较器。积分器的作用是将迟滞电压比较器输出的方波转换为三角波，同时反馈给比较器的同相输入端，使比较器产生随三角波变化而翻转的方波，如图 8-23(b)所示。

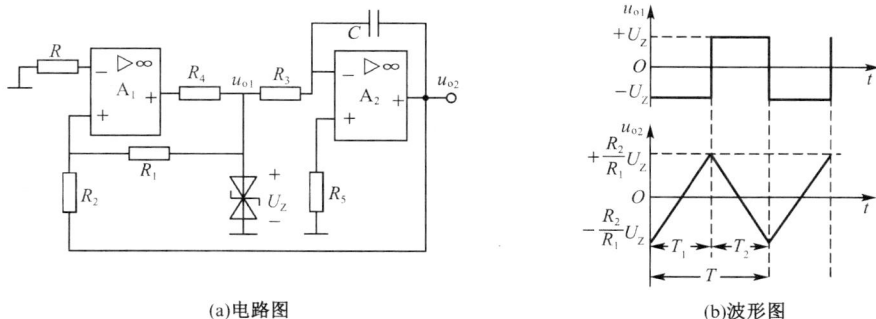

(a)电路图 (b)波形图

图 8-23 三角波信号发生器

2.工作原理

由叠加原理可知，迟滞电压比较器同相输入端的电压为

$$U_+ = \frac{R_2}{R_1 + R_2}u_{o1} + \frac{R_1}{R_1 + R_2}u_{o2}$$

U_+ 由比较器的输出电压 u_{o1}（$\pm U_Z$）和积分器的输出电压 u_{o2} 共同决定。而比较器的翻转发生在 $U_+ = 0$ 的时刻。由上式可得到

$$u_{o2} = \pm\frac{R_2}{R_1}U_Z$$

这就是比较器的上、下门限电压。

当电路刚接通电源时，设比较器的 $U_- > U_+$，$u_{o1} = -U_Z$，电容 C 反向充电，u_{o2} 从零开始

线性增大，U_+ 从 $-\dfrac{R_2}{R_1+R_2}U_Z$ 开始跟着增大。当 u_{o2} 电压稍微大于 $\dfrac{R_2}{R_1}U_Z$ 时，U_+ 刚好稍微大于零（U_-），比较器的输出翻转 $u_{o1}=U_Z$，积分器的输出电压 u_{o2} 从 $\dfrac{R_2}{R_1}U_Z$ 开始线性下降，U_+ 从正值开始跟着下降。当 u_{o2} 电压稍微小于 $-\dfrac{R_2}{R_1}U_Z$ 时，U_+ 刚好稍微小于零（U_-），比较器的输出翻转 $u_{o1}=-U_Z$，电容 C 反向充电 u_{o2} 从 $-\dfrac{R_2}{R_1}U_Z$ 开始线性增大。如此重复，在比较器输出端得到方波波形，在积分器输出端得到三角波波形。

三角波的正、负向峰值为 $U_{om}=\pm\dfrac{R_2}{R_1}U_Z$，方波的幅值为 $\pm U_Z$。

方波和三角波信号的振荡周期为 $T=4\dfrac{R_2}{R_1}R_3C$。

在电路调试时，应该先调 R_1、R_2，满足三角波的幅度要求，再调 R_3 和 C 来调节信号的周期。

8.2.3 锯齿波信号发生器

若三角波波形上升和下降的时间不同，就成为锯齿波波形。所以只要令积分器的正、负向积分常数不同，就可以得到锯齿波。如图 8-24 所示，为可以同时产生矩形波和锯齿波的电路，其工作原理和三角波产生电路基本相同，只是积分器的电阻有两条通路，这两条通路的阻值差异很大，导致正、负向积分的时间明显不同。

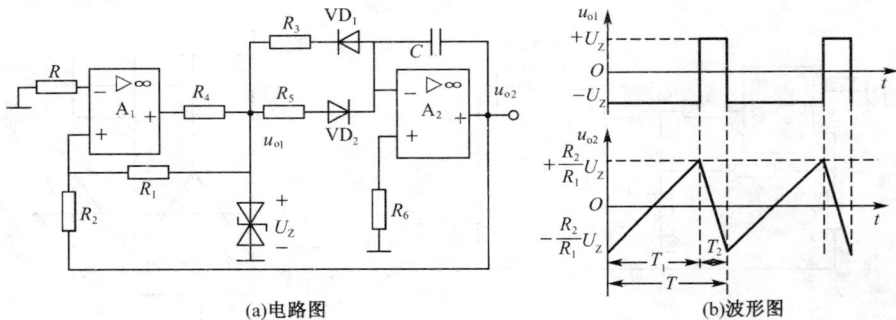

(a)电路图　　　　　　　　(b)波形图

图 8-24　锯齿波信号发生器

从电路图可以看出，当 u_{o1} 输出为正时，通过 R_5、VD_2、C 充电；当 u_{o1} 输出为负时，通过 R_3、VD_1、C 放电。如果 $R_5>R_3$，则三角波的上升时间大于下降时间，输出为锯齿波。

8.3　555集成时基电路与应用

8.3.1　555集成时基电路的组成和管脚功能

555 集成时基电路又称为集成定时器，是一种数字、模拟混合型的中规模集成电路，其应用十分广泛，可以组成多种波形发生器、多谐振荡器、定时延时电路、双稳触发电路、报警电路、检测电路、频率变换电路等。

　　555 集成时基电路有双极型和 CMOS 型两大类。双极型产品型号最后的三位数字都是 555；CMOS 型产品型号最后四位数字都是 7555，二者的逻辑功能和管脚排列完全相同，易于互换。标有 555 型号的集成电路是单定时器，标有 556 型号的集成电路是双定时器，标有 558 型号的集成电路内部含四个定时器。双极型的电源电压范围为 5～15 V，CMOS 型的电源电压范围为 3～18 V。双极型的 555 输出的最大电流可达 200 mA，用于负载较重的场合，可以直接带动小型继电器、微电机和低阻抗扬声器。CMOS 型时基电路电源电压范围宽、输入阻抗高、功耗低。因此在实际应用中，在负载轻、要求功耗低和使用较低电源电压以及定时要求长（定时电阻＞10 MΩ）的场合，应该选用 CMOS 型时基电路。

　　555 集成时基电路的内部电路结构示意图如图 8-25 所示。它含有两个电压比较器，一个基本的 RS 触发器，一个放电开关管 VT，比较器的参考电压由三只 5 kΩ 的电阻构成的分压器提供。

　　当 $V_c = 0$ 时，比较器 C_1 的反相输入端为高电平触发端 TH，比较器 C_2 的同相输入端为低电平触发端 $\overline{TR}$，它们的触发电平分别为 $2V_{CC}/3$ 和 $V_{CC}/3$。C_1 与 C_2 的输出端控制 RS 触发器的状态和放电开关管的状态。当 U_{TR} 小于 $V_{CC}/3$ 时，C_2 输出为 $\mathbf{1}$，触发信号无效；当 U_{TR} 大于 $V_{CC}/3$ 时，C_2 输出为 $\mathbf{0}$，则使 RS 触发器置 $\mathbf{1}$，555 的输出端 3 脚输出高电平，同时放电开关管截止。当 U_{TH} 大于 $2V_{CC}/3$ 时，C_1 输出为 $\mathbf{1}$，触发信号无效；当 U_{TH} 小于 $2V_{CC}/3$ 时，C_1 输出为 $\mathbf{0}$，使 RS 触发器置 $\mathbf{0}$，555 的输出端 3 脚输出低电平，同时放电开关管导通。

　　$\overline{R_D}$ 是复位端（4 脚），当 $\overline{R_D} = \mathbf{0}$ 时，555 输出低电平。平时 $\overline{R_D}$ 端开路或接 V_{CC}。

　　V_c 是控制端（5 脚），当 5 脚外接一个输入电压，即改变了比较器的参考电平，从而实现对输出的另一种控制。不接外加电压时，通常接一个 0.01 μF 的电容到地，滤除外来的干扰，以确保参考电平的稳定。

　　VT 为放电管，当 VT 导通时，相当于 7 脚接地。

　　555 集成时基电路的管脚图如图 8-26 所示，其触发电压与输出关系见表 8-3。

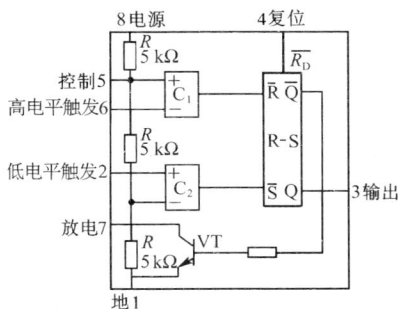

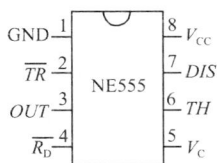

图 8-25　555 集成时基电路的内部电路结构示意图　　图 8-26　555 集成时基电路的管脚图

表 8-3　　　　　　　　　　　　555 集成时基电路的触发电压与输出关系

高电平触发端（TH）	低电平触发端（$\overline{TR}$）	复位端（$\overline{R_D}$）	放电端 DIS	输出端 OUT
×	$<V_{CC}/3$	H	悬空	H
$<2V_{CC}/3$	$>V_{CC}/3$	H	保持	保持
$>2V_{CC}/3$	$>V_{CC}/3$	H	接地	H
×	×	L	接地	L

　　555 集成时基电路相当于一个可用模拟电压来控制翻转的 RS 触发器。若外加电阻、电

容构成充放电电路,可方便地构成单稳态触发器、多谐振荡器、施密特触发器等脉冲产生或波形变换电路。

8.3.2 555 集成时基电路的实际应用

1.555 集成时基电路组成的多谐振荡器

多谐振荡器又称为无稳态电路,555 集成时基电路组成的多谐振荡器的电路图如图 8-27(a)所示。R_A、R_B、C 是外接元件。电源接通对 C 充电使 u_C 上升到略大于 $2V_{CC}/3$ 时,使 RS 触发器输出置 **0**,VT 导通(7 脚相当于接地),电容 C 通过 DIS 端放电;当电容放电使 u_C 减小到略低于 $V_{CC}/3$ 时,比较器 C_2 输出为低电平,使 RS 触发器输出置 **1**,VT 截止(7 脚悬空);电容 C 继续充电直到 u_C 上升到略大于 $2V_{CC}/3$ 时,触发器又翻转到 **0**,从而完成一个周期振荡,其振荡周期可用下式计算

$$T = 0.7(R_A + 2R_B)C$$

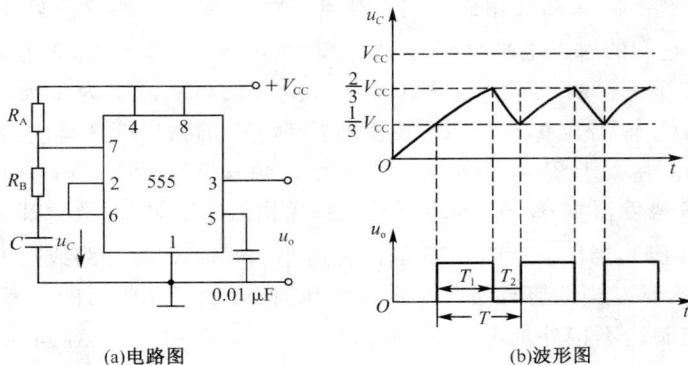

(a)电路图　　　(b)波形图

图 8-27　555 构成的多谐振荡器

2.555 集成时基电路组成的单稳态触发器

555 集成时基电路组成的单稳态触发器的电路图如图 8-28(a)所示。R、C、C_1 是外接元件。u_i 输入为一个负的触发脉冲信号。负脉冲到来前 u_i 为高电平,其值大于 $V_{CC}/3$,555 输出 u_o 为 **0**,DIS 端(7 管脚)接地,电路处在稳定状态;当负触发脉冲到来时,因 u_i 小于 $V_{CC}/3$,555 输出翻转为 **1**,DIS 端悬空,电源向 C 充电使其两端电压 u_C 上升,进入暂稳态,当 u_C 略大于 $2V_{CC}/3$ 时,输出 u_o 从高电平返回低电平,DIS 端接地,电容 C 上的电荷很快经 DIS 端放电,暂态结束,恢复稳态,为下一个触发脉冲的到来做好准备。暂稳态的持续时间 t_o(即为延时时间)取决于外接元件 R、C 值的大小。

可见输入一个窄脉冲触发,可得到一个宽的矩形脉冲,通过改变 R、C 的大小,可使延时时间在几微秒到几十分钟之间变化,这种单稳态电路可作为延时器使用。

暂稳态的持续时间为

$$t_o = 1.1RC$$

3.555 集成时基电路组成的双稳态触发器

555 集成时基电路组成的双稳态触发器又称为施密特触发器,其电路图、波形图和传输特性如图 8-29 所示,只要将管脚 2、6 连在一起作为信号输入端即可,触发电平分为 $V_{CC}/3$

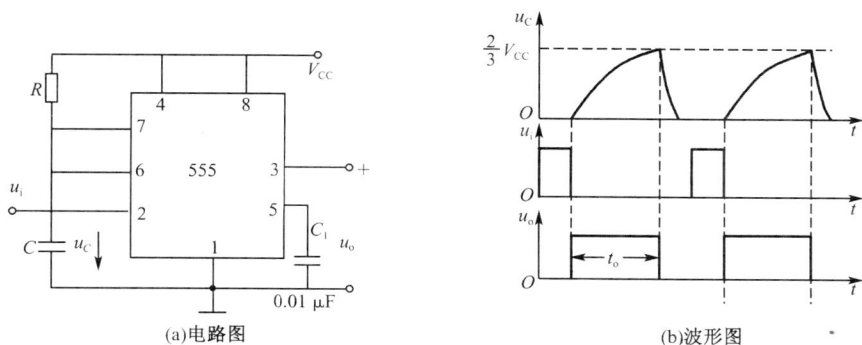

(a)电路图 (b)波形图

图 8-28 555 集成时基电路组成的单稳态触发器

和 $2V_{CC}/3$，回差电压为 $V_{CC}/3$。

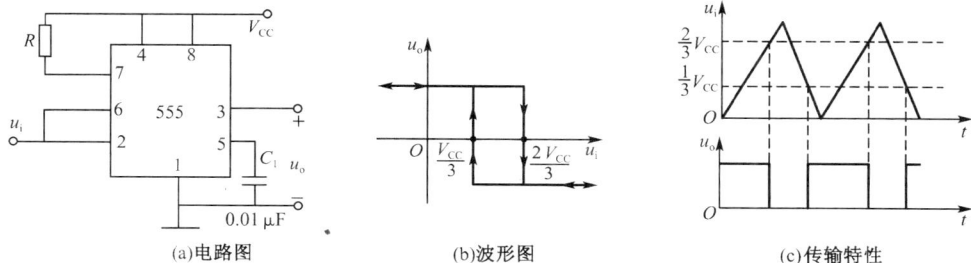

(a)电路图 (b)波形图 (c)传输特性

图 8-29 555 集成时基电路组成的双稳态触发器

8.4 5G8038 多种函数信号发生集成电路

8.4.1 5G8038 多种函数信号发生集成电路的管脚功能

函数发生器是一种在科研和生产中经常用到的基本波形产生器，随着大规模集成电路的迅速发展，多功能信号发生器已被制作成专用集成电路，如国内生产的 5G8038 单片函数波形发生器，可以产生精度较高的正弦波、方波、矩形波、锯齿波等多种信号，其输出频率能在 20 Hz～5 kHz 范围内连续调整，电路调试简单，性能稳定，使用方便。该产品与国外的 ICL8038 功能相同。产品的各种信号频率可以通过调节外接电阻和电容的参数值进行调节，为快速而准确地实现函数信号发生提供了极大的方便。

5G8038 采用单电源供电，电源电压范围为 10～30 V；若采用双电源供电，电源电压的范围是 ±5～±15 V。

集成电路 5G8038 管脚图如图 8-30 所示，管脚序号和对应名称如下：

1—正弦波失真调节端；2—正弦波输出端；3—三角波/锯齿波输出端；4—恒流源调节（4 脚和 5 脚外接电阻，以实现占空比的调节）端；5—恒流源调节（外接电阻）端；6—正电源端；7—基准源输出端；8—调频控制输入端；9—方波/矩形波输出端（集电极开路输出）；10—外接电容 C；11—负电源或接地端；12—正弦波失真调节端；13—空置端；14—空置端。

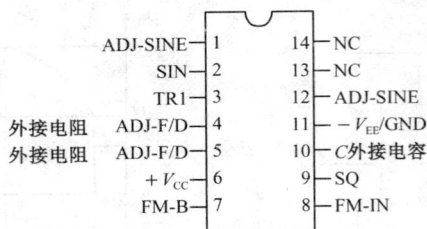

图 8-30　集成电路 5G8038 管脚图

8.4.2　5G8038 构成的实用多种函数信号发生器

电路如图 8-31 所示，S_1 是波段选择开关，S_2 是输出波形选择开关，电位器 R_{P1} 是频率细调，R_{P2} 调节波形占空比（$R_A = R_B$，输出方波），R_{P3}、R_{P4} 调节正弦波的失真度，R_{P5} 调节输出信号 u_o 的幅度。电位器应采用精密多圈电位器。

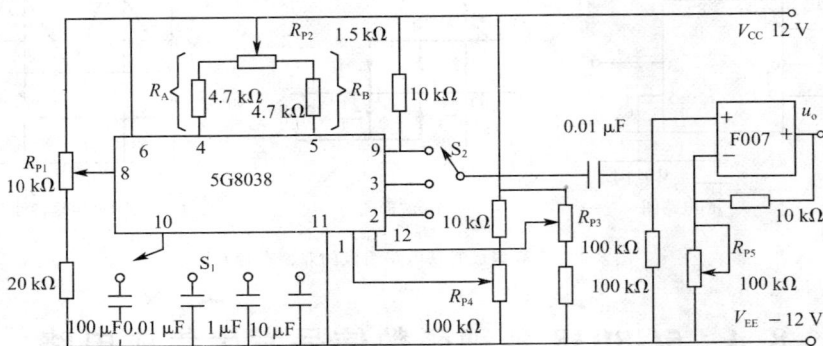

图 8-31　5G8038 构成的实用多种函数信号发生器

【项目实施步骤】

1. 按照电路图 8-1 连接电路。

2. 按书中所示的操作步骤进行电路调试、参数测试。

3. 分析测试结果，得出结论。

4. 总结操作过程出现的问题和解决方法。

【项目考核方法】

采取分组考核方法。教师（或是教师已经考核优秀的学生）对每个同学都要进行三次考核，分别是：

1. 电路连接情况。

2. 振荡器输出波形情况。

3. 实验数据记录情况，实验器材整理情况。

【项目实训报告】

项目实训报告内容应包括项目实施目标、项目实施器材、项目实施步骤、测试数据、结论、误差分析、实训体会，并将每次操作的结果填入表格中。

【新器件与新技术】电子设计自动化技术（EDA）

电子设计自动化 EDA（Electronic Design Automatic）是一种实现电子系统或电子产品

自动设计的技术,它吸收了计算机科学领域的最新研究成果,以高性能的计算机作为工作平台,促进了电子工程发展,因此是每个电子工程师必须掌握的一门新技术。EDA 技术伴随着计算机、集成电路、电子系统设计的发展,经历了计算机辅助设计 CAD、计算机工程设计 CAE 和电子设计自动化三个阶段。计算机辅助设计 CAD 解决了电子产品设计过程中绘图的问题;计算机工程设计 CAE 解决了电路设计描述、设计综合、设计优化、结果校验的问题;电子设计自动化则解决了用户想要自己开发设计芯片的问题,这样设计师从电路级产品开发转换为系统级产品开发。

印制电路板图(PCB)设计是电子系统设计的一个重要组成部分,早期的印制电路板图由人工完成,费时、费力而且极易出错。随着计算机技术的发展,电路设计中的很多工作都可以交由计算机来完成,从而减少了大量手工劳动,并且保证了设计的规范性。因此计算机辅助设计成为印制电路板图设计的主流。目前应用广泛的 CAD 软件是 Protel,它是一套建立在 PC 环境下的 EDA 电路集成设计系统,由于其高度的集成性与扩展性,Protel 成为新一代电气原理图工业标准。Protel 软件是由澳大利亚的 Protel Technology 公司推出的,一直是从事印刷电路板设计的首选软件。在 1999 年,Protel 公司推出了 Protel 99,而 Protel 99 SE 是由 Protel 99 版本发展而来的,是基于 Windows 环境下使用的 EDA 软件。主要的改进功能集中在印刷电路板设计方面,如增加了工作层的数目,增强了 PCB 的打印功能和电路板的 3D 预览功能等,是现在比较流行的 Protel 软件版本。Protel 99 SE 主要包含四部分内容:原理图设计系统,印刷电路板设计系统,电路仿真系统,可编程逻辑器件设计系统。

【实用资料】 Protel 99 SE 的元件库名中英文对照表

在使用 Protel 软件绘制电路原理图时,操作者遇到的重大问题是查找元件库。该软件提供的元件库全是英文,而且多为英文缩写,查找起来很不方便,限制了绘图的速度。表8-4 提供了英文元件库的对应中文名字,方便读者学习掌握。

表 8-4   **Protel 99 SE 元件库名中英文对照表**

序号	英文名(.Lib)	中文名	举例
1	74××	三极管、三极管逻辑门电路	74LS00
2	Bjt	双极型晶体管	2N1893
3	Buffer	缓冲器	LM6121
4	Camp	电路放大器	El2020
5	Cmos	场效应管、逻辑门电路	4511
6	Comparator	比较电路	
7	Crystal	石英晶体	
8	Diode	二极管、组件	IN4007
9	Igbt	绝缘栅型场效应管	
10	Jeft	结型场效应管	
11	Math	传递函数器件、加法器	
12	Mosfet	MOS 场效应管	
13	Misc	常用集成电路	

(续表)

序号	英文名(.Lib)	中文名	举例
14	Mesfet	大功率场效应管	
15	Opamp	集成运放、功率放大器	LM353
16	Opto	光耦	4N25
17	Regulator	稳压电路	7812
18	Telay	继电器、传送器	
19	Scr	晶闸管	
20	Simulation Symbols	模拟电路常用器件	R、C
21	Switch	控制开关、按钮	
22	Timer	时基电路	555、556
23	Transformer	变压器	
24	Transmission	传输线	
25	Triac	特殊晶体管	
26	Tube	显像管、电子管	
27	Ujt	单结晶体管	2N6077

【项目小结】

1.电路产生振荡的条件:幅度平衡条件和相位平衡条件,分别是

$$|\dot{F}\dot{A}|=1, \varphi_a+\varphi_f=2n\pi(n=0,1,2\cdots)$$

电路必须引入正反馈。

2.振荡器的组成包括放大器、选频网络、反馈网络、稳幅电路四部分。

3.按选频网络组成元件的不同,正弦波振荡器可分为 RC、LC 和石英晶体正弦波振荡器。

4.RC 正弦波振荡器常用于产生低频信号,振动频率为

$$f_0=\frac{1}{2\pi RC}$$

5.LC 正弦波振荡器按反馈电路不同又分为变压器反馈式、电感三点式和电容三点式振荡器。振荡频率为

$$f_0=\frac{1}{2\pi\sqrt{LC}}$$

其中 L、C 为选频网络的等效电感和电容。LC 正弦波振荡器常用于输出高频信号 。

6.石英晶体正弦波振荡器利用石英谐振器来选择信号频率,常用于对输出信号的频率稳定性要求高的场合。

7.非正弦信号波发生器一般由迟滞电压比较器和 RC 充放电电路组成。方波信号发生器加上积分电路就可构成三角波和锯齿波信号发生器。

8.555 集成时基电路是一种应用很广泛的器件。555 集成时基电路相当于一个可用模拟电压来控制翻转的 RS 触发器。常用于构成单稳态触发器、多谐振荡器、施密特触发器等脉冲产生或波形变换电路。

【项目练习题】

一、思考题

1.简述振荡器的特点、起振条件、电路组成及各部分的作用。

2.简述振荡器的分类、各类振荡器的特点及振荡频率的计算。

3.简述三点式振荡器起振条件。

4.石英晶体振荡器振荡频率的决定要素是什么？在不同形式的电路中晶体等效的性质是什么？

5.方波信号如何转换成三角波和锯齿波信号？

二、填空题

1.自激振荡器在起振时幅度条件应满足（　　），稳幅时幅度平衡条件应满足（　　）。振荡器中引入的反馈必须是（　　）反馈，一般可采用（　　）法来判断。

2.振荡器组成包括（　　）、（　　）、（　　）、（　　）四部分。

3.产生低频正弦波一般采用（　　）振荡器；产生高频正弦波一般采用（　　）振荡器；产生频率稳定度很高的正弦波一般采用（　　）振荡器。

4.锁相环输出信号的频率与基准信号频率（　　），但（　　）保持固定。锁相环是一个（　　）控制的反馈电路。

5.RC 桥式振荡器的幅度起振条件是（　　）。

三、判断题

1.振荡器要输出信号必须有输入信号。　　　　　　　　　　　　　　　　　（　　）

2.电容三点式正弦波振荡器的频率特性好,可输出高频信号。　　　　　　　（　　）

四、综合题

1.判断图 8-32 所示电路能否起振？

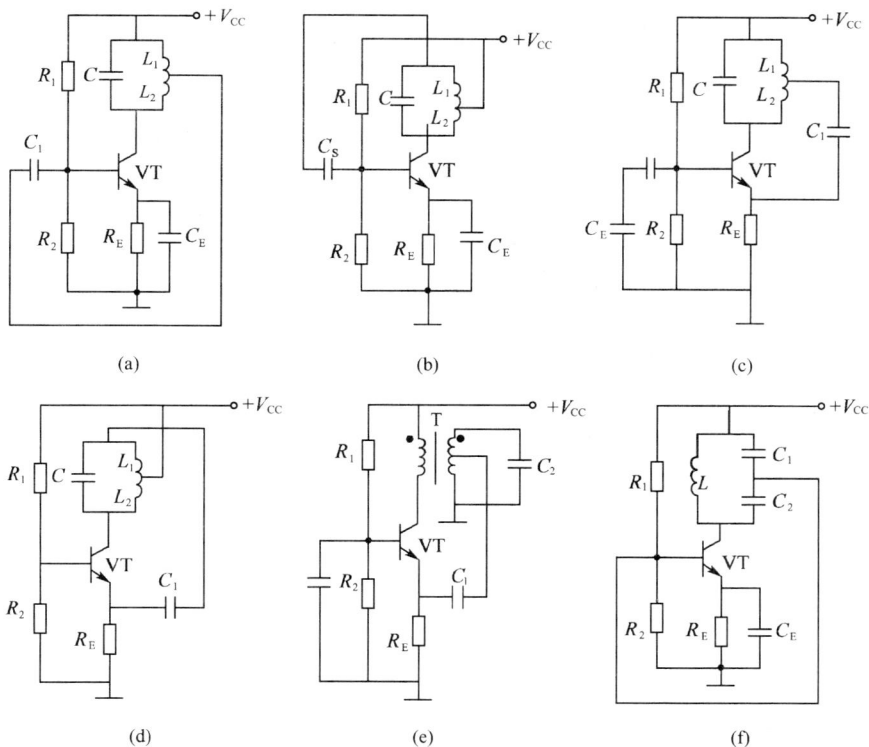

(a)　　　　　　　　　　　(b)　　　　　　　　　　　(c)

(d)　　　　　　　　　　　(e)　　　　　　　　　　　(f)

图 8-32　综合题 1 题图

2.判断图 8-33 所示电路能否起振,石英晶体是采用串联谐振还是并联谐振?

3.图 8-34 所示是一个多种波形信号发生器,试画出 u_{o1}、u_{o2}、u_{o3} 的波形,写出振荡频率表达式。

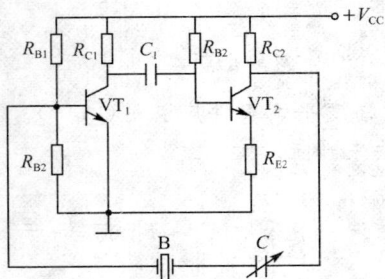

图 8-33　综合题 2 题图

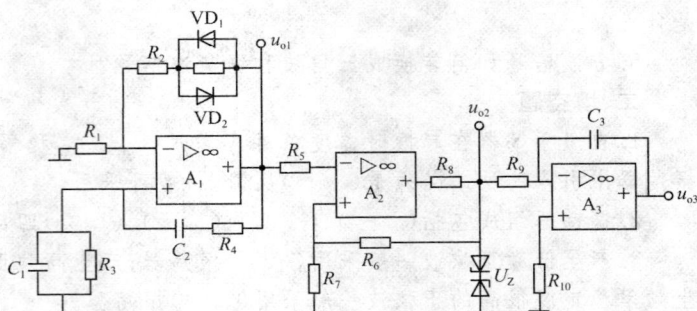

图 8-34　综合题 3 题图

4.在图 8-35 所示的 RC 桥式正弦波振荡器中,已知集成运算放大器的电源电压为 ±12 V。

(1)分析二极管稳幅电路的稳幅原理;

(2)设电路已经产生稳定的正弦振荡输出,当输出电压达到峰值时,二极管的正向压降约为 0.7 V,试估算输出电压的峰值;

(3)若不慎将 R_2 短路,输出电压的波形有什么变化?

(4)若将 R_2 开路,输出电压的波形将出现什么变化?

5.欲将图 8-36 所示的元器件连接成 RC 正弦波振荡器,如何连线?若要产生振荡频率为 1 kHz 的正弦振荡输出,当电容 $C=0.016\ \mu F$ 时,电阻 R 应选多大?

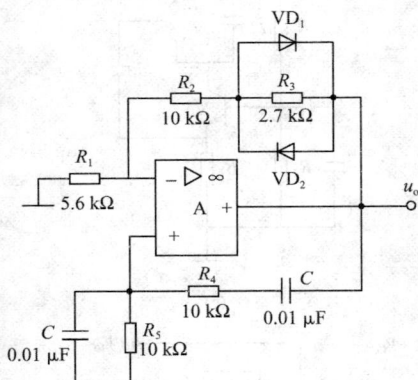

图 8-35　综合题 4 题图

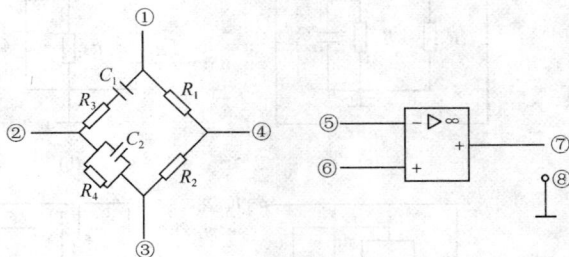

图 8-36　综合题 5 题图

项目 9

集成功率放大器及其应用

【知识目标】

1. 学习功率放大器的基本知识,掌握功率放大器的技术指标。

2. 熟悉常用的集成功率放大器的型号和特性。

3. 掌握集成功率放大器的典型应用。

【技能目标】

1. 能用目视法判断识别常见集成功率放大器。

2. 对集成功率放大器上标识的型号能正确识读,知晓该集成功率放大器的用途。

3. 会用万用表对集成功率放大器进行正确测量,并对其质量做出评价。

4. 会按照电路图连接实用集成功率放大器的应用电路。

【学习方法】

通过对各种集成功率放大器实物进行认识和检测,了解集成功率放大器的特点,判别集成功率放大器质量的好坏。通过亲自连接一些实用集成功率放大器的实际电路,了解掌握集成功率放大器的技术指标和用途。

【实施器材】

1. 不同功率的集成功率放大器:LM386、TDA2616/Q、LM1875 等。

2. 各种类型、不同规格的已经损坏的集成功率放大器若干(可到电子产品维修部寻找)。

3. 每两个人配备指针式万用表和数字式万用表各一只。

4. 连接电路中用到的其他电子元器件。

【初识集成功率放大器】

如图 9-1 所示,是一些常用的集成功率放大器的封装外形。

集成功率放大器的封装材料及外形有多种。最常用的封装材料有塑料、陶瓷及金属三种。封装外形最多的是圆筒形、扁平形及双列直插式。圆筒形金属壳封装多为 8 脚、10 脚及 12 脚,菱形金属壳封装多为 3 脚及 4 脚,扁平形陶瓷封装多为 12 脚及 14 脚,单列直插式塑料封装多为 9 脚、10 脚、12 脚、14 脚及 16 脚,双列直插式陶瓷封装多为 8 脚、12 脚、14 脚、16 脚及 24 脚,双列直插式塑料封装多为 8 脚、12 脚、14 脚、16 脚、24 脚、42 脚及 48 脚。集成功率放大器在使用时,一般都需要加装散热片,散热片的尺寸需要按照集成功率放大器

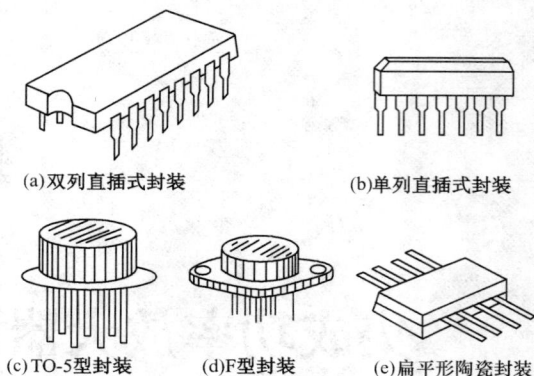

(a)双列直插式封装　　　　　　　　(b)单列直插式封装

(c)TO-5型封装　　　(d)F型封装　　　(e)扁平形陶瓷封装

图 9-1　常用的集成功率放大器的封装外形

的要求配备。

【集成功率放大器管脚顺序的识别】

集成功率放大器的封装外形不同,其管脚排列顺序也不一样。对圆筒形和菱形金属壳封装的集成电路,识别管脚时应面向管脚(正视),由定位标记所对应的管脚开始,按顺时针方向依次数到底即可,常见的定位标记有凸耳、圆孔及管脚不均匀排列等。

对单列直插式集成功放电路,识别其管脚时应使管脚向下,面对型号或定位标记,从定位标记对应一侧的第一只管脚数起,依次为 1、2、3…脚。这一类集成电路上常用的定位标记为色点、凹坑、小孔、线条、色带、缺角等。

有些厂家生产的集成电路,本是同一种芯片,为了便于在印刷电路板上灵活安装,其封装外形有多种。例如,为适合双声道立体声音频功率放大电路对称性安装的需要,其管脚排列顺序对称相反,一种按常规排列,即自左向右;另一种则自右向左,对这类集成电路,若封装上设有识别标记,按上述规律不难分清其管脚顺序。

有少数这类器件上没有管脚识别标记,这时应从它的型号上加以区别。若其型号后缀中有一字母 R,则表明其管脚顺序为自右向左反向排列。例如,M5115P 与 M5115PR、HA1339A 与 HA1339AR、HA1366W 与 HA1366WR 等,前者其管脚排列顺序自左向右,为正向排列,后者管脚排列顺序则自右向左,为反向排列。

对双列直插式集成电路,识别其管脚时,若管脚向下,即其型号、商标向上,定位标记在左边,则从左下角第一只管脚开始,按逆时针方向,依次为 1、2、3…脚;若管脚向上,即其型号、商标向下,定位标记位于左边,则应从左上角第一只管脚开始,按顺时针方向,依次为 1、2、3…脚。顺便指出,有个别型号集成电路的管脚,在其对应位置上有缺脚(即无此输出管脚)。对这种型号的集成电路,其管脚编号顺序不受影响。

【现学现用】　　用万用表对集成功放进行检测的方法

集成电路常用的检测方法有在线检测法、离线检测法和代换法。代换法是用已知完好的同型号、同规格集成电路来代换被测集成电路,可以判断出该集成电路是否损坏。

仅用万用表作为对集成功放检测工具,是业余维修中实用且常用的检测法。一般在没有专用仪器时,可以采用下述方法对集成功放进行检测:

1. 离线检测

这种方法是在集成功放块未焊入电路时进行的检测,一般情况下可用万用表测量各管脚对应于接地管脚之间的正、反向电阻值,并和完好的集成功放的各管脚对应于接地管脚之间的正、反向电阻值进行比较。

2.在线检测

这是一种通过万用表检测集成功放各管脚在线直流电阻、对地交直流电压以及总工作电流的检测方法。这种方法克服了代换法需要有可代换集成功放的局限性和拆卸集成功放的麻烦,是检测集成功放最常用和实用的方法。

(1)在线直流电阻检测法

这是一种用万用表欧姆挡,直接在线路板上测量集成功放各管脚和外围元件的正反向直流电阻值,并与正常数据相比较,来发现和确定故障的方法。测量时要注意以下三点:

①测量前要先断开电源,以免测试时损坏电表和元件。

②万用表欧姆挡的内部电压不得大于 6 V,量程最好用 $R \times 100$ 或 $R \times 1$ k 挡。

③测量集成功放管脚参数时,要注意测量条件,如被测机型、与集成功放相关的电位器的滑动臂位置等,还要考虑外围电路元件的好坏。

(2)直流工作电压测量法

这是一种在通电情况下,用万用表的直流电压挡对直流供电电压、外围元件的工作电压进行测量;检测集成功放各管脚对地直流电压值,并与正常值相比较,进而缩小故障范围,找出损坏的元件。

测量时要注意对表笔或探头采取防滑措施,因为任何瞬间短路都可能损坏集成功放。可采取如下方法防止表笔滑动:取一段自行车用气门芯套在表笔尖上,并长出表笔尖约 0.5 mm 左右,这既能使表笔尖良好地与被测试点接触,又能有效防止打滑,即使碰上邻近点也不会短路。

(3)交流工作电压测量法

为了掌握集成功放交流信号的变化情况,可以用带有 dB 插孔的万用表对集成功放的交流工作电压进行近似测量。检测时将万用表置于交流电压挡,正表笔插入 dB 插孔;对于无 dB 插孔的万用表,需要在正表笔上串接一只 $0.1 \sim 0.5$ μF 的隔直电容。该法适用于工作频率比较低的集成功放,如电视机的视频放大、行场扫描电路等。由于这些电路的固有频率不同,波形不同,所以所测的数据是近似值,只能供参考。

(4)总电流测量法

该法是通过检测集成功放电源进线的总电流,来判断集成功放好坏的一种方法。由于集成功放内部绝大多数为直接耦合,当集成功放损坏时(如某一个 PN 结击穿或开路)会引起后级饱和与截止,使总电流发生变化。所以通过测量总电流的方法可以判断集成功放的好坏。也可用测量电源通路中电阻的电压降,用欧姆定律计算出总电流值。

以上四种检测方法,各有利弊,在实际应用中最好将各种方法结合起来,灵活运用。例如,对音频功放集成电路进行检测时,应先检测其电源端(正电源端和负电源端)、音频输入端、音频输出端及反馈端对地的电压值和电阻值。若测得各管脚的数据值与正常值相差较大,其外围元件正常,则是该集成电路内部损坏。

又如对引起无声故障的音频功放集成电路,测量其电源电压正常时,可用信号干扰法来帮助检查。测量时,万用表应置于 $R \times 1$ 挡,将红表笔接地,用黑表笔点触音频输入端,正常时扬声器中应有较强的"喀喀"声。

再如对开关电源 PWM 集成电路进行检测时，开关电源集成电路的关键脚电压是电源端(V_{CC})、激励脉冲输出端、电压检测输入端、电流检测输入端。测量各管脚对地的电压值和电阻值，若与正常值相差较大，在其外围元器件正常的情况下，可以确定是该集成电路已损坏。内置大功率开关管的厚膜集成电路，还可通过测量开关管 C、B、E 极之间的正、反向电阻值，来判断开关管是否正常。

【实际操作】 用万用表对各种型号集成功率放大器的测量

1. 对各种集成功率放大器进行实物认识，读出印刷在集成功率放大器上的字母和数字，填在表 9-1 中。

表 9-1　　　　　　　　用万用表对各种型号集成功率放大器的测量记录表

序号	集成功率放大器上的字母和数字	属于哪种额定功率的集成放大器	生产厂家
1			
2			
3			
4			
5			
6			

2. 将指针式万用表的挡位选择在 $R×100$ 挡，对 LM386 集成功率放大器进行测量。按照表 9-2 中的要求，分别测量出集成功率放大器的各管脚对地间的正向电阻值和反向电阻值，将测量值填在表 9-2 中。

3. 将数字式万用表的挡位选择在测量二极管的挡位，对各种集成功率放大器的各管脚对地间的电压降进行测量，将测量值填在表 9-2 中。

表 9-2　　　　　　　　用万用表对 LM386 集成功率放大器的测量记录表

管脚序号	各管脚对地间的正向电阻值	各管脚对地间的反向电阻值	万用表挡位 $R×100$	用测量二极管的挡位测量各管脚对地间的电压降	备注
1					
2					
3					
4					
5					
6					
7					
8					

【知识链接】

9.1　功率放大电路

功率放大电路是电子电路的最末级，担负着驱动负载的任务。将信号以符合要求的功率和尽可能小的失真传递给负载，是功率放大电路要重点解决的问题。

功率放大器的种类很多,包括由分立元件组成的功率放大器和集成功率放大器,现在普遍使用的是集成功率放大器。特别是近些年来异军突起的"傻瓜"功率放大器和最新的 D 类放大器已经在电子产品中占据了重要位置。

9.1.1　功率放大电路的任务及功率晶体管的特点

电压放大电路均属小信号放大电路,它们主要用于增强信号的电压或电流的幅度。实际上,很多电子设备的输出要带动一定的负载,如驱动扬声器,使之发出声音;驱动电表,使其指针偏转;控制电机工作等,这就要求放大电路要向负载提供足够大的信号功率。能输出信号功率足够大的电路就是功率放大电路,简称功放。

1. 功率放大电路的任务

电子设备中的放大器一般由前置放大器和功率放大器组成,如图 9-2 所示。前置放大器的主要任务是不失真地提高输入信号的电压或电流的幅度,而功率放大器的任务是在信号失真允许的范围内,尽可能输出足够大的信号功率,即不但要输出大的信号电压,还要输出大的信号电流,以满足负载正常工作的要求。

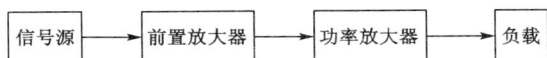

```
┌───────┐    ┌─────────┐    ┌─────────┐    ┌──────┐
│ 信号源 │───▶│ 前置放大器│───▶│ 功率放大器│───▶│ 负载 │
└───────┘    └─────────┘    └─────────┘    └──────┘
```

图 9-2　放大器组成框图

担任功率放大的晶体管习惯上称为功放管,一般由晶体三极管来担任,近些年来,随着场效应管制造工艺的提高,许多担任功放管的晶体三极管已经被场效应管所取代,因为场效应管不需要太大的驱动功率。在电路中,功放管都工作在接近于管子参数的极限状态,故选择功放管时要注意不要超过管子的极限参数,并且要留有一定的余量,同时要考虑在电路中采取必要的过流、过压保护措施,还要解决好管子的散热问题。在电路中,广泛使用复合管作为功放管。

2. 功率放大电路的主要技术指标

（1）输出功率

功放电路根据负载要求向负载提供有用信号功率。

一般对功率放大器都用最大输出功率来衡量它的放大能力。最大输出功率是指在输入信号为正弦波时,电路的输出波形不超过规定的非线性失真指标时,放大器的最大输出电压和最大输出电流有效值的乘积。即

$$P_{omm} = \frac{U_{omm}}{\sqrt{2}}\frac{I_{omm}}{\sqrt{2}} = \frac{1}{2}U_{omm}I_{omm}$$

（2）效率

放大电路提供给负载的功率是由直流电源提供的。放大电路的效率定义为放大电路输出给负载的功率与直流电源所提供的功率之比。即

$$\eta = \frac{P_o}{P_{DC}}$$

当直流电源所提供的功率一定时,为了向负载提供尽可能大的信号功率,必须减少功率放大电路自身的损耗。

（3）管耗

功放电路中直流电源提供的功率除了供给负载外，其他部分主要被功放管所消耗，这部分功率称为管耗，即

$$P_C = P_{DC} - P_o$$

（4）非线性失真

由于在功率放大电路中，三极管的工作点在大范围内变动，输出波形的非线性失真比小信号放大电路要严重得多。在实际的功率放大电路中，应根据负载的要求来规定允许的信号失真范围。

3. 使用功放管需要注意的几个问题

功放管的作用是把直流电源的能量按照输入信号的变化规律传送给负载。电路工作在大信号情况下，功放管的管耗较大，必须考虑其散热问题。又由于功放管处于大电流、高电压状态，故还需考虑其安全和保护问题。

（1）功放管的散热问题

功放管的集电极损耗导致管子发热，结温上升。当结温超过允许值时（硅管约 150 ℃，锗管约100 ℃），晶体管将会损坏。为了使放大器能输出大的功率且功放管又不致损坏，需给功放管安装散热片，以散发集电极产生的热量，必要时还需要采用风冷、水冷、油冷等方法来进行散热。图 9-3 所示为某功放管的最大输出功率和工作环境温度的关系（$P_{Cm}-T_a$）曲线。由图可知，若不加散热片，管子的最大输出功率 P_{Cm} 只有 2 W，加了 $200 \times 200 \times 3$ mm³ 的铝散热片后，管子的最大输出功率 P_{Cm} 可提高到 10 W。

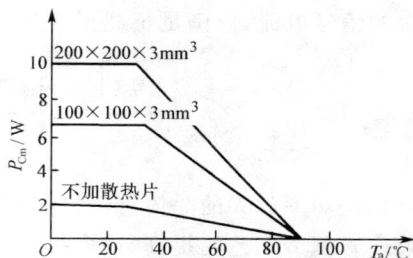

图 9-3　功放管的最大输出功率和工作环境温度的关系（$P_{Cm}-T_a$）曲线

（2）功放管的安全使用

为了确保功放管的安全使用，在设计电路时，应使管子工作于其伏安特性的安全区内，尽量减少电路产生过压和过流的可能性。其次要采取适当的过压保护和过流保护电路。为了防止感性负载使电路产生过压或过流，可在感性负载的两端并联阻容网络。

9.1.2　功放电路的类型

1. 按照功放管静态工作点分类

功率放大电路按照功放管静态工作点的不同，可分为甲类、乙类和甲乙类，在高频功放中还有丙类和丁类。

甲类功放的三极管其静态工作点在放大区的中间，所以在输入信号的整个周期内，管子中都有电流流过。电压放大电路由于信号比较小，实际上都工作在甲类放大状态。

乙类功放的三极管其静态工作点在放大区与截止区的交线上，在输入信号的一个周期内，管子只在半个周期内有电流流过，显然，乙类功率放大电路需要两个管子分别对信号的正负半周进行放大，才能完成对信号的放大。

甲乙类功放的三极管其静态工作点在靠近截止线的放大区内，在信号的一个周期内，管

子在半个多周期内有电流流过,显然,甲乙类功率放大电路也需要两个管子才能完成对信号的放大。这三种类型的功放其三极管的集电极电流波形如图9-4所示。

甲类功放电路的优点是失真波形小,缺点是静态工作点电流大,管耗大,放大电路效率低,它主要用于小功率放大电路中。乙类和甲乙类功率电路的优点是管耗小,放大电路效率高,故在功率放大电路中得到广泛应用。在实际电路中,均采用两管轮流导通的推挽电路来减小失真和增大输出功率。

2.按功放电路中输出信号与负载的耦合方式分类

按功放电路中输出信号与负载的耦合方式,可分成变压器耦合功放电路、OTL功放电路、OCL功放电路和BTL功放电路等。

(1)变压器耦合功率放大电路

传统的功率放大电路常常采用变压器耦合方式。图9-5所示为一个典型的变压器耦合功率放大电路的原理图及工作波形图。在图中 T_1 为输入变压器,T_2 为输出变压器,当输入电压 u_i 为正半周时,VT_1 导通,VT_2 截止;当输入电压 u_i 为负半周时,VT_2 导通,VT_1 截止。两个三极管的集电极电流 i_{C1} 和 i_{C2} 均只有半个正弦波,但通过输出变压器 T_2 耦合到负载上,负载电流 i_L 和输出电压 u_o 则基本上是正弦波。

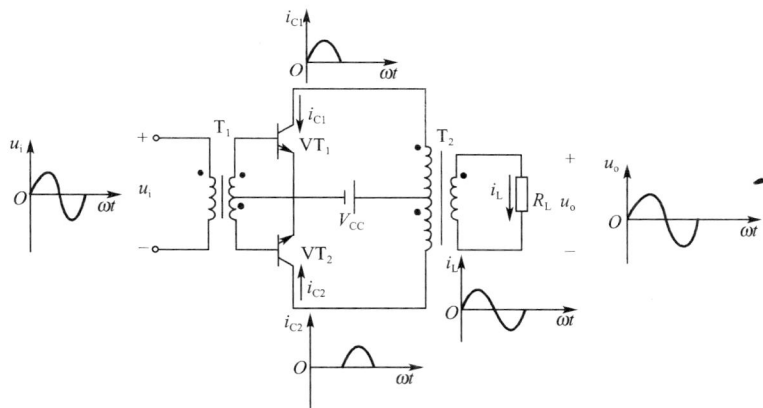

图 9-5 变压器耦合乙类推挽功率放大电路
的原理及工作波形图

功率放大电路采用变压器耦合方式的主要优点是便于实现阻抗匹配,有利于信号的最大传输。但变压器体积庞大,比较笨重,消耗有色金属,而且其低频和高频特性不好,在引入负反馈时还容易产生自激,所以除了对频率特性要求不高的电路(如实验用的单波段收音机)外,一般都不采用这种功放电路。

(2)OCL互补对称功率放大电路

如图9-6(a)所示为OCL乙类互补对称功率放大电路,它采用正、负双电源供电,VT_1、VT_2 为两个特性相同的异型三极管。

当 $u_i=0$ 时,VT_1、VT_2 均处于零偏置,两管的基极电流 $I_{BQ}=0$,集电极电流 $I_{CQ}=0$,输出电压 $u_o=0$,此时管子不消耗功率。

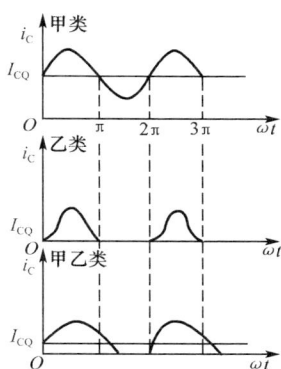

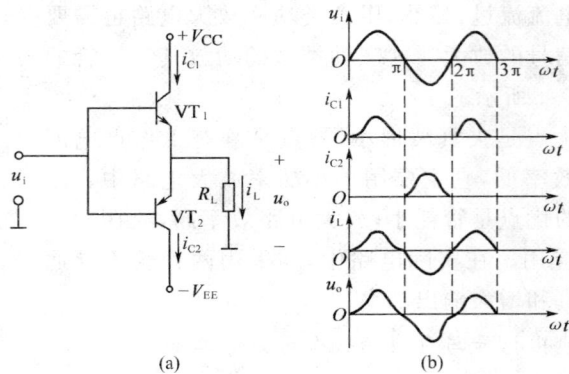

图 9-6　OCL 乙类互补对称功率放大电路及波形图

在有正弦信号 u_i 输入时：

在信号 u_i 的正半周，VT_2 因发射结反偏而截止，VT_1 因发射结正偏而导通，此时正电源 V_{CC} 通过 VT_1 向 R_L 提供电流 i_{C1}，输出电压 $u_o \approx u_i$，如图 9-6(b)所示。

在信号 u_i 的负半周，VT_1 因发射结反偏而截止，VT_2 因发射结正偏而导通，此时负电源 V_{EE} 通过 VT_2 向 R_L 提供电流 i_{C2}，输出电压 $u_o \approx u_i$。

可见 VT_1、VT_2 两管轮流导通，使负载 R_L 上得到了与输入信号波形相近、功率放大了的信号。由于 VT_1、VT_2 两管都只在半个周期内有电流流过，故此电路属于乙类放大电路。又由于该电路输出端没有采用电容与负载耦合，故又称为 OCL（没有输出耦合电容）电路。

在 OCL 互补对称放大电路中，若输入信号的幅度足够大，其最大不失真输出电压的幅度要受三极管饱和压降的影响，故最大不失真输出电压的幅度为

$$U_{omm} = V_{CC} - U_{CE(sat)} \approx V_{CC}$$

式中，$U_{CE(sat)}$ 为三极管的饱和压降，通常较小（硅管为 0.3 V，锗管为 0.1 V），可以忽略不计。

OCL 互补对称放大电路的最大输出功率为

$$P_{omm} = \frac{1}{2} U_{omm} I_{omm} = \frac{U_{omm}^2}{2R_L} = \frac{(V_{CC} - U_{CE(sat)})^2}{2R_L} \approx \frac{V_{CC}^2}{2R_L}$$

由于每个管子只在半个周期内有电流流过，故每个管子的集电极电流平均值为

$$I_{C1} = I_{C2} = \frac{1}{2\pi} \int_0^\pi \sin\omega t \, d(\omega t) = \frac{I_{Cm}}{\pi}$$

电路中正负电源所提供的总功率为

$$P_{DC} = 2 I_{C1} V_{CC} = \frac{2V_{CC} I_{Cm}}{\pi} = \frac{2V_{CC}(V_{CC} - U_{CE(sat)})}{\pi R_L} \approx \frac{2V_{CC}^2}{\pi R_L}$$

所以 OCL 互补对称功放的效率为

$$\eta = \frac{P_o}{P_{DC}} = \frac{\pi}{4} \cdot \frac{U_{omm}}{V_{CC}}$$

可以算出，乙类功放的最大理论效率为

$$\eta_m = \frac{\pi}{4} \cdot \frac{U_{omm}}{V_{CC}} = \frac{\pi}{4} \cdot \frac{V_{CC} - U_{CE(sat)}}{V_{CC}} \approx \frac{\pi}{4} = 78.5\%$$

但由于功放管的饱和压降和元件损耗等因素，乙类互补对称功率放大电路的效率仅能达到 60% 左右。

理论分析表明,当电路的输出功率最大时,三极管的管耗并不是最大,这也正是功放管可以工作在极限值的原因之一。

在乙类功率放大电路中,当输入电压 u_i 的幅度小于三极管输入特性曲线上的死区电压时,VT_1、VT_2 均不能导通,故输出信号的波形在过零点附近的一个区域内将出现明显的失真,这种失真称为交越失真,其波形如图 9-6(b)所示。

为了减小乙类功放特有的交越失真,改善电路的输出波形,同时要考虑到电路的效率,通常给功放管的发射结加一个很小的正向偏置电压,使两管在静态时均处于微导通状态,这样当两个三极管轮流导通工作时,输出信号的交替比较平滑,从而减小了交越失真,此时管子已工作在甲乙类功放状态。

如图 9-7 所示,是一个 OCL 甲乙类互补对称功率放大电路。图中 R、VD_1、VD_2 加在 VT_1、VT_2 两管的基极之间,以供给 VT_1、VT_2 一定的偏压。在工程估算中,由于静态电流较小,所以这种电路仍可以用乙类互补对称功放电路的有关公式来估算电路的输出功率和效率等性能指标。

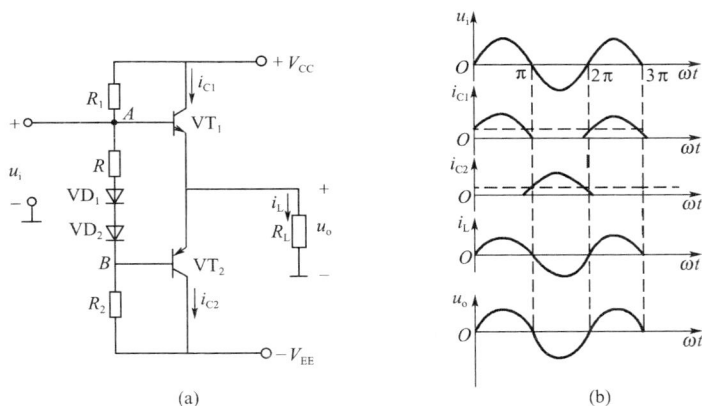

图 9-7 OCL 甲乙类互补对称功率放大电路

在 OCL 甲乙类互补对称功率放大电路中常用的偏置电路还有 U_{BE} 扩大电路,如图 9-8 所示。只要调节电路中的电阻 R_1 和 R_2 的比值,便可满足电路中对偏置电压的需要。

【例 9-1】 如图 9-7 所示的 OCL 功率放大电路,已知 $V_{CC} = V_{EE} = 12\ V$,$R_L = 8\ \Omega$,试估算该放大电路的最大不失真输出电压 U_{omm}、最大输出功率 P_{omm}、此时电源供给的功率 P_{DC}。

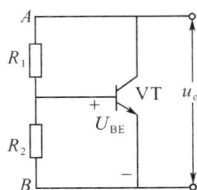

图 9-8 U_{BE} 扩大电路

解: 最大不失真输出电压幅度

$$U_{omm} \approx V_{CC} = 12\ V$$

最大输出功率

$$P_{omm} = \frac{V_{CC}^2}{2R_L} = \frac{12^2}{2 \times 8} = 9\ W$$

电源供给功率

$$P_{DC} = \frac{2V_{CC}^2}{\pi R_L} = \frac{2 \times 12^2}{\pi \times 8} = 11.5\ W$$

（3）OTL 互补对称功率放大电路

如图 9-9 所示，为典型的 OTL 互补对称功率放大电路。

OTL（没有输出变压器）互补对称功率放大电路与变压器耦合功率放大电路及 OCL 互补对称功率放大电路相比，其主要特点是：

①没有输出变压器；

②只用一路直流电源 V_{CC}；

③用电容 C 代替了 OCL 功放电路中负电源的作用。

OTL 互补对称功率放大电路工作在静态时，调整电阻

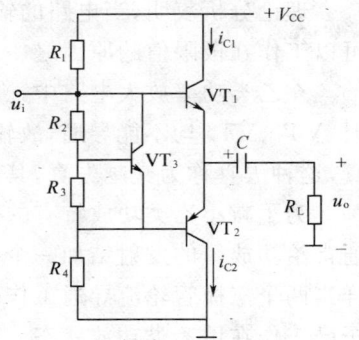

图 9-9　OTL 互补对称功率放大电路

R_1 和 R_4 的值，使 VT_1、VT_2 两管的发射极电位为 $\dfrac{V_{CC}}{2}$，则电容 C 两端的电压也为 $\dfrac{V_{CC}}{2}$。VT_2 导通时则依靠电容上所充的电压供电。

调节电阻 R_2 和 R_3 的阻值，可以使 VT_1、VT_2 有一定的静态电流，用来保证功放管工作在甲乙类状态，从而消除交越失真。

OTL 互补对称功率放大电路工作在动态时，在输入信号 u_i 的正半周，VT_1 导通，VT_2 截止，此时 $V_{CC} - \dfrac{V_{CC}}{2} = \dfrac{V_{CC}}{2}$ 的直流电压通过 VT_1 向 R_L 提供电流 i_{C1}，且 V_{CC} 向电容 C 充电。

在输入信号 u_i 的负半周，VT_1 截止，VT_2 导通，此时电容 C 两端的电压 $\dfrac{V_{CC}}{2}$ 通过 VT_2 向 R_L 提供电流 i_{C2}。

由于 OTL 互补对称功率放大电路的 VT_1、VT_2 两管实际工作电压仅为 $\dfrac{V_{CC}}{2}$，故其指标的估算与 OCL 不尽相同。OTL 电路与 OCL 电路性能指标的估算结果比较见表 9-3。

表 9-3　　　　　　　OTL 电路与 OCL 电路性能指标的估算结果比较

性能指标	OCL 功放电路	OTL 功放电路
最大输出电压（U_{omm}）	$V_{CC} - U_{CE(sat)}$	$\dfrac{V_{CC}}{2} - U_{CE(sat)}$
最大输出功率（P_{omm}）	$\dfrac{(V_{CC} - U_{CE(sat)})^2}{2R_L}$	$\dfrac{(\dfrac{V_{CC}}{2} - U_{CE(sat)})^2}{2R_L}$
电源供给功率（P_{DC}）	$\dfrac{2V_{CC}^2}{\pi R_L}$	$\dfrac{V_{CC}^2}{2\pi R_L}$
单管管耗（P_{C1m}）	$0.2 P_{omm}$	$0.2 P_{omm}$
最大理论效率（η）	78.5%	78.5%
对功放管的要求	$U_{(BR)CEO} \geqslant 2V_{CC}$ $I_{Cm} \geqslant I_{C1m} = \dfrac{V_{CC}}{R_L}$ $P_{omm} \geqslant P_{C1mm} = 0.2 P_{omm}$	$U_{(BR)CEO} \geqslant V_{CC}$ $I_{Cm} \geqslant I_{C1m} = \dfrac{V_{CC}}{2R_L}$ $P_{omm} \geqslant P_{C1m} = 0.2 P_{omm}$

（4）采用复合管的功放电路

如图 9-10 所示，是由复合管组成的甲乙类互补对称功率放大电路。由于组成复合管的大功放管是同种类型的管子，但组成的复合管却是两种类型，所以由复合管组成的功放电路

又称为"准互补对称电路"，这种电路解决了两种不同类型的大功放管不好配对的问题。

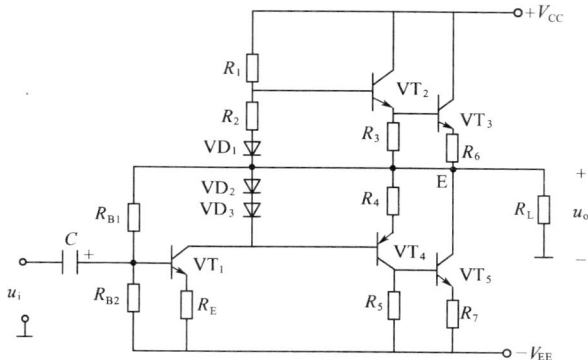

图 9-10　由复合管组成的甲乙类互补对称功率放大电路

各元件的作用如下：

（1）VT_1、R_{B1}、R_{B2}、R_E 组成前置电压放大级，R_{B1} 接至 E 点，构成电压并联负反馈，并且是交、直流负反馈，既改善了电路的性能，又能稳定电路的静态工作点；

（2）VT_2、VT_3 两管组成 NPN 型复合管，VT_4、VT_5 两管组成 PNP 型复合管。由于 VT_3、VT_5 为同一类型的大功放管，使电路有较好的对称性；

（3）R_2、VD_1、VD_2、VD_3 构成输出级的小正偏电路，用来消除交越失真；

（4）R_3、R_5 是泄放电阻，给小功放管的穿透电流提供回路，以免使之流入大功放管，可以提高复合管的温度稳定性；

（5）R_4 是 VT_2、VT_4 管的平衡电阻，可保证 VT_2、VT_4 管的输入电阻对称；

（6）R_6、R_7 是阻值很小的电阻，具有负反馈作用，以提高电路的工作稳定性，同时还具有过流保护作用。

9.2　集成功率放大器及其应用

集成功率放大器除具有一般集成电路的特点外，还具有温度稳定性好、电源利用率高、功耗低、非线性失真小等优点。有时还将各种保护电路如过流保护、过压保护、过热保护等电路集成在芯片内部，使集成功率放大器的使用更加安全可靠。

集成功放的种类很多，从用途上分，有通用型功放和专用型功放；从芯片内部的电路构成划分，有单通道功放和双通道功放；从输出功率来分，有小功率功放和大功率功放等。

9.2.1　LM386——小功率通用型集成功放

LM386 是目前应用较广的一种小功率通用型集成功率放大电路，其特点是电源电压范围宽（4～16 V）、功耗低（常温下是 660 mW）、频带宽（300 kHz）。此外，电路的外接元件少，应用时不必加散热片，广泛应用于收音机、对讲机、双电源转换、方波和正弦波发生器等。

如图 9-11(a)所示，为其内部电路图，图 9-11(b)为其管脚排列图。此集成功放采用 8 脚双列直插式塑料封装,管脚 1 和 8 之间外接阻容电路可改变集成功放的电压放大倍数(20～200),当 1 脚和 8 脚间开路时电压放大倍数为 20,当 1 脚和 8 脚间短路时,电压放大倍数为 200。

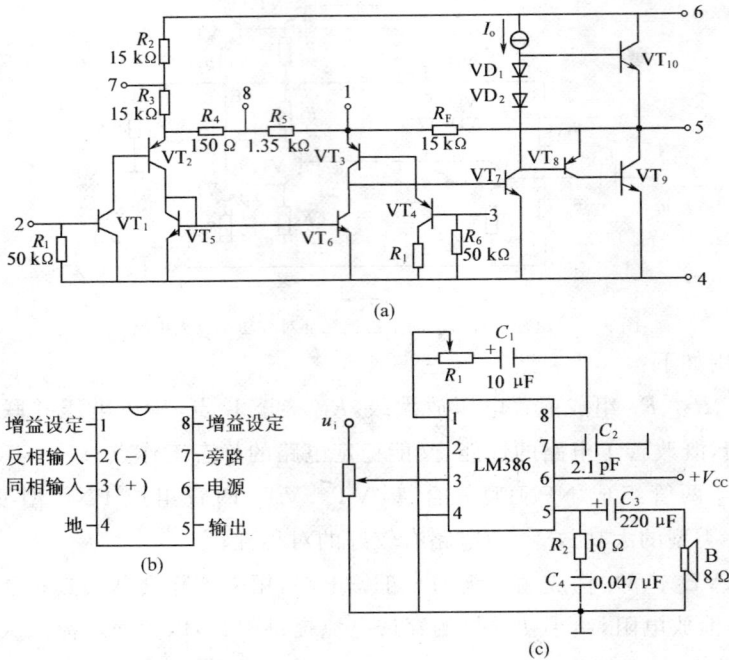

图 9-11 LM386 集成功率放大电路

图 9-11(c)为 LM386 的典型应用电路,用于对音频信号的放大。图中 R_1、C_1 是用来调节电压放大倍数的;C_2 是去耦电容,它可防止电路产生自激;R_2、C_4 组成容性负载,用以抵消扬声器部分的感性负载,可以防止在信号突变时,扬声器感应出较高的瞬时电压而导致器件的损坏,且可改善音质;C_3 为功放的输出电容,使集成电路构成 OTL 功放电路,这样整个电路使用单电源,降低了对电源的要求。

9.2.2 TDA2616/Q——中功率集成功放

TDA2616/Q 是 PHILIPS 公司生产的具有静噪功能的 12 W 双声道高保真功率放大器,主要用于对音频信号的放大,多用在立体声录音机中。TDA2616/Q 采用 9 脚单列直插式封装,各管脚功能如图 9-12(a)所示。其中 2 脚为静音控制端,当该脚接低电平时,TDA2616/Q 处于静音状态,输出端停止输出;2 脚接高电平时,TDA2616/Q 处于工作状态。TDA2616/Q 的最大输出功率为 15 W,失真度不大于 0.2%。TDA2616/Q 既可以使用单电源供电,也可采用双电源供电,这是它的一个特点,非常方便实用。采用单电源供电时的应用电路如图 9-12(b)所示,这时电路构成了 OTL 电路;采用双电源供电时的应用电路如图 9-12(c)所示,这时电路构成了 OCL 电路。当然,两种形式的电路其输出功率是不同的。

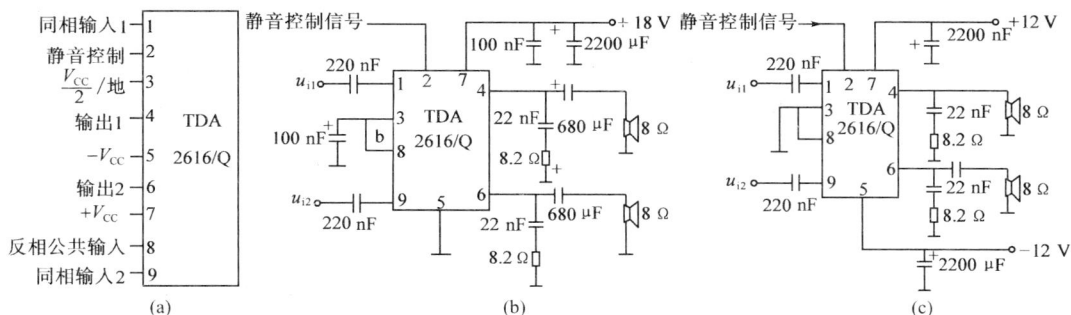

图 9-12　TDA2616/Q—中功率集成功放及其应用

9.2.3　LM1875 集成功放

LM1875 的外形和管脚图如图 9-13 所示。

在图中,1 脚是同相输入端,2 脚是反相输入端;电路采用单电源供电时,3 脚接地,电路采用双电源供电时,3 脚接负电源;4 脚是输出端;5 脚接正电源。

LM1875 适合用在音频放大、伺服放大、测试系统中的功率放大场合,其外围元件少,最大不失真功率达 30W,最大输出电流 4 A。用单、双电源均能工作,电路内还自备过载、过热以及抑制反电动势的安全保护电路(用于感性负载时)。

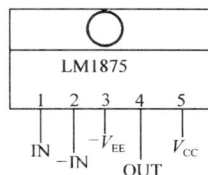

图 9-13 LM1875 的外形和管脚图

用 LM1875 集成功率放大器可以构成 OTL 电路,如图 9-14 所示,还可以构成 OCL 电路,如图 9-15 所示。

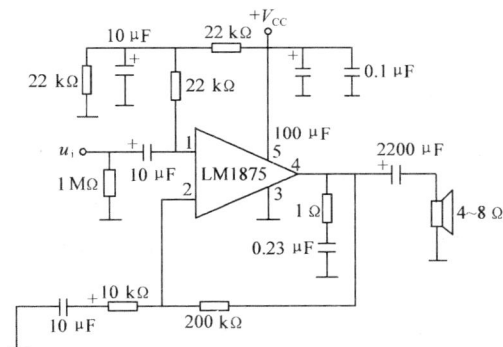

图 9-14　用 LM1875 集成功放构成 OTL 电路

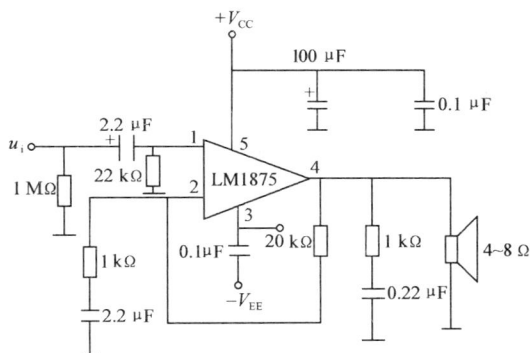

图 9-15　用 LM1875 集成功放构成 OCL 电路

用 LM1875 做成的音响放大电路其音域宽广,音色诱人,输出的功率与性能均优于同类的产品,如 TDA2030A。

9.2.4　"傻瓜"型集成功放

近几年来,市场上出现了一种号称"傻瓜功放"的集成功放,这是一个功能电路模块,其内部电路与 OTL 或 OCL 电路大体相同。如图 9-16(a)所示,为 1006 型"傻瓜"功放模块的内部电路框图,可以看到,它是由前置级、驱动级和互补推挽输出级组成,另外还包括了滤波、静噪和一些保护电路。这些电路的全部元器件都集成在一块基片上,然后加以封装,模块的外部只需接上音源、扬声器和电源,不需要进行复杂的调试就能令人满意地工作,是一种使用方便、性能良好的通用型集成功放。

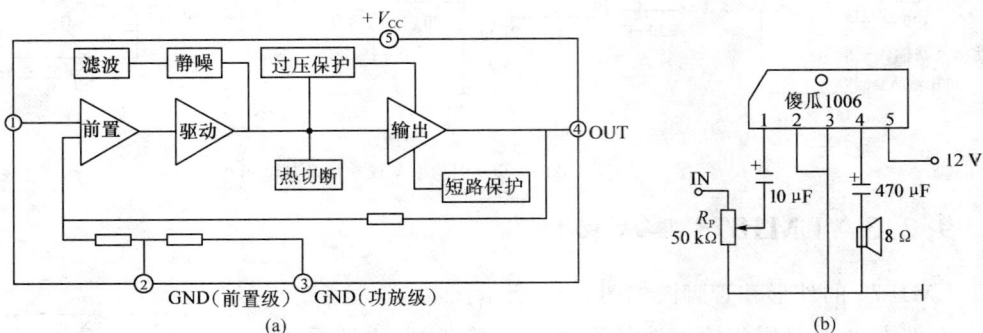

图 9-16　1006 型"傻瓜"功放模块内部电路框图及其典型应用

图 9-16(b)为 1006 型"傻瓜"功放模块的典型应用,它组成了一个 OTL 音频功率放大电路。"傻瓜"1006 功放的最大输出功率为 6 W,电源电压范围是 8～18 V,负载阻抗为 4～8 Ω。1006 功放模块是"傻瓜"系列中输出功率最小的一个品种,俗称"小傻瓜"。

如图 9-17 所示,为"傻瓜"功放模块 175 的典型应用。它采用 ±35 V 电源供电,最大输出功率为 75 W。这种功放模块的闭环增益为 30 dB,频率响应为 10 Hz～50 kHz,失真度不大于 0.7%。

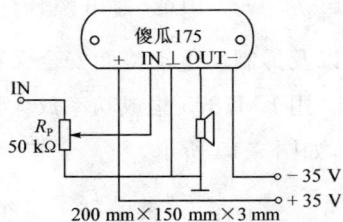

图 9-17　"傻瓜"功放模块 175 的典型应用

【新器件与新技术】　D 类功率放大器

随着人民生活水平的提高,许多人特别是音响发烧友们对音频功率放大器能否完美不失真地还原声音的要求近乎于苛刻。模拟的功率放大器经过了几十年发展,在这方面的技术已经相当成熟,可以说是达到了登峰造极的地步。随之而来的是环保与能量的利用率渐渐成为人们所关注的问题,正因为这样,广大消费者对功放的效率要求越来越高。但是模拟功率放大器在这方面几乎达到了极限。另外模拟磁带播放机如录音机逐步被淘汰,数字光碟播放机如 CD、VCD、DVD 等已占据主流。针对这一现实,数字功放应运而生。音响中用的功率放大器,常用的是甲(A)类或者甲乙(AB)类功放,近年来,利用脉宽调制原理设计的 D 类功放也进入音响领域。D 类放大器比较特殊,功放管只有两种工作状态:不是导通就是截止。因此,它不能直接输入模拟音频信号,而是需要将信号进行某种变换后再放大。人们把此种具有"开关"方式的放大,称为"数字放大器",又叫做 D 类放大器。

D 类放大器与模拟功放相比有如下一些明显优势:

(1)整个频段内无相对相移,声场定位准确

由于采用无负反馈的放大电路、数字滤波器等处理技术,可以将输出滤波器的截止频率

设计得较高,从而保证在 20 Hz～20 kHz 内得到平坦的幅频特性和很好的相频特性。

(2)瞬态响应好,即"动态"特性好

由于它不需传统功放的静态电流消耗,所有能量几乎都是为音频输出而储备,加之无模拟放大、无负反馈的牵制,故具有更好的"动态"特征。

(3)无过零失真

传统功放由于对管配对不对称及各级调整不佳容易产生交越失真。

(4)效率高、可靠性高、体积小

D 类功放中的功率晶体管工作在开关状态,其效率高达 80 % 至 90 % 以上,使用时不需要对功放管加装散热器,或者只需要一只很小的散热器,特别适合用在汽车等场合。在 D 类功放中的开关管绝大多数采用的是 MOSFET 管,它的开关导通电阻较小,一般远远小于 1 Ω,所以热损耗很小。

目前的 Hi-Fi 音响和家庭影院系统中,输出声道多至 2～6 个,每个声道功率达 20～80 W,甲类、乙类和甲乙类功放的效率按 30% 计算,电源直流功率需达 300 W 以上,而采用 D 类放大器,直流功率仅需要 125 W。

这里介绍一个用 IC555 电路制作的简易 D 类放大器,如图 9-18 所示。

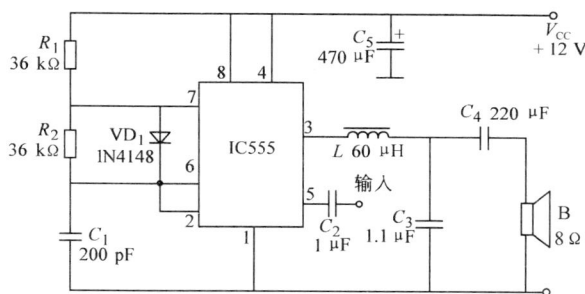

图 9-18　用 IC555 电路制作的 D 类放大器

IC555 和 R_1、R_2、C_1 等组成 100 kHz 多谐振荡器,占空比为 50%,在控制端 5 脚输入音频信号,从 3 脚便可输出一个脉宽与输入信号幅值成正比的脉冲信号,经 L、C_3 进行低通滤波后,将音频信号送到扬声器发声。此电路不需调试,自己做很容易成功。

现在常用的几种 D 类功率放大器的型号有:

TPA2000D2:是一种无需滤波器的新型 D 类音频功率放大集成电路。

TPA20102:6 W/5 V/8 Ω,适用于音频功率放大。

96085X/200210/8391030TDA7480:10 W,适用于音频功率放大。

TDA7481C:18 W,适用于视频功率放大。

TDA7482:25 W,适用于音频功率放大。

【实用资料】　智能功率集成电路模块(IPM)

近几年来,我国进口了一些带有各种保护功能的功率集成电路,其输出功率大,各种保护措施齐全。常用的一些进口智能功率集成模块的型号和功能见表 9-4。

表 9-4   进口智能功率集成模块(IPM)的型号和功能

参数 型号	U_{CEO}/V	I_C/A	$U_{CE(sat)}/V$	内在保护功能单元				
				OC	SC	UV	OT	BR
MIG50Q201H	1200	50	3.5	√	√	√	√	√
MIG75Q202H	1200	75	3.5	√	√	√	√	√
MIG100Q201H	1200	100	3.5	√	√	√	√	√
MIG150Q101H	1200	150	3.5	√	√	√	√	×
MIG150Q201H	1200	150	3.5	√	√	√	√	√
MIG200Q101H	1200	200	3.5	√	√	√	√	×
MIG300Q101H	1200	300	3.5	√	√	√	√	×

注:1. OC—过流保护电路;SC—短路电流保护电路;UV—驱动电路低电压保护电路;OT—温度保护电路;BR—内设驱动电路。

2. 符号√:有保护功能;符号×:无保护功能。

【项目考核方法】

采用个人逐项考核方法,教师对每个学生进行两次考核。

1. 考核学生对常用集成功率放大器型号的熟悉程度。

2. 考核学生对各种功率放大器的电路形式进行识别和分析。

【项目实训报告】

实训报告包括项目实施目标、项目实施器材、项目实施步骤、实际功率放大器电路分析。

【项目小结】

1. 功率放大器的任务是向负载提供符合要求的交流功率,因此主要考虑的是失真度要小,输出功率要大,三极管的损耗要小,效率要高。主要技术指标是输出功率、管耗、效率、非线性失真等。

2. 提高功率放大电路输出功率的途径是提高直流电源电压,应选用耐压高、允许工作电流大、耗散功率大的功放管。

3. 互补对称功率放大电路(OCL、OTL)是由两个管型相反的射极输出器组合而成,功率三极管工作在大信号状态;为了解决功率三极管的互补对称问题,利用复合管可获得大电流增益和较为对称的输出特性。为保证功放输出级在同一信号下,两输出管交替工作,电路组成也可采用复合管的互补对称功率放大电路。

4. 集成功率放大器是当前功率放大器的发展方向,应用日益广泛。在应用集成功放电路时,应注意查阅器件手册,按手册提供的典型应用电路连接外围元件。

5. 功放管的散热和保护十分重要,关系到功放电路能否输出足够的功率,并且是不以损坏功放管作为前提条件。

【项目练习题】

一、简答题

1. 功率放大电路的主要任务是什么?

2. 功率放大电路与电压放大电路相比有哪些区别?

3. 与甲类相比,乙类互补对称功率放大电路的主要优点是什么?

4.功放管在使用中应注意什么?

5.大功率放大电路中为什么要采用复合管?

6.什么是交越失真? 如何克服交越失真?

7.功率放大电路采用甲乙类工作状态的目的是什么?

8.OTL 电路与 OCL 电路有哪些主要区别? 使用中应注意哪些问题?

9.集成功放内部主要由哪几级电路组成? 每级的主要作用是什么?

二、判断题(下列说法是否正确,并说明理由)

1.在乙类功放电路中,输出功率最大时,管耗也最大。

2.功率放大电路的主要作用,是在信号失真允许的范围内,向负载提供足够大的功率信号。

3.在 OCL 电路中,输入信号越大,交越失真也越大。

4.由于 OCL 电路的最大输出功率为 $\dfrac{(V_{CC}-U_{CE(sat)})^2}{2R_L}$,可见其输出功率只与电源电压及负载有关,而与功放管的参数无关。

5.所谓电路的最大不失真输出功率,是指输入正弦信号幅度足够大,而输出信号基本不失真,并且输出信号的幅度最大时,负载上获得最大的直流功率。

6.在推挽功率放大电路中,由于总有一只三极管是截止的,故输出波形必然失真。

7.在推挽功率放大电路中,只要两只三极管具有合适的偏置电流,就可以消除交越失真。

8.实际的甲乙类功放电路,电路的效率可达 78.5%。

9.在输入电压为零时,甲乙类互补对称电路中的电源所消耗的功率是零。

三、填空题

1.功率放大器的任务是( ),主要性能指标有( )。

2.复合管的类型取决于( ),复合管的电流放大系数等于( )。

3.功率放大电路按三极管静态工作点的位置可分为( )类、( )类和( )类。

4.为了保证功率放大电路中功放管的使用安全,功放管的极限参数( )、( )、( )应足够大,且应注意( )。

5.采用乙类互补对称功率放大电路,设计一个 10 W 的扩音机电路,则应选择至少为( )W 的功放管两个。

项目 10

直流稳压电源的设计与装调

【知识目标】

1.掌握直流稳压电源的组成和技术指标。

2.掌握三极管串联调整型稳压电路的原理和特点。

3.掌握三端集成稳压器的选型及应用电路。

4.掌握开关型直流稳压电源的原理、类型及特点。

【技能目标】

1.能够读懂和绘制几种典型直流稳压电路图。

2.会正确使用 TL431 精密基准稳压器。

3.会正确使用三端集成稳压器,会设计用三端集成稳压器制作的稳压电源。

4.能对直流稳压电路常见故障做出正确判断并进行维修。

【学习方法】

该项目通过对稳压电路几种主要器件进行识别,并现场对串联调整型稳压电路实验电路板进行认识和测量,剖析电路的组成及元器件的原理作用,进而掌握稳压电源的组成、工作原理及作用。再使用万用表和其他仪器测试元器件的性能、判别其好坏,并对电路各工作点电压进行简单的测试,根据故障现象进行简单维修。

【实施器材】

1.TL431、CW78××系列和 CW79××系列三端集成稳压器、×17 系列和×37 系列三端集成稳压器。

2.三极管串联调整型稳压电路实验电路板,每两人一块,导线若干。

3.直流稳压电源、示波器各一台,万用表、晶体管毫伏表各一只。

【初识三端稳压器】

操作 1　稳压器件的识别与检测

对 TL431、CW78××系列和 CW79××系列三端集成稳压器、×17 系列和×37 系列三端集成稳压器进行外观识别,查看外形图,区分管脚功能。识别过程填入表 10-1。

表 10-1　　　　　　　　　　　　　稳压器件的识别与检测

序号	器件上的字母和数字	管脚数量	管脚序号及名称	输出稳压值	管脚间电阻值	万用表挡位	备注
1							
2							
3							
4							
5							
6							
7							
8							

操作 2　安装三极管串联调整型稳压电路

1. 按照图 10-1 所示电路,选择器件,对器件进行测量。

2. 按照图 10-1 所示电路,在实验电路板上连接好三极管串联调整型稳压电路。

3. 对电路进行检查,确定无误后,接通电源。

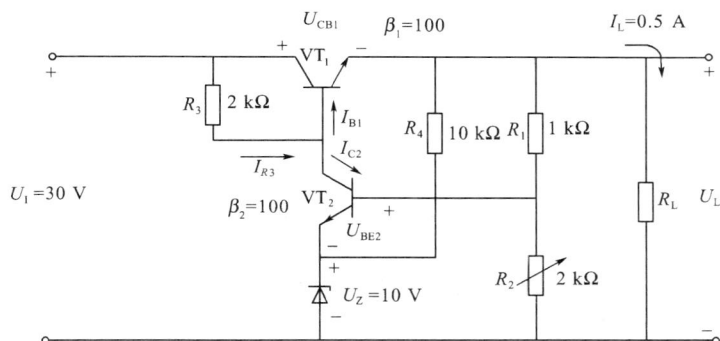

图 10-1　三极管串联调整型稳压电路

操作 3　三极管串联调整型稳压电路的测量

按照表 10-2、表 10-3 和表 10-4 中的要求,测试图 10-1 所示三极管串联调整型稳压电路各点的工作情况。将测量结果填入表 10-2、表 10-3 和表 10-4 中。

表 10-2　　　　　改变输入电源电压时三极管串联调整型稳压电路的工作情况

序号	输入直流电压/V	输出直流电压/V	调整管各管脚对地电压/V	比较放大管各脚电压/V	输出纹波电压/mV	负载/Ω
1	30					30
2	29					30
3	28					30
4	27					30
5	26					30
6	25					30
7	24					30
8	23					30

表 10-3　输入电源电压不变,改变负载大小时,三极管串联调整型稳压电路的工作情况

序号	输入直流电压/V	输出直流电压/V	调整管各管脚对地电压/V	比较放大管各脚电压/V	输出纹波电压/mV	负载/Ω
1	30					30
2	30					27
3	30					24
4	30					22
5	30					20
6	30					18
7	30					15
8	30					12

表 10-4　输入电源电压不变,负载不变时,调整 R_2 的大小,三极管串联调整型稳压电路的工作情况

序号	输入直流电压/V	R_2 的值/kΩ	输出直流电压/V	调整管各管脚对地电压/V	比较放大管各脚电压/V	输出纹波电压/mV	负载/Ω
1	30	2					30
2	30	1.8					30
3	30	1.5					30
4	30	1.3					30
5	30	1.2					30
6	30	1.1					30
7	30	1.0					30

【知识链接】

稳压电源有多种类型,根据稳定电压的性质分类,有交流稳压电源和直流稳压电源;根据稳压器件与负载的连接关系分类,有串联稳压电源和并联稳压电源;根据稳压器件的工作状态分类,有线性稳压电源与开关稳压电源;根据稳压电路器件的形态分类,有分立元件稳压电源和集成稳压电源;根据输入、输出电压的关系分类,有降压稳压电源和升压稳压电源等。

10.1　线性直流稳压电源

10.1.1　直流稳压电源的组成和技术指标

1.直流稳压电源的组成

交流电压经过变压、整流、滤波可得到比较平滑的直流电,但由于交流电网输入电压的波动和电路负载的变化使直流电压不稳定,因此对于许多电子设备,都必须在直流电源中增加稳压电路,以确保设备能正常工作。直流稳压电源的组成如图 10-2 所示。

2.直流稳压电源的技术指标

直流稳压电源的技术指标主要有两种:一种是特性指标,包括电源允许的输出电流、输出电压及电压调节范围;另一种是质量指标,包括稳压系数、输出电阻、最大纹波电压及温度

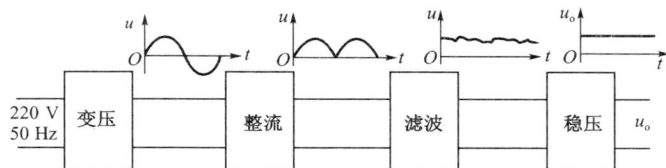

图 10-2　直流稳压电源的组成

系数等。特性指标反映电源容量的大小,质量指标衡量输出电压的稳定程度。

（1）稳压系数 γ

在负载电流和环境温度稳定的情况下,输出电压的相对变化量与输入电压的相对变化量之比称为电源的稳压系数,用符号 γ 表示。

稳压系数是衡量稳压电源质量的重要指标,在相同的输入电压变化和负载电流变化的条件下,电路的稳压系数越小,则电路的输出电压波动越小。

（2）输出电阻 r_o

在输入电压和环境温度不变的情况下,由负载变化而引起的输出电压变化量与负载电流变化量之比。

输出电阻是衡量直流稳压电源当输出电流变化时输出电压稳定程度的重要指标。输出电阻越小,则当负载变化时,电路的输出电压波动就越小。

（3）纹波电压

当电源输入电压不变,在额定输出电压、额定输出电流（额定负载条件下）的情况下,电源输出直流电压中的交流分量,用有效值或峰值来表示。

纹波电压是指叠加在直流电压上的交流分量。虽然经过整流、滤波和稳压,仍会有一些交流分量输出,用交流毫伏表或者示波器就可以看到。一般用纹波系数来衡量电源中交流成分的大小。

（4）温度系数

温度系数是衡量电路在环境温度变化时电源输出电压波动的程度,温度系数越小,则电源的质量越高。温度系数的单位为 mV/℃ 或 V/℃。

10.1.2　三极管串联调整型稳压电路

1.最简单的三极管串联调整型稳压电路

在稳压二极管稳压电路中,输出电压的稳定,主要是靠稳压管中电流的增加或减少,使得限流电阻两端电压发生变化,起到稳定输出电压的作用。但这种电路只能用在输出电压固定（等于稳压二极管的击穿电压）、输出电流很小（约等于稳压二极管中稳定电流的五分之一）的情况,所以稳压二极管稳压电路在电路中一般只用在电源电路中的基准电压电路。

如果用三极管来代替限流电阻,就构成了三极管串联调整型稳压电路,如图 10-3 所示。

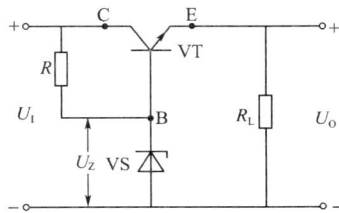

图 10-3　最简单的三极管串联调整型稳压电路

2.三极管串联调整型稳压电路的稳压过程

三极管串联调整型稳压电路的稳压过程如下：

当负载不变、输入电压 U_1 升高时，会引起输出电压 U_O 变高。由于稳压二极管两端的电压基本不变，所以 B 点的电压也基本不变，$U_{BE}=U_B-U_O$ 值变小，根据三极管的输出特性，基极电流 I_B 和集电极电流 I_C 都要减小，导致 U_{CE} 变大，于是抵消了 U_O 的升高，保持输出电压 U_O 值基本稳定。当负载不变、输入电压 U_1 降低时，稳压过程与上述相反。

当输入电压 U_1 不变、负载电流变大时，电流在电源内阻上的压降增加，会引起输出电压 U_O 降低。由于 U_B 基本不变，则 $U_{BE}=U_B-U_O$ 值变大，导致 U_{CE} 跟随着变小，于是抵消了 U_O 的降低，保持输出电压 U_O 值基本稳定。当输入电压 U_1 不变、负载电流变小时，稳压过程与上述相反。

在上述稳压过程中，用输出电压 U_O 的变化量控制基极电流 I_B 的增加或减小，来自动调节三极管集电极和发射极间电压 U_{CE} 的大小，维持 U_O 的稳定。在这里，三极管 VT 起调整电压的作用，故称为调整管。在电路中，调整管和负载 R_L 是串联关系，所以称此电路为串联调整型稳压电路。这个稳压电路的实质是采用有深度电压负反馈的射极跟随器电路作为输出电路，如图 10-4 所示。这个电路的优点是带负载的能力很强，电压稳定度高。

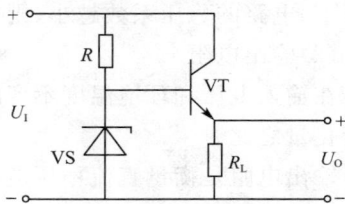

图 10-4　串联调整型稳压电路的射极跟随器输出形式

3.实用三极管串联调整型稳压电路

一个完整的三极管串联调整型稳压电路，应当由取样环节、基准环节、比较放大环节、调整环节四部分组成，如图 10-5 所示。

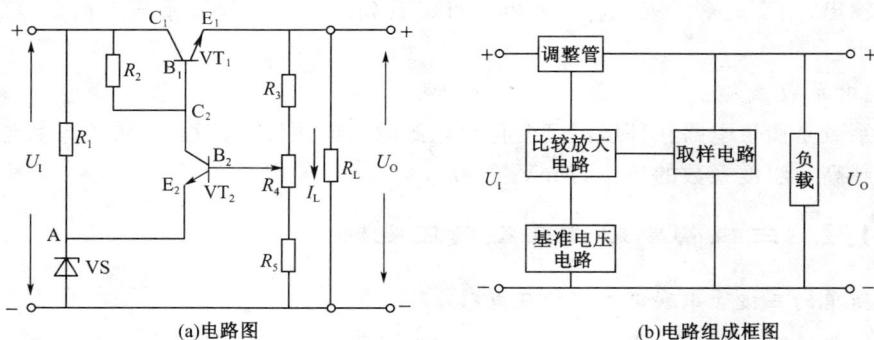

(a)电路图　　　　　(b)电路组成框图

图 10-5　三极管串联调整型稳压电路

各部分电路的工作原理如下：

(1)取样环节

取样环节由 R_3、R_4、R_5 串联组成，由于负载与其并联，其两端电压反映了输出电压 U_O 的值，当 U_O 发生变化时，电压的变化由 R_4 中间抽头端传给比较放大电路。为了能在一定的范围内调整输出电压 U_O 的大小，可在取样电路 R_1 和 R_2 的中间插接一只电位器，如图 10-6 所示。

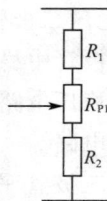

图 10-6　输出电压可调的取样电路

（2）基准环节

基准环节由限流电阻 R_1 和稳压管 VS 组成。A 点的电压基本不变，给比较放大管的发射极提供稳定的基准电压。

（3）比较放大环节

比较放大环节由三极管 VT_2 组成。基准电压加在 VT_2 的发射极，取样电压加在 VT_2 的基极，两个电压的差值经放大后，由集电极输出给调整管的基极。

（4）调整环节

调整环节由调整管 VT_1、负载电阻 R_L 构成。当输出电压 U_O 变化时，利用调整管自动反向改变 U_{CE} 的数值大小来维持输出电压 U_O 的稳定。

负载电流 I_L 基本上就等于 VT_1 的输出电流 I_O，因为 I_O 通常比较大，则要求 VT_1 的输出电流也比较大，这样就要求 VT_1 基极电流也比较大，为了减少驱动电流，通常采用达林顿管作为调整管，因为达林顿管的电流放大系数近似为两管电流放大系数的乘积。

达林顿管是由两个或两个以上的三极管按照一定的连接方式组成一只等效的三极管。达林顿管的接法有多种，它们可以由相同类型的三极管组成，也可以由不同类型的三极管组成，基本规律是：前面的一只为小功放管，后面的一只为大功放管；达林顿管的组成必须满足基尔霍夫的节点电流定律。如图 10-7 所示，是由两只三极管组成的复合管，共有四种类型。

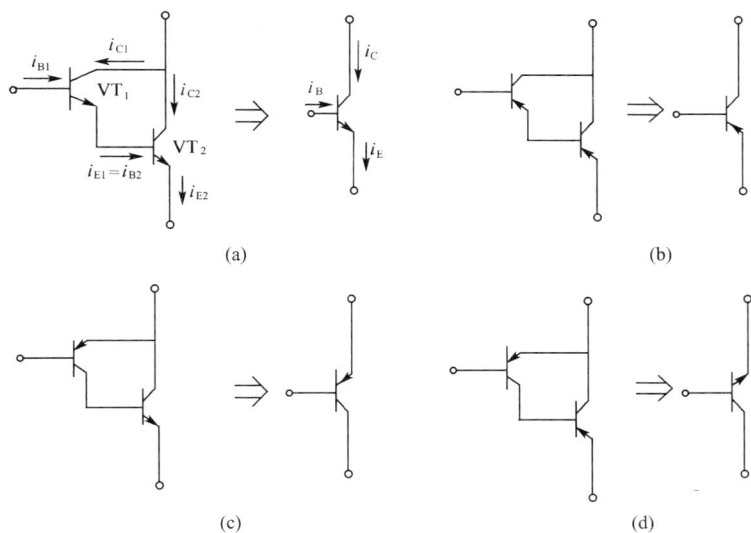

图 10-7　由两只三极管组成的四种类型的复合管

当由于电源电压上升引起输出电压上升时，稳压过程由下列式子给出

$$U_I \uparrow \rightarrow U_O \uparrow \rightarrow U_{B2} \uparrow \rightarrow I_{C2} \uparrow \rightarrow U_{C2} \downarrow \rightarrow U_{B1} \downarrow \rightarrow U_{BE1} \downarrow \rightarrow U_{CE1} \uparrow \rightarrow U_O \downarrow$$

其实这个稳压过程的实质，就是电路的负反馈电路在起作用。

三极管串联调整型稳压电路的优点是：稳压效果好，带负载能力强，输出电压在一定范围内可调。

输出电压由下式决定

$$U_O = \frac{R_4 + R_5 + R_3}{R_{4下} + R_5} U_{B2}$$

一个输入直流电压为 $U_I = 15$ V、输出直流稳定电压为 8～12 V、最大负载电流为 $I_{Omax} = 3$ A 的实际电路如图 10-8 所示。

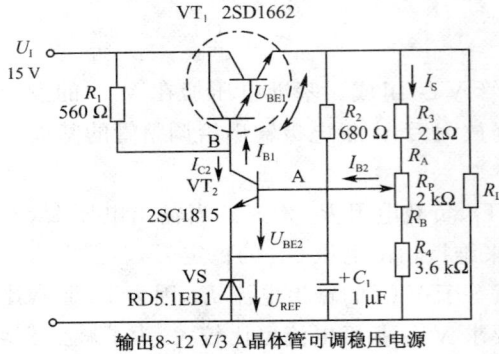

输出 8~12 V/3 A 晶体管可调稳压电源

图 10-8　实用的三极管串联调整型稳压电路

10.1.3　三端集成稳压器构成的稳压电路

将三极管串联调整型稳压电路的元器件集成在一块半导体芯片上,再加上一些过压保护电路、过流保护电路和过热保护电路,即成为一个集成稳压器,在使用时只要外接很少的元件,即可构成高性能的稳压电路。由于集成稳压器具有体积小、重量轻、可靠性高、使用灵活和价格低廉等优点,在实际工程中得到了广泛应用。

集成稳压器的种类很多,目前以三端集成稳压器的应用最为普遍。

1. 三端固定输出式集成稳压器系列

常用的三端固定输出式集成稳压器有输出为正电压的是 CW78×× 系列和输出为负电压的 CW79×× 系列。如图 10-9 所示,为 CW78×× 系列和 CW79×× 系列集成稳压器的外形、电路符号及基本应用电路。CW78×× 系列三端稳压器的输出电压有 5 V、6 V、9 V、12 V、15 V、18 V 和 24 V 共七种规格,型号的后两位数字表示其输出电压的稳压值。例如,型号为 CW7805 和 CW7812 的集成稳压器,其输出电压分别为 5 V 和 12 V。

同一种规格的三端稳压器,输出电流的大小也有所不同,例如标注为 CW7805、CW78M05 和 CW78L05 的三端稳压器,其输出稳压值都是 5 V,但输出电流分别为 1.5 A、0.5 A 和 0.1 A(这个电流值都是指在满足一定散热条件下的最大输出电流值)。

CW79×× 系列的稳压器其输出电压的规格与 CW78×× 系列相同,但其管脚功能与 CW78×× 系列不同。一般的,CW78×× 系列稳压器的 1 脚为输入端,2 脚为接地端,3 脚为输出端。CW79×× 系列稳压器的 1 脚为接地端,2 脚为输入端,3 脚为输出端。在使用时要特别引起注意(有一些特殊封装形式的 CW78×× 系列、CW79×× 系列集成稳压器其管脚详见说明书)。

2. 三端固定输出式集成稳压器的应用电路

图 10-9(d)、(e)所示电路为三端集成稳压器使用时的基本电路接法。外接电容 C_2 是高频滤波电容,可选其值为 0.1～1 μF 的陶瓷电容或钽电容。还应该在输出端接一个防止电路自激振荡的电容 C_1,C_3 为储能电容,可消除因负载电流跃变而引起输出电压的较大波动,对于降低输出纹波,降低输出噪声,减小负载电流变化的影响有较好的作用,可采用 0.1～

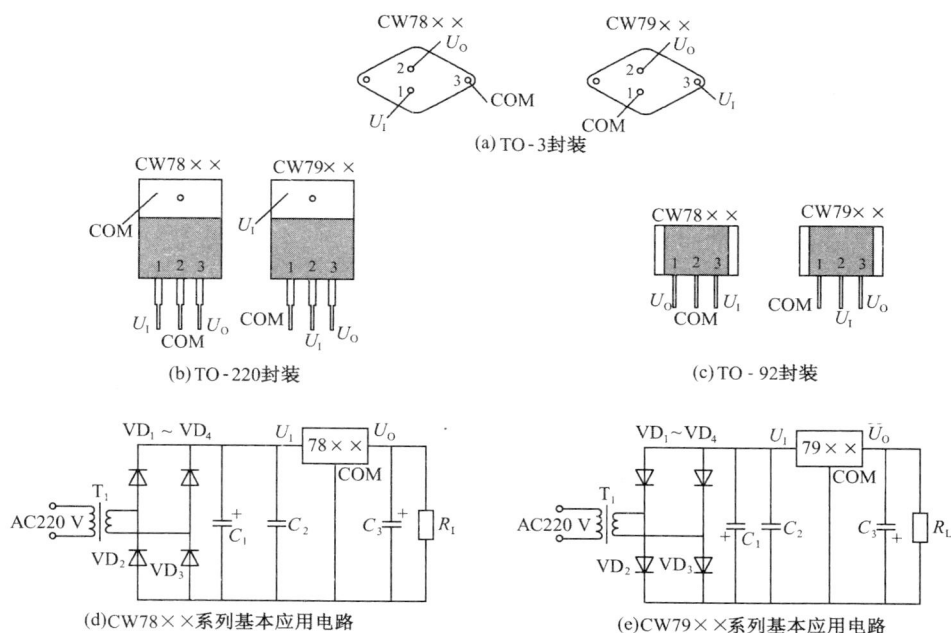

图 10-9　CW78××系列、CW79××系列集成稳压器的外形和基本应用电路

$1\ \mu F$ 的陶瓷电容或钽电容。

如图 10-10(a)所示,为用 CW7815 和 CW7915 组成的双极性稳压电源输出电路,可同时向负载提供 $+15\ V$ 和 $-15\ V$ 的直流电压。图 10-10(b)为三端稳压器外接一个集成运放所组成的反相器,可将单极性电压变为双极性输出电压。

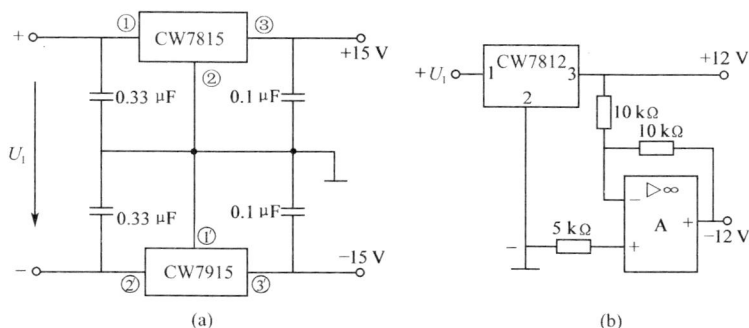

图 10-10　双极性正、负电压输出电路

如果需要增大输出电流和提高输出电压,可以采用如图 10-11 所示的电路。

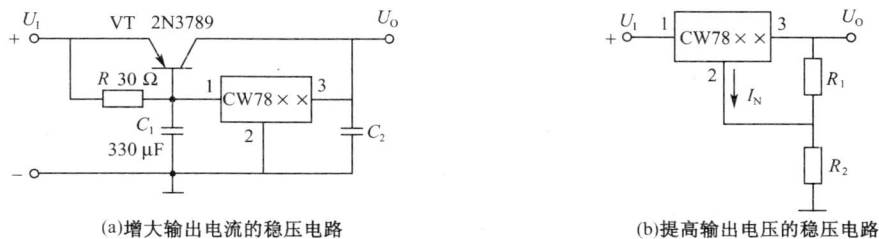

(a)增大输出电流的稳压电路　　(b)提高输出电压的稳压电路

图 10-11　增大输出电流和提高输出电压的稳压电路

在提高输出电压的电路中,输出电压为

$$U_O = U_N(1 + \frac{R_2}{R_1}) + I_N R_2$$

式中　U_N——稳压器标称稳压值;

　　　I_N——稳压器的静态工作电流,一般<10 mA。

　　　R_1 中流过的电流应大于 $5I_N$。若将 R_2 换成可调电阻,输出电压可在一定范围内调节。

3.三端可调输出式集成稳压器及其应用

三端可调输出式集成稳压器有输出为正电压的 LM117、LM217、LM317 系列和输出为负电压的 LM137、LM237、LM337 系列。LM317 集成稳压器的外形、电路符号及典型应用电路如图 10-12 所示。图中 3 脚和 2 脚分别为输入端和输出端,1 脚为调整端(ADJ),用于外接调整电路以实现输出电压可调(注意,有一些特殊封装形式的集成稳压器的管脚详见其说明书)。

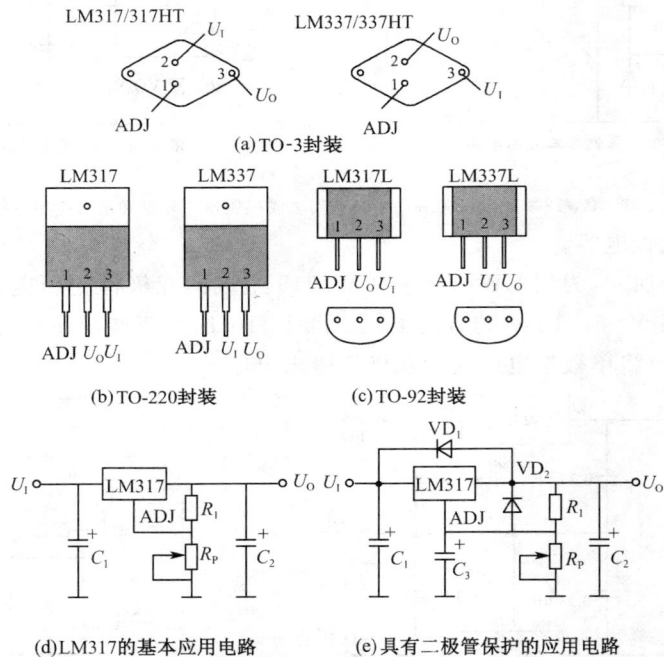

(a)TO-3封装

(b)TO-220封装　　　　(c)TO-92封装

(d)LM317的基本应用电路　　　(e)具有二极管保护的应用电路

图 10-12　LM317 集成稳压器的外形及典型应用电路

三端可调输出式集成稳压器的主要参数有:

(1)输出电压连续可调范围:1.25~47 V;

(2)最大输出电流:1.5 A;

(3)调整端(ADJ)输出电流 I_A:50 μA;

(4)输出端与调整端之间的基准电压 U_{REF}:1.25 V。

三端可调输出式集成稳压器的基本应用电路如图 10-12(d)、(e)所示,图中 C_1 和 C_2 的作用与在三端固定输出式稳压器电路中的作用相同。外接电阻 R_1 和 R_P 构成电压调整电路,电容 C_2 用于减小输出纹波电压。为保证稳压器空载时也能正常工作,要求 R_1 上的电流不小于 5 mA,故取 $R_1 = U_{REF}/5 = 1.25/5 = 0.25$ kΩ,实际应用中 R_1 取标称值 240 Ω。忽略调整端(ADJ)的输出电流 I_A,则 R_1 与 R_P 是串联关系,因此改变 R_P 的大小即可调整输出电压 U_O。

一个完整的输出直流电压可以从零可调的稳压电路如图 10-13 所示。

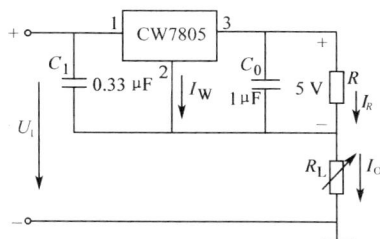

目前,已经有将大功率晶体管和集成电路工艺结合在一起的大电流三端可调式稳压块。如 LM396 的最大输出电流可达 10 A,并且输出电压从 1.2 V 到 15 V 连续可调。该系列产品还具有输出电流过大保护和过热保护、短路限流等功能。

4. 三端集成稳压器构成的恒流源电路

在实际电路中,有时需要电源提供稳定的电流,这可以用恒流源电路来实现,电路如图 10-14 所示。在电路中,由于 CW7805 输出的稳定电压为 5 V,则流过 R 的电流 I_R 是稳定的,而稳压器的公共端静态电流 I_W(6 mA)也是稳定的,故负载 R_L 上得到的电流 I_O 是恒定的。

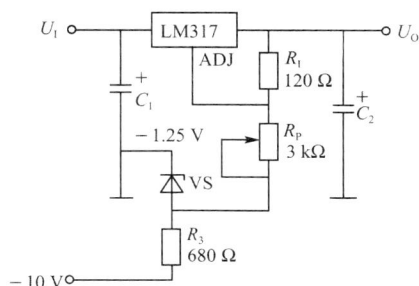

图 10-13　输出直流电压从零可调的稳压电路　　　图 10-14　用三端集成稳压器构成的恒流源电路

同样,利用三端可调输出式集成稳压器也可以做成恒流源电路。

部分外国产的三端和多端集成稳压器的型号见表 10-5。

表 10-5　　　　　　　　　　　国外部分集成稳压器型号

序号	产品名称	型号	NSC 美	MOTOROLA 美	FSC 美(仙童)	SGS 意	NEC 日本	TOSHIBA 日(东芝)
1	三端固定正压集成稳压器	CW7800	LM7800	MC7800	uA7800	L7800	μPC7800	TA7800
2	三端固定正压集成稳压器	CW78M00	LM78M00	MC78M00	uA78M00	L78M00		TA78M00
3	三端固定正压集成稳压器	CW78L00	LM78L00	MC78L00	uA78L00			
4	三端固定负压集成稳压器	CW7900	LM7900	MC7900	uA7900	L7900	μPC7900	TA7900
5	三端固定负压集成稳压器	CW79M00	LM79M00	MC79M00	uA79M00			TA79M00
6	三端固定负压集成稳压器	CW79L00	LM79L00	MC79L00	uA79L00			
7	三端可调正压集成稳压器	CW117	LM117	MC117	uA117	L117	μPC117	TA117
8	三端可调正压集成稳压器	CW117M	LM117M	MC117M				

（续表）

序号	产品名称	型号	NSC美	MOTOROLA 美	FSC 美（仙童）	SGS 意	NEC 日本	TOSHIBA 日（东芝）
9	三端可调正压集成稳压器	CW117L	LM117L	MC117L				
10	三端可调负压集成稳压器	CW137	LM137	MC137			μPC137	TA137
11	三端可调负压集成稳压器	CW137M	LM137M	MC137M				
12	三端可调负压集成稳压器	CW137L	LM137L					
13	五端可调正压集成稳压器	CW200				L200		
14	脉宽调制型开关稳压器	CW1524	LM1524					

10.2　非线性直流稳压电源

10.2.1　开关型稳压电源的特点、组成和分类

1. 开关型稳压电源的特点

线性稳压电源中的调整管工作在线性放大区，输出电压可以调节，电压稳定性好，纹波系数小，瞬态响应快，线路比较简单，但线性稳压电源的效率低，其效率只有 30%～40%。为了提高电源的效率和减少电源的体积与重量，人们研究出了非线性稳压电源，让调整管工作在饱和区和截止区。因为三极管工作在开关状态，所以又称为开关型稳压电源。

开关型稳压电源因其调整管工作在开关状态，管耗小，再加之减掉了工频变压器，电源效率明显提高，可达 80%～90%。而且它还具备了体积小、重量轻、稳压范围宽（目前，单相开关型稳压电源可以在输入交流电压在 90～270 V 的范围内稳定运行）、滤波效果好、电路的形式灵活多样等优点。

但是开关型稳压电源的纹波系数和噪声较大，由于开关电源的工作频率较高，产生的高频干扰也很严重。与线性稳压电源相比，开关型稳压电源的电路结构明显复杂。但是随着开关型稳压电源集成电路的出现，其外围电路大为简化，故障率也随之下降。

2. 开关型稳压电源的组成

开关型稳压电源采用功率半导体器件作为开关元件，在控制电路的作用下，通过改变开关管的通断时间，达到改变输出电压的目的。开关型稳压电源的组成框图如图 10-15 所示。交流输入电压经过桥式整流、电容滤波，得到平滑的直流电压供给直流/直流开关稳压电路。直流/直流开关稳压电路首先将直流电变换为高频交流电，再经过二次整流滤波，得到稳压输出的直流电。二次整流滤波电路是由高速二极管、扼流圈及电解电容等组成的。

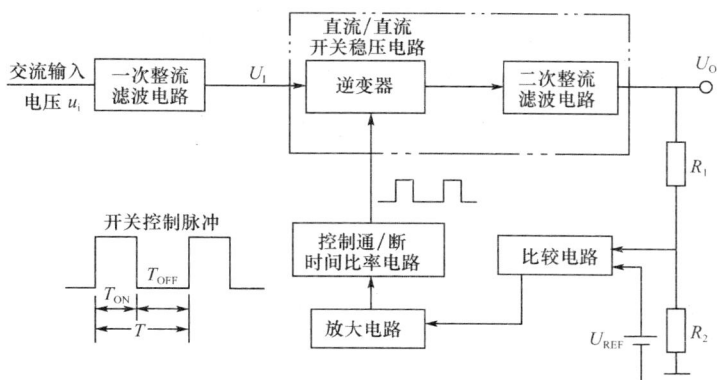

图 10-15　开关型稳压电源的组成框图

3. 开关型稳压电源的分类

开关型稳压电源有多种分类方法：

（1）按开关管与负载之间的连接方式划分，可分为：串联型和并联型。

（2）按启动功放管的方式划分，可分为：自激型和它激型。自激型由开关管和脉冲变压器构成正反馈电路，形成自激振荡来控制开关晶体管的导通与截止；它激型由附加的振荡器产生脉冲信号来控制开关管。

（3）按所用的开关器件划分，可分为：晶体三极管开关稳压电源、功率 CMOS 管开关稳压电源、可控硅开关稳压电源。

（4）按稳压控制的方式划分，可分为：脉冲宽度调制型（PWM）、脉冲频率调制型（PFM）和混合调制型。

（5）按开关管在电路中的数量和连接方式划分，可分为：单管型、双管推挽型、四管全桥型等。

10.2.2　三种典型的开关稳压电源电路

1. 并联型开关稳压电源电路

并联型开关稳压电源电路如图 10-16 所示。它是由开关晶体管 VT、隔离二极管 VD、储能电感 L、滤波电容 C_0 组成的。可以用口诀来记住电路的组成：开关管、大电感、小电容、隔离二极管。除此以外，还有较为复杂的脉冲产生和驱动电路，用来对输出电压进行控制和调节。

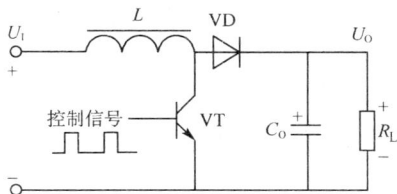

图 10-16　并联型开关稳压电源电路

当控制信号为低电平时，开关管 VT 截止，电流流过储能电感、二极管，经电容滤波，给负载提供能量；当控制信号为高电平时，开关管 VT 饱和导通，电流流过电感、三极管形成回路，将电能以磁能的形式存储在电感中，负载的电流靠电容的放电来维持。因为电路的输出电压 U_O 等于输入电压 U_I 和电感 L 上的感应电动势之和，所以并联型开关稳压电源又叫做升压型开关稳压电源。并联型开关稳压电源的特点可以简单记做：一对一、升压型。"一对一"是指输入一路直流电压，输出一路直流电压。

理论分析可知，并联型开关稳压电源的输出电压为

$$U_O = \frac{U_I}{1-\delta}$$

δ 是激励脉冲的占空比，改变占空比 δ，就可以改变输出电压。

2. 串联型开关稳压电源电路

串联型开关稳压电源电路如图 10-17 所示。也可以用口诀来记住电路的组成：开关管、大电感、小电容、续流二极管。在串联型开关稳压电源中，二极管和负载是并联关系，当开关管截止时，在电路中构成负载电流持续流动的回路，所以叫做续流二极管。另外，储能电感的位置与并联型的不同，它接在开关管的后面。

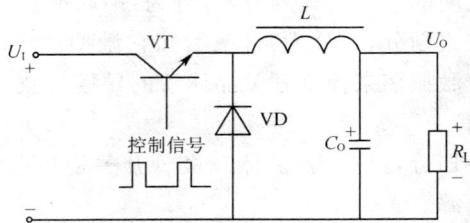

图 10-17 串联型开关稳压电源电路

在图 10-17 中，当开关管 VT 处于导通期间，输入电压 U_I 加到储能电感 L 和负载的两端，形成电流回路，此时二极管 VD 反向截止。当开关管 VT 截止时，因为电感 L 中的电流不能突变，它产生的感应电动势将阻止电流的减小，所以储能电感 L 两端的电压极性是左负右正。此时二极管 VD 导通，储存在电感 L 中的能量经由二极管继续形成回路，给负载提供电流。

理论分析可知，当电路进入稳定状态时，电路的输出电压为

$$U_O = \delta U_I$$

式中的 δ 是激励脉冲的占空比，改变占空比 δ，就可以改变输出电压。由于 δ 总是小于1，所以串联型开关稳压电源也叫做降压型开关稳压电源。串联型开关稳压电源的特点可以简单记做：一对一、降压型。"一对一"是指输入一路直流电压，输出一路直流电压。

若保持控制信号的周期 T 不变，当改变导通时间 T_{ON} 时，就可以改变和调节输出电压 U_O 的大小，按照此原理设计出的电路称为调宽型（PWM）开关稳压电源；若保持控制信号的脉宽不变，只改变开关的周期 T，同样也可以使输出电压 U_O 发生变化，这就是频率调制型（PFM）开关稳压电源；若同时改变导通时间 T_{ON} 和周期 T，就成为混合调制型开关稳压电源。

3. 脉冲变压器型开关稳压电源电路

串联型开关稳压电源和并联型开关稳压电源都不能同时输出两路以上的电压，而带有脉冲变压器的开关稳压电源电路，可以同时输出几路电压，且输出电压可正可负（改变高频

整流二极管的接法即可）、可升可降（改变脉冲变压器次级绕组的匝数即可）。

带有脉冲变压器的开关稳压电源电路如图 10-18 所示。

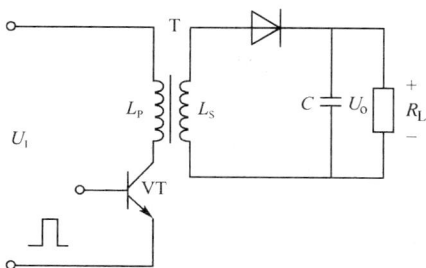

图 10-18　带有脉冲变压器的开关稳压电源电路

带有脉冲变压器的开关稳压电源电路是利用控制开关管的通断，把直流电先变换为高频脉冲，经变压器变压后，再经二次整流变为稳定的直流电压。由于二次整流的电压频率很高（一般为 20 kHz 到 40 kHz），所以只需要采用半波整流和小容量的电容滤波，就能输出平滑的直流电。电压的调节仍然由控制电路输出的脉冲宽度（或者是频率）来完成。

脉冲变压器型开关稳压电源的基本电路有多种，一般分为单端式和双端式两类。单端式是指在电路中只有一个开关管担任将直流电变成脉冲交流电的任务，在器件上只使用一个开关管即可。按照开关管和高频整流二极管工作状态，又分为单端正激式和单端反激式两种。

双端式是指在电路中有两个开关管担任将直流电变成脉冲交流电的任务，在器件上可以使用两个开关管或者是四个开关管。双端式按照电路形式的不同，又分成推挽式、半桥式和全桥式。

（1）单端自激反激式脉冲变压器型开关稳压电源电路

如图 10-19 所示，这是一个单端自激反激式开关稳压电源电路。晶体管 VT_1 是开关元件，绕组 N_P 是原绕组，N_F 是反馈绕组，N_S 是副绕组，电阻 R_1 是启动电阻。

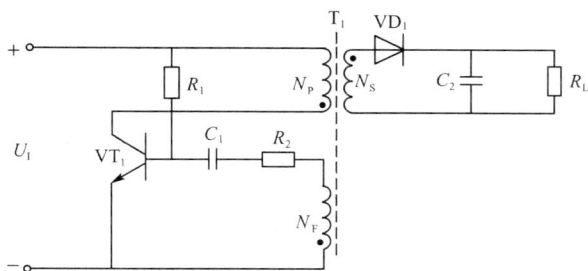

图 10-19　单端自激反激式开关稳压电源电路

在这个电路中，开关管的导通与截止是由电路产生自激振荡来控制的。启动电阻 R_1 的作用就是在刚接通电源电路的自激振荡尚未建立起来之前，将 300 V 的直流电压通过电阻降压限流，直接加到开关管的基极，迫使开关管导通。开关管导通后，一旦在 N_P 绕组中流过电流，其余各绕组将会产生感应电动势，通过线圈同名端的正确连接形成正反馈，从而形成自激振荡。自激振荡形成后，开关管就受控于振荡产生的脉冲，启动电阻的作用也就消失了。这个电路的振荡频率由线圈绕组的匝数和电容 C_1、电阻 R_2、开关管的参数共同决定。输出电压的大小由绕组 N_S 的匝数决定。

当开关管导通时,依靠绕组 N_S 同名端的正确连接使高频整流二极管处于截止状态,此时电能转变为磁场能储存在绕组线圈中;当开关管截止时,绕组中的磁场能转变为电能释放出来,使高频整流二极管处于导通状态,经过电容 C_2 滤波后,产生直流电给负载供电。

当然,在这个电路中,并没有加入稳压自动控制环节,所以还不是一个能实际应用的稳压电源电路。

(2)单端自激正激式脉冲变压器型开关稳压电源电路

如图 10-20 所示,这是一个单端自激正激式开关稳压电源电路。

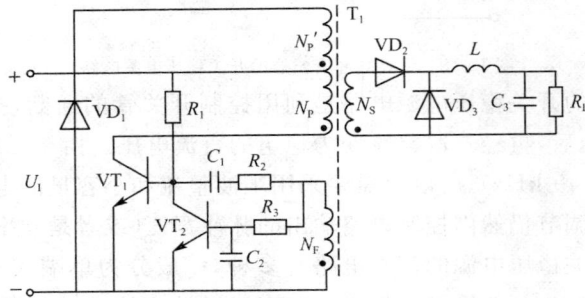

图 10-20 单端自激正激式开关稳压电源电路

所谓正激式是指当开关管导通时,高频整流二极管也处于导通状态;当开关管截止时,高频整流二极管也处于截止状态,这也是依靠绕组 N_S 同名端的正确连接来保证的。正激式开关稳压电源的开关管和高频整流二极管同时工作,使电路的负担太重,所以在实际电路中很少应用。

同样,在这个电路中,也没有加入稳压自动控制环节,所以也不是一个能实际应用的稳压电源电路。

(3)它激式单端开关稳压电源电路

它激式单端开关稳压电源电路如图 10-21 所示。

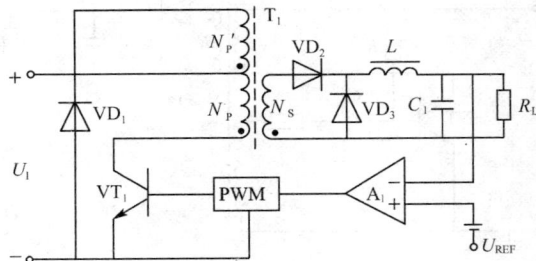

图 10-21 它激式单端开关稳压电源电路

这个电路与单端正激式开关稳压电源电路的主要结构是一致的,所不同的是开关管 VT_1 的基极控制信号不是来自脉冲变压器的绕组,而是来自另外一个电路,这个电路就是 PWM(脉宽调制)电路。PWM 本身就包含了一个振荡器,当 PWM 加上电源后,就能自动产生频率固定的脉冲信号,而脉冲的宽度则是受电路 A_1 控制的。脉冲变宽时,开关管 VT_1 的导通时间增加,则输出直流电压增高,脉冲变窄时,开关管 VT_1 的导通时间减少,则输出直流电压降低,从而实现输出电压的稳定控制。电路 A_1 的反相输入端是一个取样电路,由于负载变化或电网电压变化等原因造成的输出电压波动,由取样电路取出,经 A_1 比较放大后,加到 PWM 的脉冲宽度控制端,则 PWM 就会输出脉宽随输出电压反向变化的脉冲,从而调整开关管 VT_1 的导通时间,使电路输出电压保持稳定。

这个电路加入了稳压自动控制环节,是一个能实际应用的开关稳压电源电路。

(4)双管半桥式开关稳压电源电路

当需要电源输出的功率大于 200 W 以上时,采用一个开关管的开关稳压电路就不能完成任务了,需要采用双管或者是四个管。双管半桥式开关稳压电源电路如图 10-22 所示。电路由功率开关管 VT_1、VT_2,电容器 C_1、C_2 及高频变压器等组成。二极管 VD_1 和 VD_2 起保护开关管的作用。

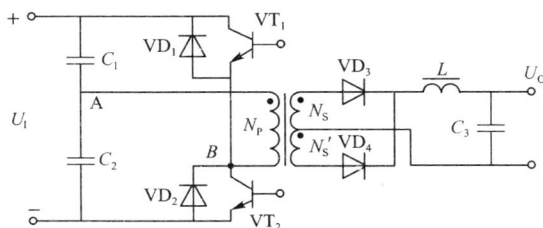

图 10-22　双管半桥式开关稳压电源电路

两个开关管 VT_1 与 VT_2 由控制电路轮流送入脉冲控制信号,使两管轮流导通与截止。

当 VT_1 导通 VT_2 截止时,直流电流通过 VT_1、N_P 给电容器 C_2 充电形成电流回路,电流的路径是

$$电源 U_{1+} \rightarrow VT_1 \rightarrow N_P \rightarrow C_2 \rightarrow 电源 U_{1-}$$

当 VT_2 导通 VT_1 截止时,电流通过 C_1、N_P、VT_2 给电容器 C_1 充电形成电流回路,与此同时,电容 C_2 也通过变压器一次绕组和 VT_2 构成放电回路,为下次充电做好准备。此时电流的路径是

$$电源 U_{1+} \rightarrow C_1 \rightarrow N_P \rightarrow VT_2 \rightarrow 电源 U_{1-}$$

同样,电容 C_1 上的电压在 VT_1 导通时,也通过变压器一次绕组和 VT_1 构成放电回路,为下次充电做好准备。

两管轮流导通与截止,在变压器一次绕组 N_P 中就形成了方向相反的电流,可以经过变压器耦合到次级绕组,产生感应脉冲电流,再经过高频二极管和电容整流滤波后,就可以向负载供电。理论分析表明,此电路输出的直流电压 U_O 由下式给出

$$U_O = \frac{N_S}{2N_P} \delta U_1$$

式中,δ 为占空比。

由于 C_1 与 C_2 是串联接在电源 U_1 上,且 $C_1 = C_2$,所以每一个电容上的电压最大值为 $U_1/2$。当一管导通时另一管是截止的,所以加在开关管上的电压是整个的电源电压 U_1。

(5)四管全桥式开关稳压电源电路

四管全桥式开关稳压电源电路由四个相同的功率开关管和一个高频变压器组成,如图 10-23所示。在脉冲信号的控制下,电路中对角线上的两个开关管同时导通或截止,将直流

电变成脉冲交流电。当 VT_1、VT_2 导通时，VT_3、VT_4 截止，电流通过 VT_1、N_P、VT_2 形成电流回路；当 VT_3、VT_4 导通时，VT_1、VT_2 截止，电流通过 VT_3、N_P、VT_4 形成电流回路。四个管两两轮流导通与截止，在变压器一次绕组 N_P 中就形成了方向相反的电流，可以经过变压器耦合到次级绕组，产生感应脉冲电流，再经过高频二极管和电容整流滤波后，就可以向负载供电。理论分析表明，此电路输出的直流电压 U_O 由下式给出

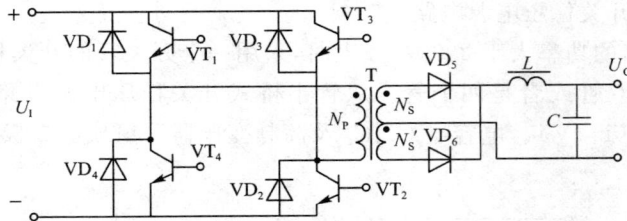

图 10-23　四管全桥式开关稳压电源电路

在这个电路中，开关管截止时承受的电压近似等于电源电压 U_I。二极管 $VD_1 \sim VD_4$ 的作用是抑制变压器绕组 N_P 产生的感应电动势过高，以免击穿处于截止状态的开关管。

(6)双管推挽式开关稳压电源电路

双管推挽式开关稳压电源电路如图 10-24 所示，电路由两个相同的功率开关管和一个高频变压器组成。与双管半桥式开关稳压电路相比，少用了两个电容。在脉冲信号的控制下，开关管 VT_1 与 VT_2 交替导通与截止。当 VT_1 导通时，电源电压 U_I 通过 VT_1 及变压器绕组 N_{P1} 形成回路。由于变压器绕组 N_{P2} 两端也有感应电动势产生，所以此时加在开关管 VT_2 上的电压约为 $2U_I$。

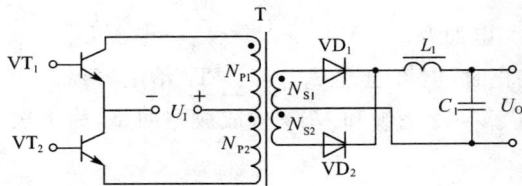

图 10-24　双管推挽式开关稳压电源电路

当 VT_2 导通时，电源电压通过 VT_2 及变压器绕组 N_{P2} 形成回路。

两管轮流导通与截止，在变压器一次绕组 N_P（N_{P1} 和 N_{P2}）中就形成了方向相反的电流，再经过变压器耦合到次级绕组，产生感应脉冲电流，脉冲电流经过高频二极管和电容整流滤波后，就可以向负载供电。理论分析表明，此电路输出的直流电压 U_O 由下式给出

$$U_O = \frac{N_S}{N_P} \delta U_I$$

可见，双管推挽式开关稳压电源电路的输出电压与全桥式开关稳压电源电路的输出电压相同。

在双管推挽式开关稳压电源电路中，由于功率开关管在工作过程中实际承受的电压在 $2U_I$ 左右，给开关管的选择带来了困难，所以在输入电压较高的情况下，往往采用双管半桥式开关稳压电源电路。

单端开关稳压电源电路只用一个开关管，电路的可靠性高，但变压器的利用率不高，只适用于小功率的稳压电源。

　　双端开关稳压电源电路的利用率高,在一个周期内,两个功率开关管轮流导通向负载供电,适用于大功率的开关稳压电源电路。半桥与全桥开关稳压电源电路,在输入电压相同的情况下,功率开关管承受的电压比推挽电路低一倍,可以降低管子的参数要求。

　　几种常用开关稳压电源电路的主要参数及工作情况比较见表 10-6。

表 10-6　　　　　　　几种常用开关稳压电源电路的主要参数及工作情况比较

	单端反激电路	单端正激电路	推挽电路	半桥电路	全桥电路
输出电压	$\sqrt{\dfrac{R_L}{2TL_P}}T_{ON}U_I$	$\dfrac{N_S}{N_P}\dfrac{T_{ON}}{T}U_I$	$\dfrac{N_S}{N_P}\dfrac{T_{ON}}{T}U_I$	$\dfrac{1}{2}\dfrac{N_S}{N_P}\dfrac{T_{ON}}{T}U_I$	$\dfrac{N_S}{N_P}\dfrac{T_{ON}}{T}U_I$
功率开关管承受的最大电压	$U_I+\dfrac{N_P}{N_S}U_o$	$2U_I$	$2U_I$	U_I	U_I
功率开关管中最大电流	$\dfrac{2P_i}{U_I}\dfrac{T}{T_{ON}}$	$\dfrac{P_i}{U_I}\dfrac{T}{T_{ON}}$	$\dfrac{P_i}{U_I}$	$\dfrac{2P_i}{U_I}$	$\dfrac{P_i}{U_I}$
变压器铁芯利用情况	BH 工作在第一象限	BH 工作在第一象限	BH 工作在第一、三象限	BH 工作在第一、三象限	BH 工作在第一、三象限
变压器绕组利用情况	利用率不高	利用率不高	利用率不高	利用率高	利用率高
输出功率	小	小	稍大	较大	最大
控制电路	简单	简单	较复杂	较复杂	复杂

注:L_P 为开关周期;BH 指磁滞特性曲线。

10.2.3　实际电子产品中开关稳压电源电路的分析

1. 彩色电视机电源电路的分析

　　串联型开关稳压电源的实际应用电路如图 10-25 所示,这是一种彩色电视机的电源电路。该电路用厚膜集成电路 IC_{901} 代替开关晶体管、推动级和比较放大器。图中脉冲变压器 T_{901} 的初级绕组 L_1 作为储能电感,C_{909} 为滤波电容,VD_{906} 为续流二极管。

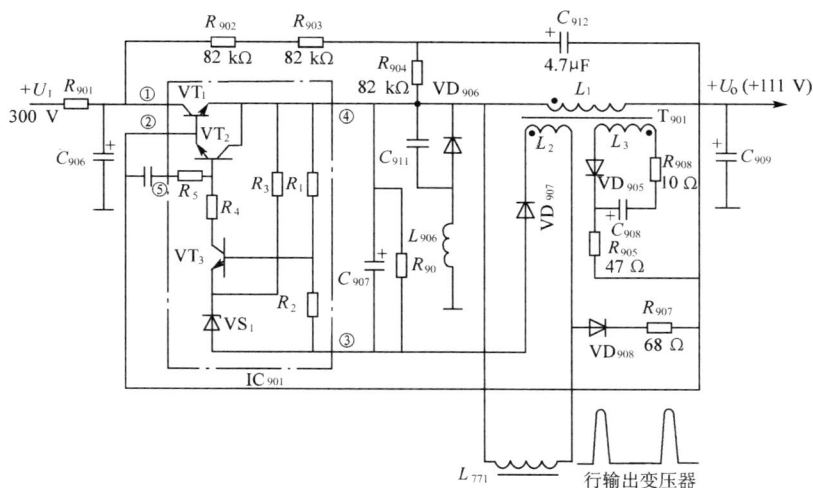

图 10-25　彩色电视机中的串联型开关稳压电源电路

该电路不能完全用电视机中的行扫描电路反馈来的脉冲作为开关脉冲信号源,否则电路无法启动。这是因为行扫描电路只有在有了直流电源电压后才能工作;而开关电源必须在输入开关脉冲后才能工作。所以在电路中设计有启动电路。

启动电路由 R_{902}、R_{903}、C_{912} 组成,脉冲变压器 T_{901} 第三绕组 L_3、R_{908}、R_{905}、VD_{905} 为自激振荡的正反馈通路。接通交流电源,整流滤波电路产生 $+300$ V 的直流电压 U_1,U_1 通过 R_{902}、R_{903}、C_{912} 加到 VT_1 的基极,使 VT_1 基极电位上升,导致 VT_1 的基极电流 I_{B1} 上升,VT_1 集电极电流 I_{C1} 也随之上升,使在变压器 T_{901} 初级绕组 L_1 标有同名端的一侧产生正电压,该电压经变压器耦合,在第三绕组 L_3 感应出右正左负的电压,该正电压经 R_{908}、C_{908}、R_{905} 耦合使 VT_1 的基极电位更加上升,进而使 VT_1 基极电流 I_{B1} 进一步增加,又使 VT_1 集电极电流 I_{C1} 进一步增加,这一正反馈作用的结果使 VT_1 一进入放大区立即饱和导通,并对电容 C_{909} 充电,也就建立起输出电压 U_O。

R_{902}、R_{903}、C_{912} 所组成的启动电路,仅在开机时即 C_{912} 上还未充有电压的情况下,才有启动作用。当电路正常工作后,C_{912} 已充有电压,该支路也就失去作用。关机时必须使 C_{912} 上的电压放完,才能保证下次正常开启。

晶体管 VT_1 的截止过程:开机后正反馈过程使 VT_1 迅速饱和导通,由于这一过程时间很短,电容 C_{908} 还来不及充电。在 VT_1 饱和导通期间,第三绕组 L_3 上感应电压继续经 R_{908}、C_{908}、R_{905} 向 VT_1 基极提供基极电流 I_{B1}。由此将引起以下过程:I_{B1} 电流使得 C_{908} 充电(极性右正左负),C_{908} 上所充电压的负端加至 VT_1 基极,随着电容 C_{908} 的电压上升,I_{B1} 则减小。当 $I_{B1} \leqslant I_{C1}/\beta$ 时,引起 I_{C1} 下降,VT_1 则退出饱和状态进入放大状态,造成 I_{B1} 和 I_{C1} 的下降,这个正反馈的结果使 VT_1 截止。开关晶体管 VT_1 从饱和导通过渡到截止的时间,取决于 C_{908} 的充电时间常数 τ。

2. 通信设备用的推挽式开关稳压电源电路分析

如图 10-26 所示,是一个通信设备中用的推挽式开关稳压电源电路。

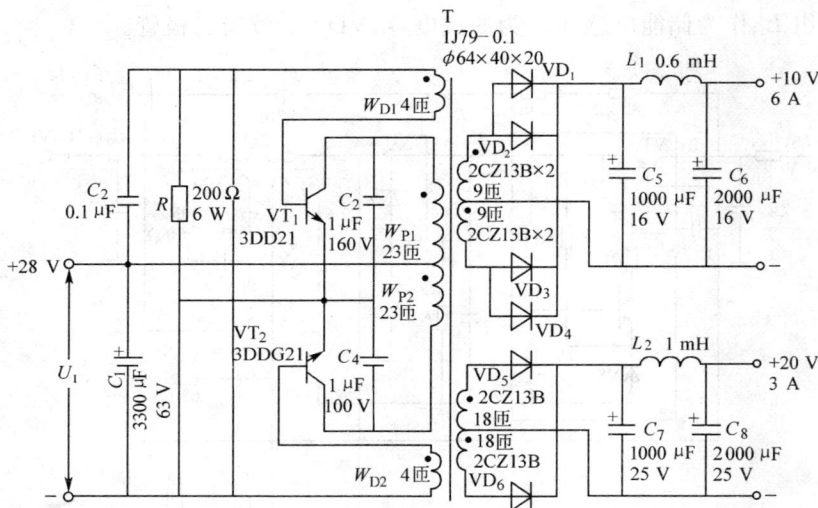

图 10-26 通信设备中用的推挽式开关稳压电源电路

当接入 28 V 的直流电压时,启动电路 R 和 C_2 给两晶体管之一提供正向偏置电压,促使某一晶体三极管导通,基极上所接的线圈则给另一晶体三极管提供反向偏置电压,使其截止。当开关变压器铁芯的磁通达到正饱和值时,电路的状态开始翻转,原来处于导通状态的晶体三极管转变为截止状态,而原来处于截止状态的晶体三极管则转变为导通状态。当开关变压器铁芯的磁通达到负饱和值时,又会发生晶体三极管工作状态的翻转。这样在开关变压器的初级绕组线圈 W_{P1} 和 W_{P2} 中产生了交替变化的方波电压,此方波电压由开关变压器耦合到次级线圈绕组,再经过整流、滤波,得到所需要的直流电压。

由于推挽式开关稳压电源电路的"开"与"关"的转换工作可以由晶体三极管和变压器铁芯磁通量的变化达到饱和值来实现,所以这种电路也称为饱和型开关稳压电源电路。

10.3　脉宽调制控制型(PWM)集成电路

开关稳压电源中的开关管是由驱动电路提供开关信号的,首先要有能产生脉冲信号的振荡器。改变脉冲信号的脉宽或频率,就能实现稳压,这就需要有取样电路和比较放大器。现在这部分电路已经集成化,大大简化了开关稳压电源电路,更提高了开关稳压电源的性能。脉宽调制式开关稳压电源的原理图如图 10-27 所示。

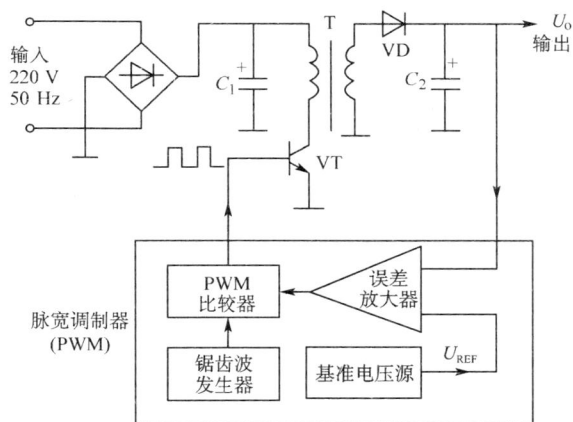

图 10-27　脉宽调制式开关稳压电源的原理图

10.3.1　由 MC3520 构成的开关稳压电源

MC3520 是美国 Motorola 公司生产的集成脉宽调制器,其内部包括两套独立且相位相反的输出电路(集电极开路输出),适合于构成大、中功率的开关稳压电源。其频率范围是 $2 \sim 100$ kHz,占空比调整范围是 $0 \sim 100\%$,电源电压 V_{CC} 为 $10 \sim 30$ V,输出电流为 50 mA × 2,峰值电流可达 100 mA。MC3520 采用 DIP-16 封装,其管脚功能和内部电路框图如图 10-28 所示。

MC3520 采用内部基准电压源,该基准电压除供内部使用之外,还从第 9 脚输出,供外部电路使用。

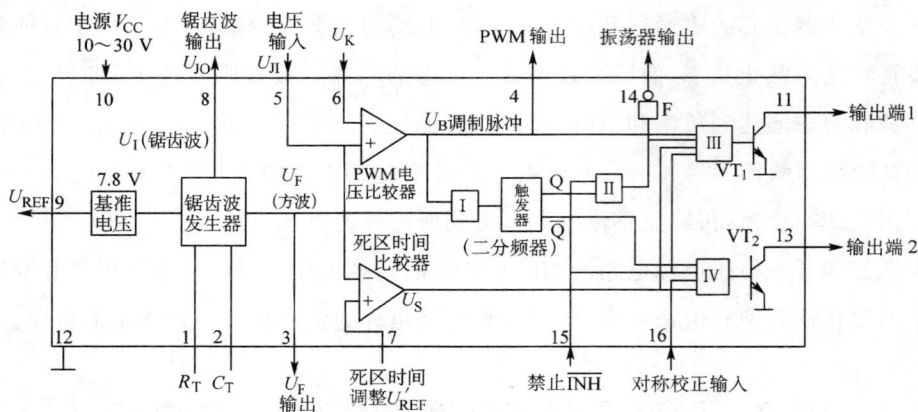

图 10-28　MC3520 的管脚功能和内部电路框图

MC3520 的实际应用电路如图 10-29 所示,可作为大型开关稳压电源的驱动电路。

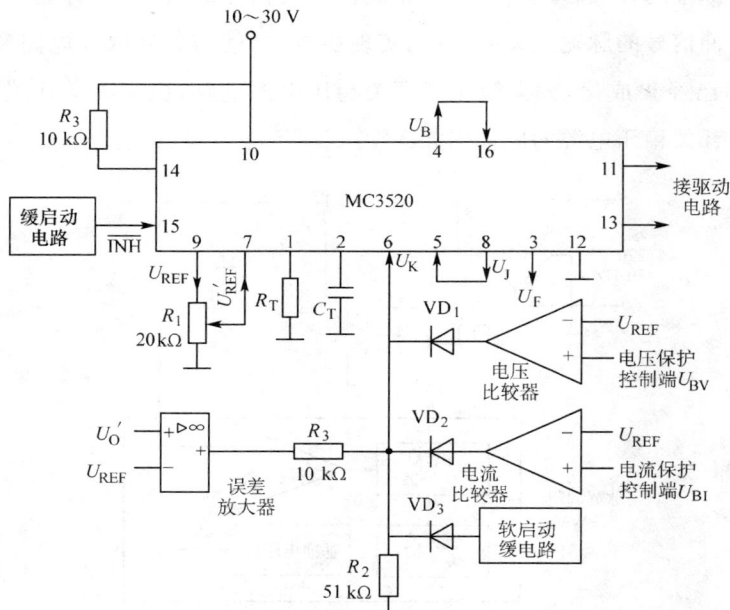

图 10-29　MC3520 的实际应用电路

10.3.2　由 UC3842 构成的开关稳压电源

UC3842 是美国 Unitrode 公司生产的单端输出式脉宽调制器,其工作温度范围是 0~70 ℃,目前在国产设备中的使用量很大。UC3842 采用 DIP-8 封装,内部电路框图和管脚排列图分别如图 10-30 和图 10-31 所示。电路中主要包括:5.0 V 基准电压源、振荡器、误差放大器、衰减器、过电流检测电压比较器、PWM 锁存器、输入欠电压锁定电路、门电路输出级、34 V 稳压管。

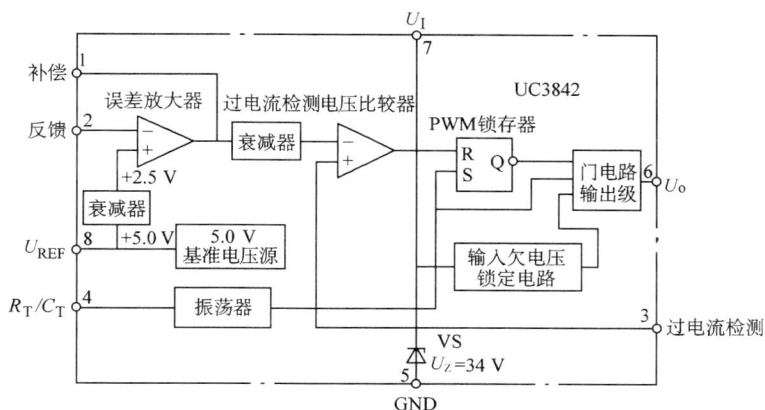

图 10-30   UC3842 的内部电路框图

UC3842 的典型应用电路如图 10-32 所示,这是一个可以给手机充电的电路。

这个电路采用固定频率、改变脉冲宽度的调压原理。其工作过程是首先对输出电压进行采样,然后依次经过误差放大器、过电流检测电压比较器、PWM 锁存器、门电路输出级,去控制开关功率管的导通时间和关断时间,高

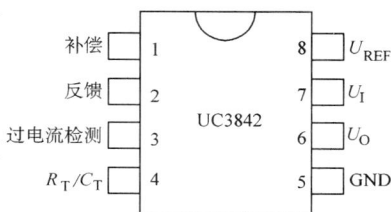

图 10-31   UC3842 的管脚排列图

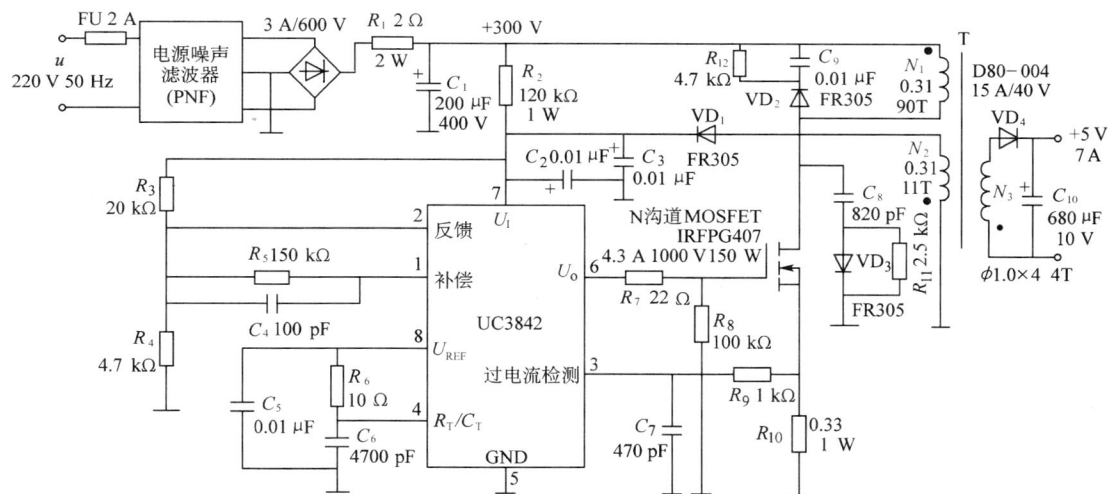

图 10-32   UC3842 的典型应用电路

频电压经开关变压器变压后,再经过二次整流输出稳定直流电压。

刚启动开关电源时,UC3842 所需要的 +16 V 工作电压暂由 R_2、C_2 电路提供。+300 V 直流高压经过 R_2 降压后加至 UC3842 的输入端 U_1,利用 C_2 的充电过程使 U_1 端的电压逐渐升至 +16 V 以上,实现了电路的启动,这种启动方式称为软启动。一旦开关功率管正常工作后,线圈 N_2 上所建立的高频电压经 VD$_1$、C_2 整流滤波后,就作为 UC3842 芯片的工作电压。

UC3842 属于电流控制型脉宽调制器。所谓电流控制型是指，一方面把线圈 N_2 的输出电压反馈给误差放大器，在与基准电压进行比较之后，得到误差电压 U_r；另一方面初级线圈中的电流在取样电阻 R_{10} 上建立的电压，直接加到过电流检测电压比较器的同相输入端，与 U_r 作比较，进而控制输出脉冲的占空比，使流过开关功率管的最大峰值电流 I_{PM} 始终受误差电压 U_r 的控制，这就是电流控制原理。电流控制型脉宽调制器的优点是调整速度快，一旦 $+300\,V$ 输入电压发生变化，就能迅速调整输出脉冲的宽度。因此，采用电流控制型脉宽调制器，可以大大改善开关电源的电压调整率及电流调整率。

R_5、C_4 用于调整误差放大器的增益和频率响应。线圈 N_2 的输出电压经过 R_3、R_4 分压后，作为比较电压。当电网电压升高导致输出电压也升高时，线圈 N_2 的输出电压也随之升高，迫使 U_r 降低，进而使得输出脉冲宽度变窄，缩短 MOS 功率管的导通时间，使得输出电压 U_O 降低。

PWM 锁存器的作用是保证在每个时钟周期内只输出一个脉宽调制信号，能消除在过电流检测电压比较器翻转时产生的噪声干扰。

【技能与技巧】 开关稳压电源出现无电压输出的故障检查技巧

现在，大多数的电子电器设备都使用开关稳压电源作为电源供给并进行稳压。虽然开关稳压电源具有体积小、工作效率高、稳压效果好等优点，但是由于开关稳压电源直接与市电相连，市电电压的变化和浪涌有可能造成开关电源的损坏，而且开关稳压电源的电路比较复杂，电源出现故障时感到束手无策，维修时无从下手。其实，只要对开关稳压电源的工作原理有透彻的了解，维修起来也并非难事。

1. 开关稳压电源的一般工作过程

开关稳压电源的一般工作过程是：当市电从输入端输入时，首先到达由电容和电感组成的 L 型或 π 型高频滤波电路进行滤波，以消除市电中的浪涌电压和干扰信号，提高电源质量。同时，在市电的输入端还串接有保险管，当电源发生短路故障时，保险管熔断，避免故障扩大化。现在大多数开关稳压电源的输入端还并有压敏电阻，当输入的交流电压正常时，压敏电阻的阻值为无穷大，不影响电路的工作。而一旦输入的交流电压过高，压敏电阻的阻值将变得很小接近于短路，使通过保险管的电流增大，将保险管熔断，避免了因高压导致电路中其他元器件的损坏。

经过高频滤波后的交流电经二极管桥式整流电路和高压大容量电容滤波后，生成 $+300\,V$ 的高压直流电压，该电压经启动电阻降压或经过简单稳压后送入脉冲控制电路（PWM）以生成脉冲信号，生成的脉冲信号促使电源开关管工作在开关状态后，配合高频脉冲变压器，被转变为低压高频脉冲电压，低压高频脉冲电压再经过二次整流滤波后，就可以生成各种可供设备使用的稳压直流电了。在电路主电压的输出端，设有电压采样电路，将当前的输出电压反馈到脉冲控制电路。一旦主电压由于负载变化而产生电压漂移时，脉冲控制电路将改变脉冲信号的脉宽，进而改变开关管的导通时间，以保证输出电压的稳定。当负载短路时,采样信号也会及时控制脉冲产生电路,停止开关管的工作,避免电源因过载而损坏。

2.开关稳压电源出现无电压输出故障的检测与维修方法

(1)先观察电源保险管

当开关稳压电源出现无电压输出故障时,首先应观察电源保险管是否损坏。如保险管损坏,不能急于更换,必须要先检查电源是否存在短路现象。具体方法:用万用表的欧姆挡测试电源保险管后的交流端(测试点一),其正常电阻应在数十千欧姆以上,如电阻为零,则说明电源存在交流短路现象。另外,我们还应重点检查电源的交流滤波电容是否损坏;同时如果有压敏电阻的话,还应重点检查这个电阻是否损坏。

(2)再检测整流二极管

如上述测试结果正常,接着应检测电源的四个整流二极管(测试点二)。在正常状态下,二极管的正向电阻为数千欧姆(可用万用表 $R \times 1$ k 挡测试)、反向电阻接近无穷大。如发现测试结果不正常,则需更换。

(3)检查开关管

接着要做的是测试电源的直流电阻这一部位(测试点三),其正常电阻也在数千欧姆。如电阻为零,则说明存在直流短路。造成直流短路的原因比较多,像滤波电容短路性损坏、电源开关管损坏、PWM 集成块及外围电路部分损坏,都可能造成短路现象。特别需要注意的是,在更换电源开关管之前,必须确定 PWM 集成块及外围电路正常,否则会造成电源开关管的再次损坏。

(4)脉冲控制电路的检查

排除了开关电源上述问题后,说明故障大多存在于脉冲控制电路、采样反馈电路或负载上。这时,应先检查 PWM 集成块的供电电路是否正常(测试点四),其正常的电压应该在10 V 左右(特别提醒:由于测试电压应在通电情况下进行,而电源板上有高压的市电,因此要特别注意人身安全,不可尝试直接触摸电源的任何部分)。如该点无电压或电压很低,首先要检查启动电阻是否损坏;其次再检查 PWM 集成块和其外部的供电电路是否正常。如外围电路未发现故障,则可更换 PWM 集成块。

(5)负载是否短路的检查

有时候电源不能正常输出电压,也有可能是由于负载短路使电源启动保护而造成的。此时只需将电源输出插头拔除,再检查输出电压是否正常(测试点五),即可确定故障部位。

当所有上述故障排除后,最后还应该检查反馈电路部分,一般来说这部分故障主要集中在光耦合器及其放大电路上,比如对精密基准稳压集成电路 TL431 进行检查。

经过上述五个步骤的检查,基本上能解决开关稳压电源无输出电压的故障。

【实用资料】　PWM 集成电路典型产品主要参数

目前国内外生产的集成脉宽调制器和脉频调制器已达上百种,典型产品见表10-7。

表 10-7   集成脉宽调制器和脉频调制器的产品型号

分类	特点	国标型号	最高开关频率 f_{max}/Hz	输出最大峰值电流 I_{PM}/A	国内型号	封装形式
脉宽调制器（PWM）	双端输出中速型	MC3520 UC3520	100 k	0.1×2	CW3520	DIP-16
		SG3525A	500 k	0.4×2	CW3525A	DIP-16
		TL494 UC494A	300 k	0.2×2	CW494	DIP-16
	单端输出中速型	UC1840/2840/3840	500 k	0.4	CW1840/2840/3840	DIP-16
		UC1842/2842/3842	500 k	1	CW1842/2842/3842	DIP-16
		UC1841/2841/3841	500 k	1		DIP-16
		TEA2018	500 k	0.5	CW2018	DIP-16
		μPC1094	500 k	1.2		DIP-16
	单端输出高速型	UC1823/2823/3823	1 M	1.5		DIP-16
		UC1825/2825/3825	1 M	1.5		DIP-16
		UC1848/2848/3848	1 M	2		DIP-16
脉频调制器（PFM）	由零电流开关和零电压开关控制	UC1861	1 M	0.1×2		DIP-16
		UC1864	1 M	0.1×2		DIP-16
		UC1868	1 M	0.1×2		DIP-16
		MC34066	1 M	0.1×2		DIP-16

注：UC 是美国尤尼特德（Unitrode）公司产品，MC 为美国摩托罗拉（Motorola）公司产品，SG 是美国硅通用公司产品，TL 是美国德克萨斯公司（TI）产品，TEA 为法国汤姆逊（Thomson）公司产品，μPC 为日电产品，CW 为国标型号。

【实用资料】   常用三端集成稳压器的主要技术指标

常用三端集成稳压器的技术指标见表 10-8。

表 10-8   常用三端集成稳压器的技术指标

型号	输出电压 U_O /V	最大功率 P_{cw} /W	最大输出电流 I_{Omax} /A	最低电压 $(U_I-U_O)_{min}$ /V	电压调整率 S_U /V	最大输入电压 U_{Imax} /V	使用环境温度 T_A/℃
CW7805	5±0.25				≤0.05		
CW7806	6±0.3				≤0.06	30	
CW7808	8±0.4				≤0.08		
CW7809					≤0.09		
CW7812	12±0.6				≤0.12		
CW7815	15±0.75				≤0.15	35	
CW7818	18±0.9				≤0.18		
CW7824	24±1.2	15	1.5	3	≤0.24	40	0～70
CW7905	−5±0.25				≤0.04		
CW7906	−6±0.3				≤0.05		
CW7908	−8±0.4				≤0.06	−30	
CW7909					≤0.07		
CW7912	−12±0.6				≤0.08		
CW7915	−15±0.75				≤0.10	−35	
CW7918	−18±0.9				≤0.12		
CW7924	−24±1.2				≤0.16	−40	

国家标准集成稳压器系列品种及技术指标见表10-9。

表 10-9　　　　　　　　　国家标准集成稳压器系列品种及技术指标

产品类型	国标型号	主 要 特 性					
		最大输入电压/V	输出电压范围/V	最大输出电流/mA	最小输入输出电压差/V	电压调整率/(%)max	电流调整率/(%)max
多端正可调集成稳压器	CW3085	40	1.6～37	100	4	0.1	0.6
	CW732	40	2～37	150	3	0.1	0.2
	CW105	50	4.5～40	45	3	0.06	0.05
	CW1569	40	2.5～37	250～500	3	0.015	0.05
多端负可调集成稳压器	CW1511	−40	−2～−37	50	3	0.1	0.02
	CW104	−50	−0.015～−40	25	2	0.01	0.05
	CW1563	−40	−3.6～−37	200～500	1.5	0.015	0.05
正、负对称输出集成稳压器	CW1568	±30	±8～±20	100	2	10	0.10
三端固定正输出集成稳压器	CW78L00	35～40	5、6、9、12、15、24	100	3	20(U_O=5 V,I_O=40 mA)	0.60(U_O=5V,1 mA$\leqslant I_O \leqslant$100 mA)
	CW78M00	35～40	5、6、9、12、15、24	500	3	50 (U_O=5 V,I_O=100 mA)	0.10(U_O=5 V,5 mA$\leqslant I_O \leqslant$500 mA)
	CW7800	35～40	5、6、9、12、15、24	1500	3	50(U_O=5 V,$I_O \leqslant$1 A)	0.5(U_O=5 V,1 mA$\leqslant I_O \leqslant$1.5 A)
三端固定负输出集成稳压器	CW79L00	−35～−40	−5;−6;−1;−2−15;−24	100	−3	60(U_O=−5 V,I_O=40 mA)	50(U_O=−5 V,1 mA$\leqslant I_O \leqslant$100 mA)
	CW79M00	−35～−40	−5;−6;−1;−2,−15;−24	500	−3	50(U_O=−5 V,I_O=350 mA)	100(U_O=−5 V,5 mA$\leqslant I_O \leqslant$500 mA)
	CW7900	−35～−40	−5;−6;−1;−2;−15;−24	1500	−3	50(U_O=−5 V,I_O=500 mA)	100(U_O=−5 V5 mA$\leqslant I_O \leqslant$1.5 A)
三端正可调集成稳压器	CW117	40	1.2～37	1500	3	0.01	0.1
三端负可调集成稳压器	CW137	−40	−1.2～−37	1500	−3	0.01	0.3

【新器件与新技术】　新型低压差三端集成稳压器

　　三端集成稳压器 CW7800、CW7900 两个系列内部电路是串联调整型稳压电路,工作时靠调整三极管集电极和发射极之间电压来控制输出电压。此时,三端集成稳压器输入与输出间存在约 3 V 的电压降,造成了能量的损耗。

为了克服上述弊端,现已开发了多种低压差三端集成稳压器。MC33269 系列三端集成稳压器是低压差、中电流、正电压输出集成稳压器。分为固定电压输出和可调电压输出等不同型号。固定电压输出为 3.3 V、5 V、12 V,最大电流可达 800 mA,当输出电流为 500 mA 时,输入输出压差仅为 1 V。其内部设有过热保护电路和输出短路保护保护电路。

常用 MC33269 典型应用电路如图 10-33 所示。图 10-33(a)为固定电压输出电路,图 10-33(b)为可调电压输出电路。

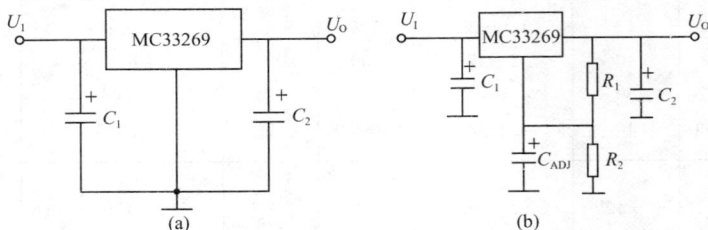

图 10-33 MC33269 典型应用电路

随着科学技术不断发展,低压差三端集成稳压器输入和输出端压差已能接近 500 mV,有的甚至已能缩小到 100 mV,这就大大降低了稳压电路本身的功耗,使稳压电源的效率也得到了提高,低压差三端集成稳压器已扩展更多种型号,被广泛应用在高档计算机等高科技领域中。

【项目考核方法】

采用个人逐项考核方法,教师对每个学生进行三次考核。

1. 考核对稳压二极管、TL431、三端集成稳压器 CW7800 系列、CW7900 系列区分管脚,判断好坏。

2. 现场对照串联调整型稳压电路实验电路板进行识别,分析各组成部分工作原理。

3. 测试串联调整型稳压电路实验电路的纹波电压。

【项目实训报告】

实训报告包括项目实施目标、项目实施器材、项目实施步骤、实际电源电路分析。

【项目小结】

1. 稳压电路的作用是当外端电压发生波动、负载和温度产生变化时,能维持直流输出电压的稳定。

2. 直流稳压电路由变压、整流、滤波、稳压四个部分组成,稳压电路是以变应变来维持电路输出电压的稳定,直流稳压电路实质是电压负反馈。

3. 开关稳压电源主要由开关调整管、续流二极管、滤波器、取样电路和控制电路组成,工作时调整管工作在开关状态。有串联和并联两种类型。串联型开关稳压电源的输出电压总是低于输入电压,而并联型开关稳压电源的输出电压总是高于输入电压。

主要优点:稳压效果好,范围宽,稳压管功耗小,电路效率高,缺点是输出纹波电压较大。

4. 三端集成稳压器是一种集成化的串联型稳压器,分为固定和可调两大类型,正负可选,电压可调。通常适合小功率电子产品中应用。

5. 串联型开关稳压电源和并联型开关稳压电源的输入和输出有公共点,输出与输入端没有隔离。

6. 脉冲变压器型开关稳压电源采用了高频开关变压器,既解决了隔离问题,又增加了输出电压的路数,被广泛应用在需要多路直流电压的电路中。

7.集成 PWM 和 PFM 驱动器大大简化了开关稳压电源的设计,提高了电源性能。

【项目练习题】

1.直流稳压电源主要技术指标有哪几项?

2.直流稳压电源主要由几部分组成?

3.与稳压二极管相比,TL431 器件有何优点?

4.三端集成稳压器 CW7800 系列与 CW7900 系列有何不同?

项目 11

收音机电路的安装、焊接与调试

【知识目标】

通过对一台收音机进行实际安装、焊接与调试,达到掌握手工焊接的基本技能,能对焊点的质量作出判断,能按照电路要求完成元器件和导线的焊接工作,并达到合格的焊接标准。

1. 了解手工锡焊所需要的各种工具用途和性能。
2. 掌握手工锡焊的质量判别标准和拆焊的原则,了解拆焊所需要的工具和特点。
3. 了解工厂锡焊所用的各种机器设备特点。
4. 掌握电子产品的安装知识和方法
5. 掌握收音机电路调试的方法。

【技能目标】

1. 能熟练使用手工焊接工具,并会对新电烙铁进行挂锡处理。
2. 能熟练使用电烙铁给电子元器件引线上锡和给导线头上锡。
3. 能将电子元器件牢固地焊接到电路板上,使焊点达到质量标准。
4. 能拆焊电子元器件、集成电路块、导线,要求动作熟练,保证元器件、印制电路板不能损坏。
5. 熟练使用装配工具,掌握压接、绕接、胶接和螺纹连接的方法。
6. 能按照要求调试收音机电路。

【实施器材】

1. 空电路印制电路板每人一块、万用焊接板、焊有电子元器件的旧印制电路板、电阻、二极管、三极管、电感、电容、集成块插座、单(多)股导线、硬线束导线。
2. 39♯焊锡丝、松香、内热式电烙铁(20 W)、吸锡式电烙铁(35 W)、吸锡器。
3. 收音机套件一套。
4. 装配工具:尖嘴钳、偏口钳、压接钳、旋具、刀片、砂纸、剥线钳、镊子。

【知识链接】

11.1 电子元器件装配前的加工

11.1.1 导线的加工

导线在电子产品中的作用不可忽视,从电源的供给、信号的传输到印制电路板间的连接,都离不开导线,导线的加工也是不可缺少的重要环节。

1.导线的种类

导线主要由导体和绝缘体两部分组成,电子产品中导线的导体主要是金属铜;绝缘体主要是聚氯乙烯、聚四氟乙烯、橡胶等绝缘材料,绝缘体具有绝缘功能,保护导体免受腐蚀及加强导线抗拉伸强度。

在电子产品中,导线类型多种多样,常见的导线有塑料导线、橡胶导线及各种其他导线。如图 11-1 所示是常见的各种类型安装导线。

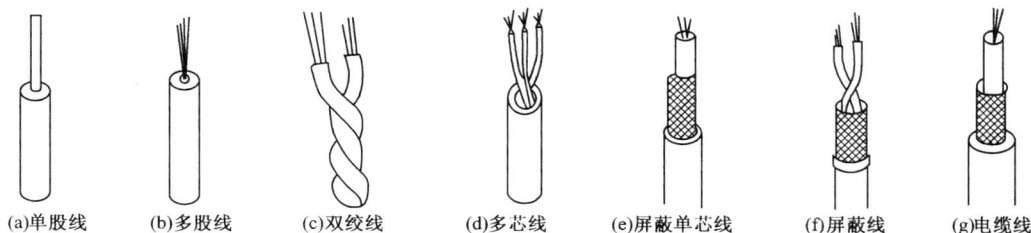

| (a)单股线 | (b)多股线 | (c)双绞线 | (d)多芯线 | (e)屏蔽单芯线 | (f)屏蔽线 | (g)电缆线 |

图 11-1　常见的各种类型安装导线

2.线束的加工

在电子产品中,为了方便布线,将导线捆扎成束,叫做线束,也称做线扎。线束通常分为两种:软线束和硬线束。软线束一般用于内部电路块间的连接,由多股导线、屏蔽线、套管及接线端子组成,不需捆扎成束。硬线束多用于固定部件之间的连接,尤其在机柜设备中使用较多,需捆扎。

按线束布线应有线束图(图 11-2),按照线束图尺寸方能下线、捆扎、做标记。

(1)线束捆扎:可用尼龙绳、棉线把导线捆扎

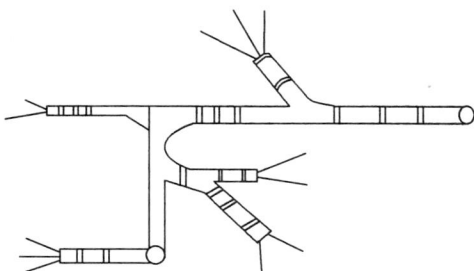

图 11-2　设备的线束图实例

成束,捆扎距离和密度根据线束大小而定。如图 11-3 所示,是几种线束捆扎的方式。

(2)粘结:在导线不多时,可用粘结剂将导线粘结成型。

(3)搭扣:采用特殊专业线搭扣将线束捆扎起来。

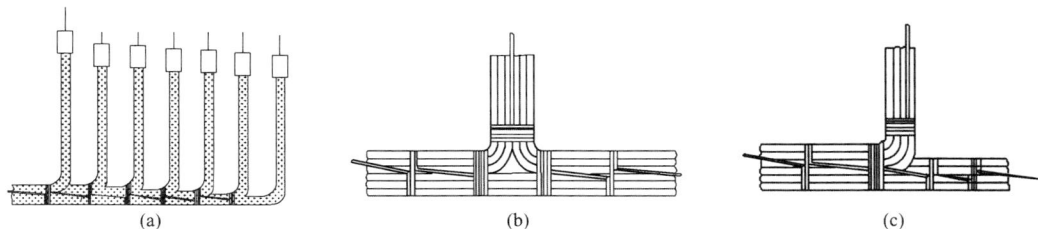

| (a) | (b) | (c) |

图 11-3　线束捆扎的方式

线束完成捆扎后,从安装、调试、维修的角度出发,应该对线束端子进行标记,标记方法有三种:印字标记、色环标记和套管标记,如图 11-4 所示。

3. 屏蔽线的加工

屏蔽线的加工主要是指接地线的引出方式,针对工作电压较高的屏蔽线而言,其加工方法是:把屏蔽线端头剪去 20～30 mm 长的屏蔽层,缠绕接地用绕线,在屏蔽层的绕线上绕 2～3 层黄蜡绸布,再用直径 0.5 mm 左右镀银线密绕数圈,用电烙铁将绕线的屏蔽层焊接好,趁热套上热缩套管。如图 11-5 所示。

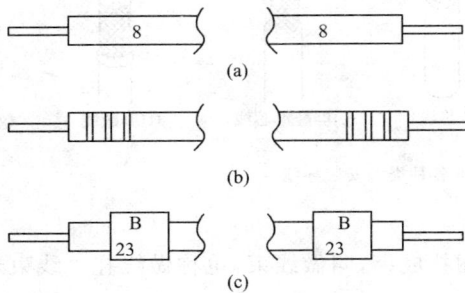

图 11-4 线束端子的标记方法

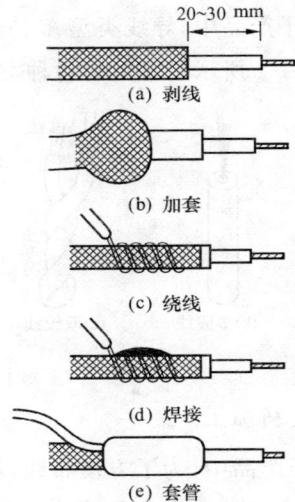

图 11-5 屏蔽线的加工步骤

11.1.2 电子元器件在装配前的加工

电子元器件在安装到印制电路板之前,需将其引线(也称管脚或引脚)规范成型,以便准确将其引线插装到印制电路板上的安装孔中,满足安装规范美观的要求。

1. 电子元器件引线成型的方法

电子元器件引线成型一般采用模具手工成型,成型模具依元器件形状不同而不同。对个别元器件引线的成型,也可使用尖嘴钳加工完成,电子元器件引线的成型图如图 11-6 所示。

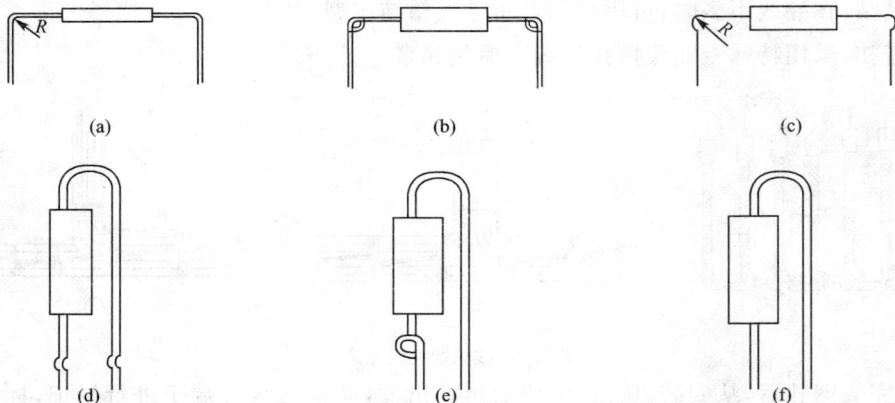

图 11-6 电子元器件引线的成型图

2.电子元器件的安装

电子元器件在印制电路板上的装配是指将已经加工成型后的元器件的引线插入到印制电路板的焊孔。装配的方法根据元器件性质和电路的要求有多种,如图 11-7 所示,是元件直立装配的例子;如图 11-8 所示,是元件水平装配的例子。当元器件的装配高度受到限制时,可采用埋头装配或折弯装配,如图 11-9 所示。当元器件比较重时,要采用支架装配,如图 11-10 所示。对于小功率三极管的装配,如图 11-11 所示。

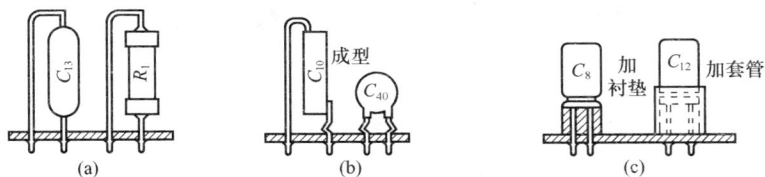

图 11-7 直立装配

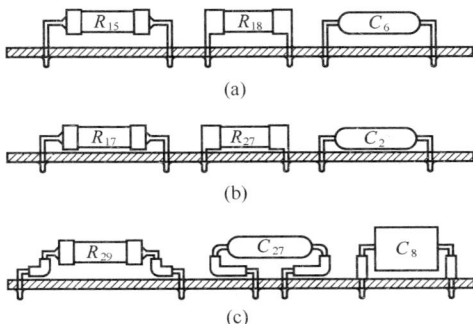

图 11-8 水平装配

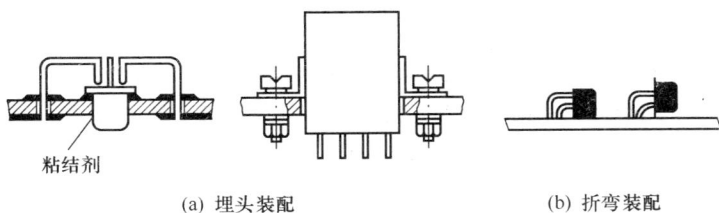

图 11-9 元器件受高度限制时的装配

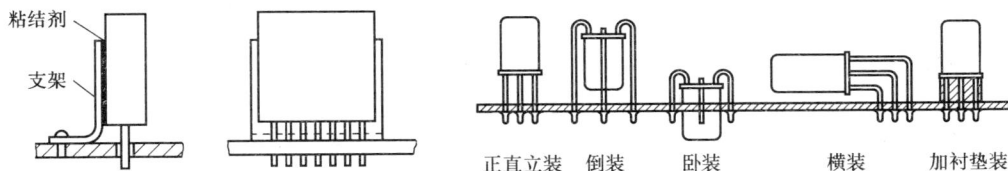

图 11-10 支架装配

图 11-11 小功率三极管的装配

装配元器件有手工装配和机器自动装配两种方法。电子元器件在装配时要遵循一些基本原则:

(1)元器件装配的顺序:先低后高,先小后大,先轻后重。

(2)元器件装配的方向:电子元器件的标记和色码部位应朝上,以便于辨认;水平装配元器件的数值读法应保证从左至右,竖直装配元器件的数值读法则应保证从下至上。

(3)元器件的间距:在印制电路板上的元器件之间的距离不能小于 1 mm;引线间距要大于2 mm,必要时,要给引线套上绝缘套管。对水平装配的元器件,应使元器件贴在印制电路板上,元器件离印制电路板的距离要保持在 0.5 mm 左右;对竖直装配的元器件,元器件离印制电路板的距离应在 3~5 mm 左右。

11.2　电子元器件的焊接

11.2.1　常用手工焊接工具和材料

电烙铁是最常用的手工焊接工具之一,被广泛用于各种电子产品的生产与维修,常见的电烙铁及烙铁头形状如图 11-12 所示。

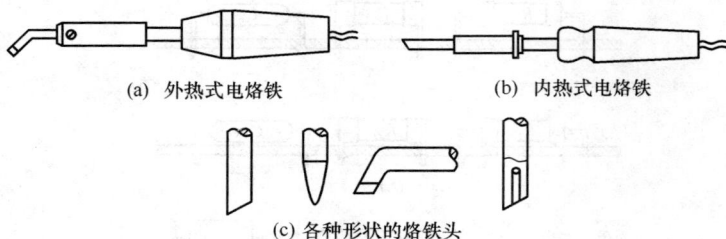

(a) 外热式电烙铁　　　　(b) 内热式电烙铁

(c) 各种形状的烙铁头

图 11-12　常见的电烙铁及烙铁头形状

1. 电烙铁的分类

常见的电烙铁分为内热式、外热式、恒温式和吸锡式。

(1)内热式电烙铁

内热式电烙铁具有发热快、体积小、重量轻、效率高等特点,因而得到普遍应用。

常用的内热式电烙铁的规格有 20 W、35 W、50 W 等,20 W 烙铁头的温度可达 350 ℃左右。电烙铁的功率越大,烙铁头的温度就越高,可焊接的元器件越大。焊接集成电路和小型元器件选用 20 W 内热式电烙铁即可。

(2)外热式电烙铁

外热式电烙铁的功率比较大,常用的规格有 35 W、45 W 、75 W、100 W 等,适合于焊接较大的元器件。它的烙铁头可以被加工成各种形状,以适应不同焊接面的需要。

(3)恒温式电烙铁

恒温式电烙铁是用电烙铁内部的磁控开关来控制电烙铁的加热电路,使烙铁头保持恒温。当磁控开关的软磁铁被加热到一定的温度时,便失去磁性,使电路中的触点断开,自动切断电源。

(4)吸锡式电烙铁

吸锡式电烙铁是拆除焊件的专用工具,可将焊点上的焊锡熔化后吸除,使元器件的引线与焊盘分离。操作时,先将电烙铁加热,再将烙铁头放到焊点上,待焊点上的焊锡熔化后,按动吸锡开关,即可将焊点上的焊锡吸入腔内,这个步骤有时要反复几次才行。

2. 电烙铁的使用

(1)安全检查

先用万用表检查电烙铁的电源线有无短路和开路,测量电烙铁是否有漏电现象,检查电源线的装接是否牢固、固定螺丝是否松动、手柄上的电源线是否被螺丝顶紧、电源线的套管有无破损。

(2)新烙铁头的处理

新买的电烙铁一般不能直接使用,要先将烙铁头进行"上锡"后方能使用。"上锡"的具体操作方法是:将电烙铁通电加热,趁热用锉刀将烙铁头上的氧化层锉掉,蘸上松香后用烙铁头刃面接触焊锡丝,直至烙铁头的表面薄薄地镀上一层锡为止。

3. 焊接辅助工具

(1)尖嘴钳

尖嘴钳的主要作用是在连接点上夹持导线或元器件引线,也用来对元器件引线加工成型。

(2)偏口钳

偏口钳又称斜口钳,主要用于切断导线和剪掉元器件上过长的引线。

(3)镊子

镊子的主要用途是镊取微小器件,在焊接时夹持被焊件,防止其移动和帮助散热。

(4)旋具

旋具又称改锥或螺丝刀。旋具分为十字旋具和一字旋具,主要用于拧动螺钉及调整元器件的可调部分。

(5)小刀

小刀主要用来刮去导线和元器件引线上的绝缘物和氧化物,使之易于上锡。

4. 焊料

在电子元器件焊接时,常使用焊锡作为焊料,通过焊料把被焊器件焊在一起。为了增加焊接性能,通常在锡中加入一定比例的铅,组成新的锡铅合金(也称锡铅焊料)。锡铅合金的熔点较低,提高了焊点的机械强度,抗氧化能力强,抗腐蚀性好。

在电子元器件焊接中锡铅焊料的比例为:铅占 37.3%,锡占 62.7%,称为 39♯ 锡铅焊料,接近共晶焊料比。焊料的形状常做成丝状,叫焊锡丝,其内部夹有松香焊剂。焊锡丝直径从 0.5 mm 到 5.0 mm,分为多种规格,电子产品手工焊接中常使用直径 0.8～1.2 mm 的焊锡丝。此外,焊料的形状还有带状、棒状、块状等。如图 11-13 所示,是常用焊锡丝的外形。

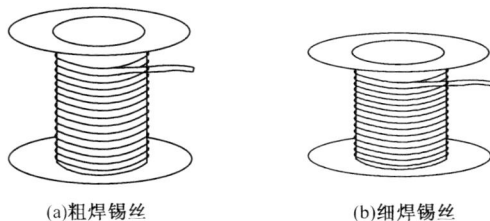

(a)粗焊锡丝　　　　(b)细焊锡丝

图 11-13 常用焊锡丝的外形

5. 助焊剂和阻焊剂

进行焊接时,焊锡丝和被焊件的表面往往有一层金属氧化膜,给焊接带来了障碍。为方便进行焊接,消除这个障碍,通常需要使用助焊剂。

常用的助焊剂有松香(或松香水)、硫酸膏等。松香水实质是松香和酒精的混合物,把固态松香放在酒精中溶解,比例为 25% 到 30%,常用 1:3 比例。松香(松香水)无腐蚀性。

硫酸膏清除氧化层的效果好,但其腐蚀性太大,在电子电路中不常用。

助焊剂能够有效地去除金属表面的氧化膜,使焊出的焊点圆滑、有亮度、刚度强、焊接牢固。

但助焊剂在使用时用量要适中,不宜过多,否则,受热后的助焊剂容易在焊点周围产生一片黑渍。这种黑渍不但影响美观,而且在温度过高时,容易导致印制电路板的绝缘性能变差。

此外,还有一种阻焊剂也经常被使用在印制电路板上。阻焊剂是一种耐高温的涂层,在印制电路板上,把不需要焊接的界面与外界隔离开来,保证印制电路板在进行焊接时,焊料不能浸润到该界面上。凡是正规厂家生产的印制电路板上,都有一层绿色的阻焊剂,覆盖在不需要进行焊接的铜箔上,而焊盘圆孔的周围往往涂有一层助焊剂,保证焊接可靠。

11.2.2 手工焊接方法

1. 手工焊接的手法

（1）焊锡丝的拿法

经常使用电烙铁进行锡焊的人,在连续进行焊接时应用左手的拇指、食指和中指夹住焊锡丝,用另外两个手指配合就能把焊锡丝连续向前送进。

（2）电烙铁的握法

根据电烙铁的大小、形状和被焊件要求的不同,电烙铁的握法一般有三种形式:正握法、反握法和握笔法。

2. 手工焊接的基本步骤

手工焊接时,常采用五步操作法,如图 11-14 所示。

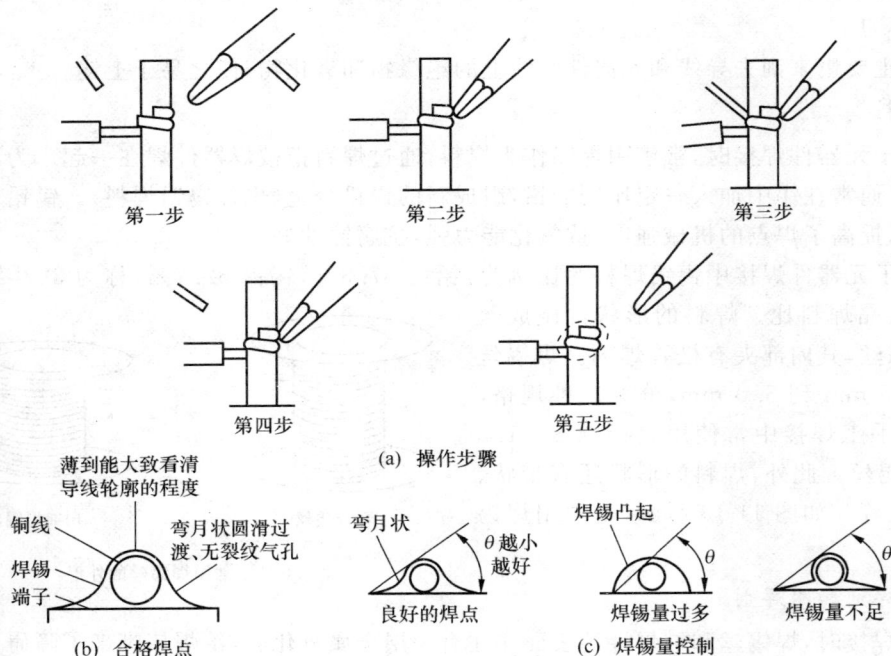

图 11-14 手工锡焊五步操作法

（1）准备工作

首先把被焊件、焊锡丝和电烙铁准备好,处于随时可焊的状态。

（2）加热被焊件

把烙铁头放在接线端子和引线上进行加热。

（3）放上焊锡丝

被焊件经加热达到一定温度后，立即将手中的焊锡丝触到被焊件上使之熔化。

（4）移开焊锡丝

当焊锡丝熔化一定量后（焊料不能太多），迅速移开焊锡丝。

（5）移开电烙铁

当焊料的扩散范围达到要求后移开电烙铁。

（6）焊料多少的控制

若使用焊料过多，则多余的焊锡会流入管座的底部，降低引线之间的绝缘性；若使用焊料太少，则被焊件与焊盘不能良好结合，机械强度不够，容易造成开焊。

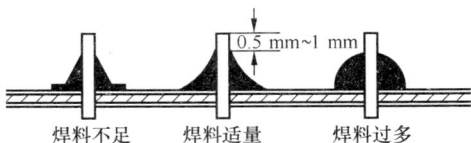

图 11-15　焊盘上焊锡量的控制

焊盘上焊锡量的控制如图 11-15 所示。

3．手工焊接的操作技巧

为了保证焊接质量，焊接技术人员总结了五个"对"，作为焊接的诀窍。

（1）对焊件要先进行表面处理

手工焊接中遇到的焊件是各种各样的电子元器件和导线，除非在规模生产条件下使用"保鲜期"内的电子元器件，一般情况下遇到的焊件都需要进行表面清理工作，去除焊接面上的锈迹、油污等影响焊接质量的杂质，手工操作中常用机械刮磨和酒精擦洗等简单易行的方法。

（2）对元器件引线要进行镀锡

镀锡就是将要进行焊接的元器件引线或导线的焊接部位预先用焊锡润湿，一般也称为上锡。镀锡对手工焊接特别是进行电路维修和调试时可以说是必不可少的。给元器件引线镀锡的方法如图 11-16 所示。

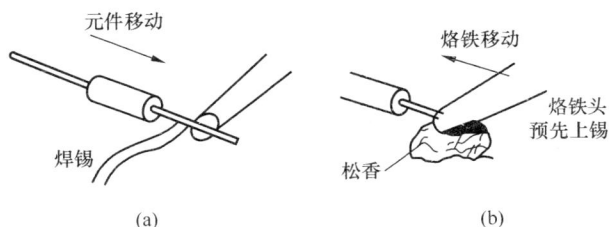

图 11-16　给元器件引线镀锡的方法

（3）对助焊剂不要过量使用

适量的助焊剂是必不可缺的，但不要认为越多越好。过量的松香不仅造成焊接后焊点周围需要清洗的工作量增加，而且延长了加热时间（松香熔化、挥发需要并带走热量），降低了工作效率，而且若加热时间不足，非常容易将松香夹杂到焊锡中形成"夹渣"缺陷；对于开关类元器件的焊接，过量的助焊剂容易流到触点处，从而造成开关接触不良。

合适的助焊剂量应该是松香水仅能浸湿将要形成的焊点，不要让松香水透过印制电路板流到元器件表面或插座孔里（如 IC 插座）。若使用有松香芯的焊锡丝，则基本上不需要再涂助焊剂。

（4）对烙铁头要经常进行擦蹭

因为在焊接过程中烙铁头长期处于高温状态，又接触助焊剂等受热分解的物质，其铜表面很容易氧化而形成一层黑色杂质，这些杂质形成了隔热层，使烙铁头失去了加热作用。因此要随时在烙铁架上蹭去烙铁头上的杂质，用一块湿布或湿海绵随时擦蹭烙铁头，也是非常有效的方法。

（5）对焊盘和元器件加热要有焊锡桥

在手工焊接时，要提高烙铁头加热的效率，需要形成热量传递的焊锡桥。所谓焊锡桥，就是靠烙铁头上保留少量的焊锡作为加热时烙铁头与焊件之间传热的桥梁。显然由于金属液体的导热效率远高于空气，而使元器件很快被加热到适于焊接的温度。

4.具体焊件的锡焊操作技巧

掌握焊接的原则和要领对正确操作是必要的，但仅仅依照这些原则和要领并不能解决实际操作中的各种问题，实际经验是不可缺少的。借鉴他人的成功经验，遵循成熟的焊接工艺是初学者掌握焊接技能的必由之路。

（1）印制电路板的焊接

印制电路板的焊接在整个电子产品制造中处于核心的地位，掌握印制电路板的焊接是至关重要的，可以按照下列方法进行操作：

一般应选内热式 35 W 或恒温式电烙铁，烙铁头的温度不超过 300 ℃ 为宜。烙铁头形状的选择也很重要，应根据印制电路板焊盘的大小采用凿形或锥形，目前印制电路板的发展趋势是小型密集化，因此用小型圆锥烙铁头为宜。给元器件引线加热时应尽量使烙铁头同时接触印制电路板上的铜箔，对较大的焊盘（直径大于 5 mm）进行焊接时可移动烙铁使烙铁头绕焊盘转动，以免长时间对焊盘某点加热导致局部过热，如图 11-17 所示。

对双层印制电路板上的金属化孔进行焊接时，焊料不仅润湿焊盘，而且孔内也要润湿填充，如图 11-18 所示，因此对金属化孔的加热时间应稍长。

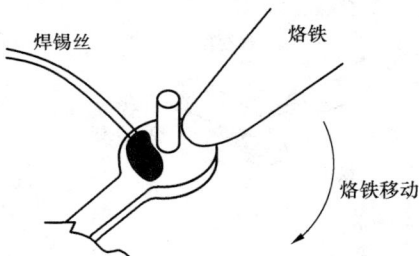

图 11-17　对大焊盘的加热焊接　　　　图 11-18　对金属化孔的焊接

焊接完毕后，要剪去元器件在焊盘上的多余引线，检查印制电路板上所有元器件的引线焊点是否良好，及时进行焊接修补。对有工艺要求的要用清洗液清洗印制电路板，使用松香焊剂的印制电路板一般不用清洗。

（2）导线的焊接

在电子电路中常用的导线有三类：单股导线、多股导线、屏蔽线。导线在焊接前要除去其末端的绝缘层，剥绝缘层可以用普通工具或专用工具。在工厂的大规模生产中使用专用机械给导线剥绝缘层，在检查和维修过程中，一般可用剥线钳或简易剥线器给导线剥绝缘层，如图 11-19 所示。简易剥线器可用 0.5～1 mm 的铜片经弯曲后固定在电烙铁上制成，使用它的最大好处是不会损伤导线。

使用普通偏口钳剥除导线的绝缘层时，要注意对单股导线不应伤及导线，对多股导线和屏蔽线要注意不断线，否则将影响接头质量。

对多股导线剥除绝缘层的技巧是将线芯拧成螺旋状，采用边拽边拧的方式，如图 11-20 所示。对导线进行焊接，挂锡是关键的步骤。尤其是对多股导线的焊接，如果没有这步工序，焊接的质量很难保证。

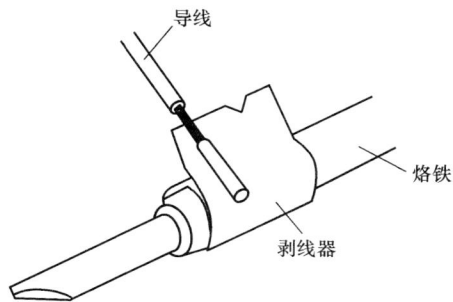

图 11-19 简易剥线器的制作

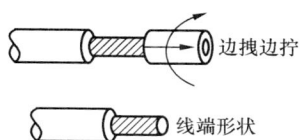

图 11-20 多股导线的剥线技巧

导线与接线端子之间的焊接有三种基本形式：绕焊、钩焊和搭焊，如图 11-21 所示。绕焊是把已经挂锡的导线头在接线端子上缠一圈，用钳子拉紧缠牢后再进行焊接。注意导线一定要紧贴端子表面，使绝缘层不接触端子，一般 $L=1\sim3$ mm 为宜。这种连接可靠性最好。钩焊是将导线端子弯成钩形，钩在接线端子的孔内，用钳子夹紧后施焊。这种焊接方法强度低于绕焊，但操作比较简便。搭焊是把经过挂锡的导线搭到接线端子上施焊。这种焊接方法最方便，但强度可靠性最差，仅用于临时焊接或不便于缠、钩的地方。

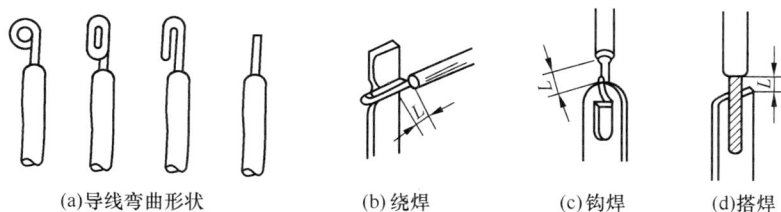

(a)导线弯曲形状   (b)绕焊   (c)钩焊   (d)搭焊

图 11-21 导线与接线端子之间的焊接形式

导线之间的焊接以绕焊为主，如图 11-22 所示。操作步骤如下：先给导线去掉一定长度的绝缘皮，再给导线头挂锡，并穿上粗细合适的套管，然后将两根导线绞合后施焊，最后趁热套上套管，使焊点冷却后套管固定在焊接头处。

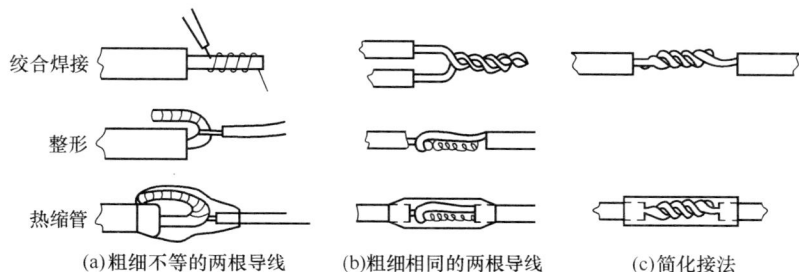

绞合焊接

整形

热缩管

(a)粗细不等的两根导线   (b)粗细相同的两根导线   (c)简化接法

图 11-22 导线与导线之间的焊接

（3）铸塑元器件的锡焊技巧

许多有机材料，例如有机玻璃、聚氯乙烯、聚乙烯、酚醛树脂等材料，现在被广泛用于电子元器件的制造,例如各种开关和插接件等。这些元器件都是采用热铸塑的方法制成的,它们最大的弱点就是不能承受高温。当需要对铸塑材料中的导体接点施焊时,如控制不好加热时间,极容易造成塑件变形,导致元器件失效或降低性能,如图 11-23 所示是一个铸塑开关因焊接技术不当而造成失效的例子。

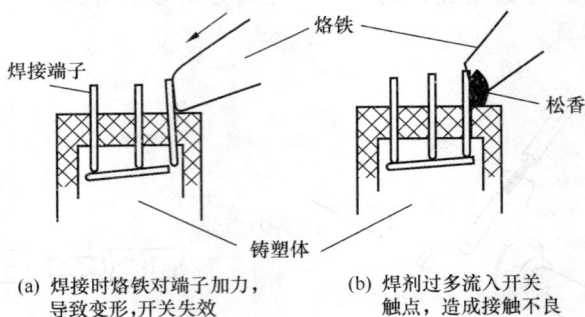

(a) 焊接时烙铁对端子加力,　　　(b) 焊剂过多流入开关
　　导致变形,开关失效　　　　　　　触点,造成接触不良

图 11-23　因焊接技术不当造成铸塑开关失效

对铸塑元器件焊接时要掌握的技巧是:先处理好接点,保证一次镀锡成功,不能反复镀锡;将烙铁头修整得尖一些,保证焊一个接点时不碰到相邻的焊接点;加助焊剂时量要少,防止助焊剂浸入电接触点;焊接时不要对接线片施加压力;焊接时间在保证润湿的情况下越短越好。

(4)弹簧片类元器件的锡焊技巧

弹簧片类元器件如继电器、波段开关等,它们的共同特点是在弹簧片制造时施加了预应力,使之产生适当的弹力,保证电接触性能良好。如果在安装和施焊过程中对弹簧片施加外力过大,则会破坏接触点的弹力,造成元器件失效。

对弹簧片类元器件的焊接技巧是:有可靠的镀锡;加热时间要短;不可对焊点的任何方向加力;焊锡量宜少不宜多。

(5)集成电路的焊接技巧

对集成电路进行焊接时,需要掌握的焊接技巧是:

①集成电路的引线如果是镀金处理的,不要用刀刮,只需用酒精擦洗或用绘图橡皮擦干净即可进行焊接。

②CMOS 型集成电路在焊接前若已将各引线短路,焊接时不要拿掉短路线。

③焊接时间在保证润湿的前提下,尽可能要短,不要超过 3 s。

④电烙铁最好是采用恒温 230 ℃、功率为 20 W 的烙铁,接地线应保证接触良好。烙铁头应修整得窄一些,保证焊接一个端点时不会碰到相邻的端点。

⑤集成电路若直接焊到印制电路板上时,焊接顺序应为:地端→输出端→电源端→输入端。

11.2.3　手工拆焊

在电子产品的焊接和维修过程中,经常需要拆换已焊好的元器件,这就是拆焊,也叫做解焊。在实际操作中,拆焊比焊接要困难得多,若拆焊不正确,很容易损坏元器件或破坏印制电路板上的焊盘及铜箔。

1.手工拆焊的原则与工具

拆焊技术适用于拆除误装误接的元器件和导线,在维修或检修过程中需更换的元器件,在调试结束后需拆除临时安装的元器件或导线等。

拆焊时不能损坏需拆除的元器件及导线;拆焊时不能损坏焊盘和印制电路板上的铜箔;在拆焊过程中不要乱拆和移动其他元器件,若确实需要移动其他元器件时,在拆焊结束后应做好移动元器件的复原工作。

拆焊操作可使用一般电烙铁来进行,烙铁头不要蘸锡,先用烙铁使焊点上的焊锡熔化,然后迅速用镊子拔下元器件的引线,再对原焊点进行清理,使焊盘孔露出来,以备重新安装元器件时使用。用一般的电烙铁拆焊时,可以配合其他辅助工具来进行,如吸锡器、排焊管、划针等。

拆焊的专用工具是吸锡式电烙铁,它自带一个吸锡器,烙铁头是中空的。拆焊时先用烙铁头加热焊点,当焊点熔化时按下吸锡式电烙铁上的吸锡开关,焊锡就会被吸入烙铁内的吸管中。专用工具适用于拆除集成电路、中频变压器等多引线元器件。

拆焊操作要严格控制加热时间和仔细掌握好用力尺度。

2.具体元器件的拆焊操作技巧

(1)少引线元器件的拆焊方法

一般电阻、电容、二极管、三极管等元器件的引线不多,对这些元器件可直接用电烙铁进行拆焊,如图 11-24 所示。

焊接时,将印制电路板竖起来夹住,一边用电烙铁加热待拆元器件的一个焊点,一边用镊子或尖嘴钳子夹住元器件的引线,待焊点熔化后将元器件引线轻轻地拉出。用同样方法,将元器件的另一个引线也拔出,该元器件就被从印制电路板上拆下来了。将元器件拆除后,必须将该元器件原来焊盘上的焊锡清理干净,使焊盘孔暴露出来,以便再安装元器件时使用。在需要多次在一

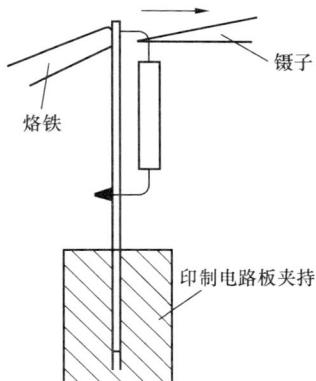

图11-24　少引线元器件的拆焊方法

个焊点上反复进行拆焊操作的情况下,可用如图 11-25 所示的"断线拆焊法"。

(2)多引线元器件的拆焊方法

当需要拆下有多个引线的元器件或虽然元器件的引线数少但引线比较硬时,例如要拆下一个 16 脚的集成电路,用上述方法就不行了。这时可以根据条件采用以下两种方法进行拆焊。

第一种方法:采用自制专用工具拆焊,如图 11-26 所示。自己制作一个专用烙铁头,形状可以是线状或半工字状,一次就可将待拆元器件的所有焊点加热。用这种方法拆焊速度快,但需要制作专用工具,同时电烙铁的功率也需要大一些。显然这种方法对于不同的元器件需要制作不同形状的专用工具,有时并不是很方便,但对于专业搞维修的技术人员来说,还是比较实用的。

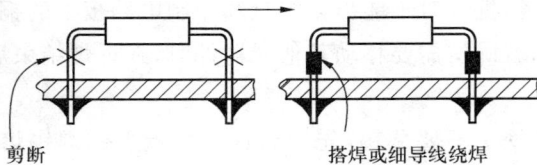

图 11-25　用断线拆焊法更换元器件

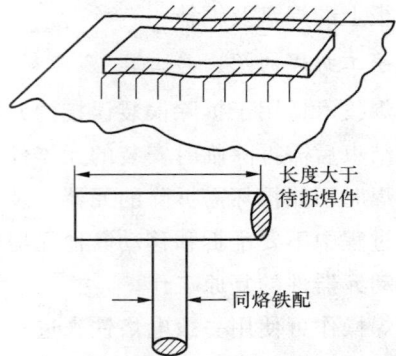

图 11-26　采用自制专用工具拆焊

第二种方法:采用吸锡式电烙铁或吸锡器拆焊。吸锡式电烙铁对拆焊是很有用的,既可以拆下待换的元器件,又可同时使焊孔暴露出来,而且不受元器件形状和种类的限制。但这种方法须逐个将焊点除锡,工作效率不高,而且还需要定期将吸入烙铁吸锡腔中的焊锡清除。

在没有吸锡式电烙铁的条件下,采用"拖线拆焊法"将是一种简便易行的好方法。

找一段多股软导线,剥掉一段塑料皮,露出多股细铜线,将其在松香水中浸一下,或是用热烙铁的背面(正面有锡),将多股细铜线压在松香块上浸上一层薄薄的松香,然后将多股细铜线放在多引线元器件的焊点上,用电烙铁加热,使焊盘上的焊锡都吸到导线上,在加热的过程中,将导线顺着焊点拖动,再将已吸满焊锡的那段导线剪下。反复运用拖线吸焊锡的方法将多引线元器件的焊盘孔全露出来,就可以很容易地将多引线元器件从板上拆下来了。

利用屏蔽电缆的铜丝编织线作为吸收焊锡的拖线,也是在业余拆焊时一种既实用又方便的拆焊方法。采用"拖线拆焊法"简便易行,且不损伤印制电路板和元器件,是业余维修人员进行拆焊操作的好方法。

11.3　工厂焊接设备与工艺

电子产品的工业焊接技术是指大批量生产的自动焊接技术,如浸焊、波峰焊、再流焊等,这些焊接都是采用自动焊接机完成的。

11.3.1　工厂锡焊设备

1.浸锡焊接设备

浸锡焊接设备是适用于小型工厂进行小批量生产电子产品的焊接设备,能完成对元器件引线、导线端头、焊片及接点等焊接功能。目前使用较多的有普通浸锡设备和超声波浸锡设备两种类型。

(1)普通浸锡设备

普通浸锡设备是在一般锡炉的基础上加滚动装置及温度调整装置构成的。操作时,将待浸锡的元器件先浸蘸助焊剂,再浸入锡炉。由于锡锅内的焊料在不停地滚动,增强了浸锡的效果。浸锡后要及时将多余的锡甩掉,或用棉纱擦掉。有些浸锡设备带有传动装置,使排好顺序的元器件匀速通过锡锅,自动进行浸锡,这既可提高浸锡的效率,又可保证浸锡的质量。

(2)超声波浸锡设备

超声波浸锡设备是通过向锡锅辐射超声波来增强浸锡效果的,适用于对浸锡比较困难的元器件。此设备由超声波发生器、换能器、水箱、焊料槽和加温控制等设备组成。

2.波峰焊接机

波峰焊接机是适用于大型工厂进行大批量生产电子产品的焊接设备。波峰焊接机利用处于沸腾状态的焊料波峰接触被焊件、形成浸润焊点、完成焊接过程。波峰焊接机分为单波峰焊接机和双波峰焊接机两种类型,其中双波峰焊接机对被焊处进行两次不同的焊接,一次作为焊接前的预焊,一次为主焊,这样可获得更好的焊接质量。

目前使用较多的波峰焊接机为全自动双波峰型焊接机。它能完成焊接的全部操作,包括喷涂助焊剂、预热、预焊锡、主焊接、焊接后清洗、冷却等操作。

3.再流焊接机

再流焊接机又称回流焊接机,是专门用于焊接表面贴装元器件的设备,如现在已经广泛使用的手机、笔记本电脑等,都是在再流焊接机上完成元器件焊接的。焊接表面贴装元器件时,先将适量的焊锡膏涂敷在印制电路板的焊盘上,再把涂有固定胶的表面贴装元器件放到相应的焊盘位置上。由于固定胶具有一定的粘性,可将元器件固定住,然后让贴装好元器件的印制电路板进入再流焊接机的焊炉内,当焊炉内的温度上升到一定温度时,焊锡膏熔化,当温度再降低时焊锡凝固,元器件与印制电路板就实现了电气连接。再流焊的核心是利用外部热源对焊炉进行加热的过程,这个过程既要保证使焊料熔化又要不损坏元器件,完成印制电路板的焊接过程。

常用的再流焊接机有红外线再流焊接机、热风再流焊接机、热传导再流焊接机、激光再流焊接机等。

11.3.2 工厂锡焊工艺

1.波峰焊的工艺流程

波峰焊是将安装好元器件的印制电路板与熔融的焊料波峰相接触以实现焊接的一种方法。这种方法适用于工业进行大批量焊接,例如电视机生产线就广泛使用波峰焊进行印制电路板的焊接。这种焊接方法质量高,若与自动插件机器相配合,就可实现电子产品安装焊接的半自动化生产。

波峰焊的工艺流程:将印制电路板(已经插好元器件)装到夹具上→喷涂助焊剂→预热→波峰焊接→冷却→切除焊点上的元器件引线头→残脚处理→出线,如图 11-27 所示。

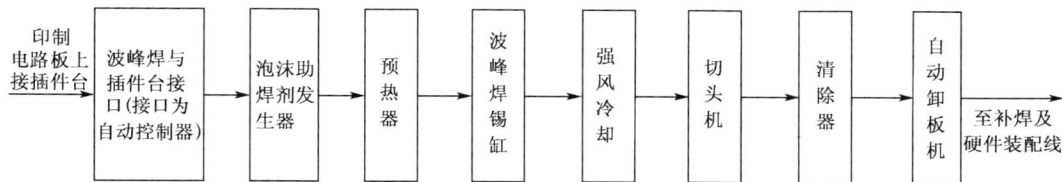

印制电路板上接插件台 → 波峰焊与插件台接口(接口为自动控制器) → 泡沫助焊剂发生器 → 预热器 → 波峰焊锡缸 → 强风冷却 → 切头机 → 清除器 → 自动卸板机 → 至补焊及硬件装配线

图 11-27 波峰焊的工艺流程

在波峰焊的工艺流程中,印制电路板的预热温度为 60～80 ℃左右,波峰焊的焊锡温度为 240～245 ℃,要求焊锡槽中的锡峰高于铜箔面 1.5～2 mm,焊接的时间控制在 3 s 左右。切头工艺是用切头机对元器件暴露在焊点上的引线加以切除,清除器用毛刷对焊点上残留的多余焊锡进行清除,最后通过自动卸板机把印制电路板送往补焊工位或硬件装配线。

2.再流焊的工艺流程

目前对采用 SMT(表面贴装技术)元器件的印制电路板,都采用再流焊。再流焊接机是一种类似于烤箱的焊接设备,将元器件的印制电路板放在再流焊炉中,炉中的温度会按照事先设定的变化规律上升和下降,将 SMT 元器件自动焊接在印制电路板上。

表面贴装的焊接方式主要有两种:波峰焊和再流焊。

(1)采用波峰焊

采用波峰焊的工艺流程如图 11-28 所示。

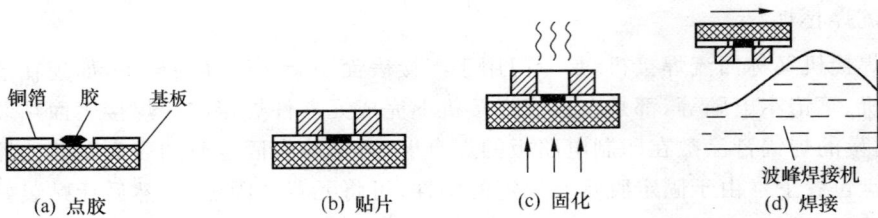

(a) 点胶　　　　　(b) 贴片　　　　　(c) 固化　　　　　(d) 焊接

图 11-28　采用波峰焊的工艺流程

从图中可见,采用波峰焊的工艺流程基本上是四道工序:

①点胶:将胶水点到要贴装元器件的中心位置。

方法:手动/半自动/自动点胶机。

②贴片:将无引线元器件放到印制电路板上。

方法:手动/半自动/自动贴片机。

③固化:使用相应的固化装置将无引线元器件固定在印制电路板上。

④焊接:将固化了无引线元器件的印制电路板经过波峰焊接机,实现焊接。

这种生产工艺适合于大批量生产,对贴片的精度要求比较高,对生产设备的自动化程度要求也很高。

(2)采用再流焊

采用再流焊的工艺流程如图 11-29 所示。

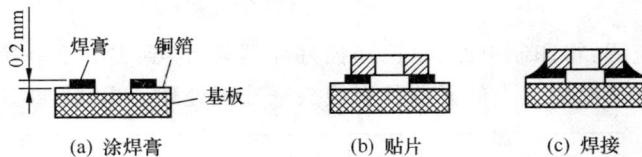

(a) 涂焊膏　　　　(b) 贴片　　　　(c) 焊接

图 11-29　采用再流焊的工艺流程

从图中可见,采用再流焊的工艺流程基本上是三道工序:

①涂焊膏:将专用焊膏涂在印制电路板上的焊盘上。

方法:丝印/涂膏机。

②贴片:将无引线元器件放到印制电路板上。

方法:手动/半自动/自动贴片机。

③焊接:将印制电路板送入再流焊炉中,通过自动控制系统完成对元器件的加热焊接。

采用再流焊的工艺流程需要有专用的再流焊炉。

这种生产工艺比较灵活,既可用于中小批量生产,又可用于大批量生产,而且这种生产方法由于无引线元器件没有被胶水定位,经过再流焊时,元器件在液态焊锡表面张力的作用下,会使元器件自动调节到标准位置,如图11-30所示。

采用再流焊对无引线元器件焊接时,因为在元器件的焊接处都已经预焊上锡,印制电路板上的焊接点也已涂上焊膏,通过对焊接点加热,使两种工件上的焊锡重新熔化到一起,实现了电气连接,所以这种焊接也称做重熔焊。常用的再流焊加热方法有热风加热、红外线加热和激光加热,其中红外线加热方法具有操作方便、使用安全、结构简单等优点,在实际生产中使用较多。

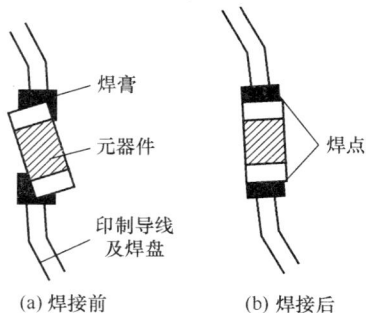

(a) 焊接前　　(b) 焊接后

图 11-30　元器件自动调节位置示意图

【实训项目 1】　电子元器件的装配加工

(1)准备安装工具及各种电子元器件。

(2)对各种元器件引线进行成型。

(3)练习安装引线成型的元器件及集成块插座。

(4)练习各种导线的装配。

【实训项目 2】　手工锡焊技能训练

(1)电阻、电容元件在印制电路板上的焊接。

(2)集成电路插座的焊接。

(3)单芯导线之间的焊接。

(4)单芯导线和铸塑元器件引线之间的焊接。

(5)屏蔽线与印制电路板之间的焊接。

(6)屏蔽线与铸塑元器件之间的焊接。

(7)多股导线与铝板之间的焊接。

(8)收音机的焊接。

(9)用细铜导线焊接一个五角星(或其他造型)。

【实训项目 3】　拆焊技能训练

(1)电阻、电容元件在印制电路板上的拆焊;

(2)集成电路插座的拆焊;

(3)单芯导线和铸塑元器件引线之间的拆焊;

(4)屏蔽线与印制电路板之间的拆焊;

(5)收音机中周(中频变压器)的拆焊。

【实训项目 4】　晶体管超外差式收音机的安装、焊接和调试

标准超外差式调幅收音机一般是指六管中波段收音机,采用全硅管线路,具有机内磁性天线,收音效果良好,并设有外接耳机插口。一般标准超外差式收音机的技术指标如下:

(1)频率范围:535~1605 kHz;

(2)输出功率:50 mW(不失真)、150 mW(最大);

(3)扬声器:ϕ57 mm、8 Ω;

(4)电源:3 V(两节五号电池);

(5)体积:宽 112 mm×高 65 mm×厚 25 mm;

(6)重量:约 175 g(不带电池)。

【操作步骤】

以咏梅 838 型超外差式收音机为例,进行收音机装配与调试的操作。

1.按照清单查点元器件

咏梅 838 型超外差式收音机的元器件清单,见表 11-1。

表 11-1　　　　　　　　　　咏梅 838 型超外差式收音机的元器件清单

序号	代号与名称		规格	数量	序号	代号与名称	规格	数量
1	电阻	R_1	91 kΩ(或 82 kΩ)	1	27	T_1	天线线圈	1
2		R_2	2.7 kΩ	1	28	T_2	本振线圈(黑)	1
3		R_3	150 kΩ(或 110 kΩ)	1	29	T_3	中周(白)	1
4		R_4	30 kΩ	1	30	T_4	中周(绿)	1
5		R_5	91 kΩ	1	31	T_5	输入变压器	1
6		R_6	100 kΩ	1	32	T_6	输出变压器	1
7		R_7	620 kΩ	1	33	带开关电位器	4.7 kΩ	1
8		R_8	510 kΩ	1	34	耳机插座(GK)	φ2.5 mm	1
9	电容	C_1	双联电容	1	35	磁棒	55 mm×13 mm×5 mm	1
10		C_2	瓷介 223(0.022 μF)	1	36	磁棒架		1
11		C_3	瓷介 103(0.01 μF)	1	37	频率盘	φ37 mm	1
12		C_4	电解 4.7~10 μF	1	38	拎带	黑色(环)	1
13		C_5	瓷介 103(0.01 μF)	1	39	透镜(刻度盘)		1
14		C_6	瓷介 333(0.033 μF)	1	40	电位器盘	φ20 mm	1
15		C_7	电解 47~100 μF	1	41	导线		6 根
16		C_8	电解 4.7~10 μF	1	42	正、负极片		各 2
17		C_9	瓷介 223(0.022 μF)	1	43	负极片弹簧		2
18		C_{10}	瓷介 223(0.022 μF)	1	44	固定电位器盘	M1.6×4	1
19		C_{11}	涤纶 103(0.01 μF)	1	45	固定双联可变电容器	M2.5×4	2
20	三极管	VT_1	3DG201(β 值最小)	1	46	固定频率盘	M2.5×5	1
21		VT_2	3DG201	1	47	固定电路板	M2×5	1
22		VT_3	3DG201	1	48	印制电路板		1
23		VT_4	3DG201(β 值最大)	1	49	金属网罩		1
24		VT_5	9013	1	50	前壳		1
25		VT_6	9013	1	51	后盖		1
26	二极管	VD_7	1N4148	1	52	扬声器(Y)	8 Ω	1

2.用万用表检测元器件

检测顺序和要求见表 11-2,将测量结果填入实训报告。注意:VT_5、VT_6 的 hFE 相差应不大于 20%,同学之间可相互调整使管子参数尽量配对。

表 11-2   用万用表检测元器件的参数

类别	测量内容	万用表挡位	禁止用量程
电阻	电阻值	$\Omega/R\times1$ k	
二极管	PN 结正、反向电阻值	$\Omega/R\times1$ k	
三极管	hFE(尽量使 VT_5、VT_6 配对)	ADJ/hEF	
中周	绕组电阻,绕组与壳绝缘程度	$\Omega/R\times1$	
瓷片电容	绝缘电阻	$\Omega/R\times1$ k	
电解电容	绝缘电阻及质量	$\Omega/R\times1$ k	
双联可变电容	绝缘电阻	$\Omega/R\times1$ k	
电位器	电阻连续变化程度/开关程度	$\Omega/R\times1$ k	

3.用万用表检测输出、输入变压器绕组的内阻

检测顺序和要求见表 11-3,将测量结果填入实习报告。

表 11-3   变压器绕组的内阻测量

	T_2(黑)本振线圈	T_3(白)中周 1	T_4(绿)中周 2
万用表挡位	$\Omega/R\times1$	$\Omega/R\times1$	$\Omega/R\times1$
	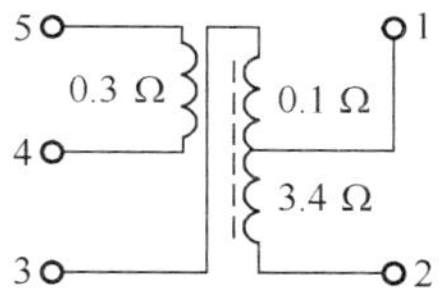	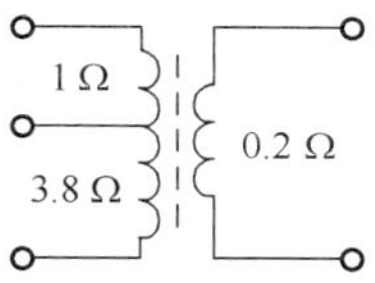	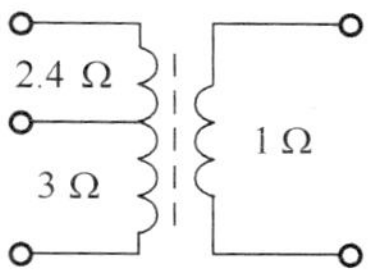

	T_5(蓝或白)输入变压器	T_6(黄或粉)输出变压器
万用表挡位	$\Omega/R\times10$	$\Omega/R\times1$
	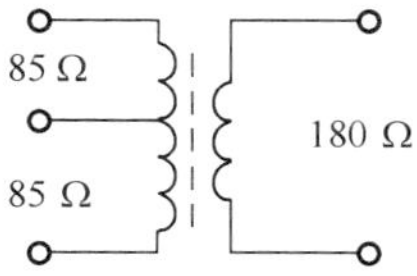	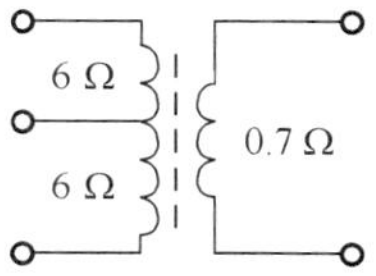

注意:

(1)为防止变压器原边线圈与副边线圈之间短路,要测量变压器原边与副边之间的电阻。

(2)若输入变压器、输出变压器用颜色不好区分,可通过测量线圈内阻来进行区分,线圈内阻阻值大的是输入变压器,线圈内阻阻值小的是输出变压器。

4.对各个元器件的引线进行镀锡处理

5.检查印制电路板的铜箔线条是否完好

咏梅 838 型超外差式收音机的印制电路板图如图 11-31 所示,要特别注意检查板上的铜箔线条有无断线及短路的情况,还要特别注意板的边缘是否完好,如图 11-32 所示。

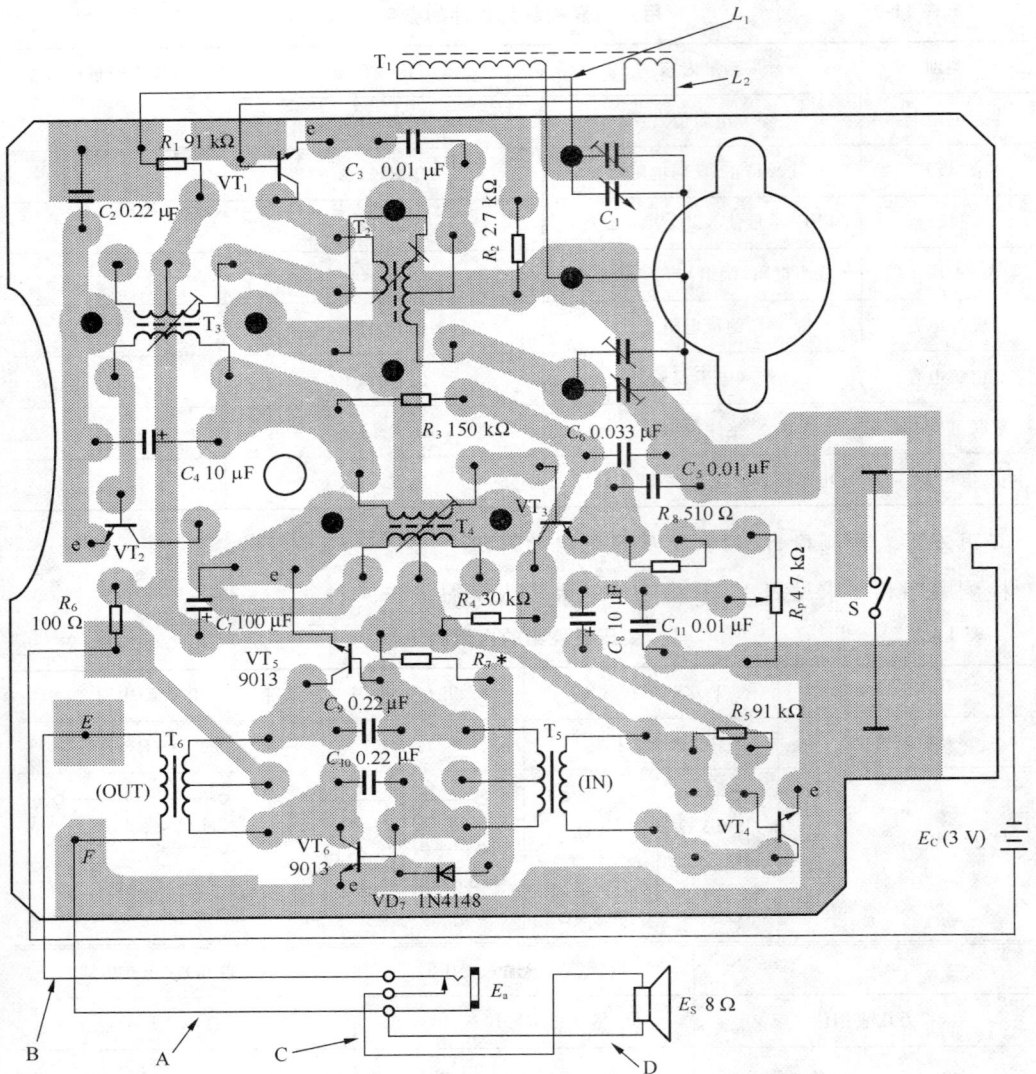

图 11-31　咏梅 838 型超外差式收音机的印制电路板图

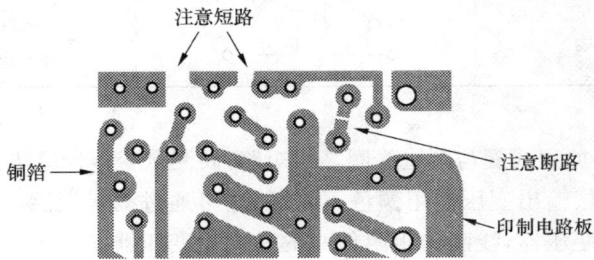

图 11-32　有问题的印制电路板示意图

6. 安装元器件

元器件的安装质量及顺序直接影响整机的质量与成功率,合理的安装需要思考和经验。表 11-4 中所示的安装顺序及要点是经过了实践检验,被证明是一种较好的安装方法。

表 11-4　　　　　　　　　　　　元器件的安装顺序及要点（分类安装）

序 号	内 容	注 意 要 点
1	安装 T_2、T_3、T_4	中周——中周要求按到底 外壳固定引线内弯 90°，要求焊上
2	安装 T_5、T_6	经指导教师检查后可以先焊 引线固定——
3	安装 $VT_1 \sim VT_6$	注意色标、极性及安装高度 E B C
4	安装全部 R	2 mm　≤13 mm 色环方向保持一致，注意安装高度
5	安装全部 C（除双联电容）	标记向外　极性 +　−　注意高度 <13 mm
6	安装双联电容，电位器及磁棒架	磁棒架装在印制电路板和双联电容之间 焊盘面 印制电路板 磁棒架 双联可变电容器
7	焊前检查	检查已安装的元器件位置，特别注意 VT（三极管）的引线，经指导教师检查后，方可进行焊接
8	焊接已插上的元器件	焊锡丝　烙铁 焊接时注意锡量适中
9	修整引线	<2 mm 剪断引线多余部分，注意不可留得太长、也不可剪得太短
10	检查焊点	注意不要桥接 检查有无漏焊点、虚焊点、短接点
11	焊 T_1、电池引线，装拨盘、磁棒等	焊 T_1 时注意看接线图，其中的线圈 L_2 应靠近双联电容一边，并按图连线
12	其他	固定扬声器、装标牌、金属网罩及拎带等 扬声器　烙铁　垫纸　塑壳

注：安装时，所有元器件的高度不得高于中周的高度。

7. 标准超外差式收音机的检测

咏梅 838 型超外差式收音机的电路原理图如图 11-33 所示。收音机的检测步骤如图 11-34 所示。

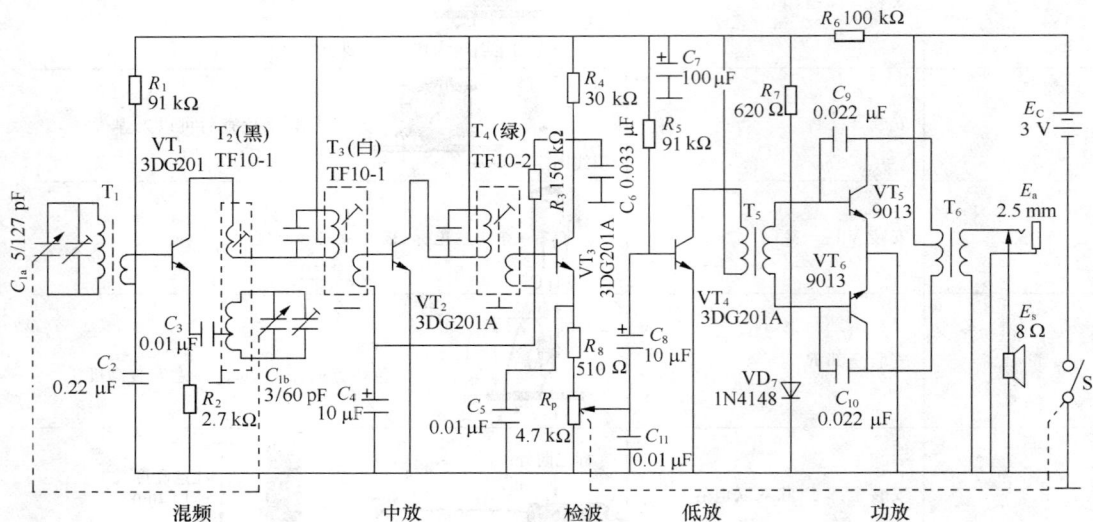

图 11-33 咏梅 838 型超外差式收音机的电路原理图

(1)通电前的检测工作

①同学之间对安装好的收音机进行自检和互检,检查焊接质量是否达到要求,特别注意检查各电阻的阻值是否与图纸所示相同,各三极管和二极管是否有极性焊错的情况。

②收音机在接入电源前,必须检查电源有无输出电压(3 V)和引出线的正负极是否正确。

(2)通电后的初步检测

将收音机接入电源,要注意电源的正、负极性,将调谐盘拨到 530 kHz 附近的无台区,在收音机开关不打开的情况下,首先测量整机静态工作的总电流"I_O"。然后将收音机开关打开,分别测量三极管 $VT_1 \sim VT_6$ 的 e、b、c 三个电极对地的电压值(即静态工作点),将测量结果填到实训报告中。注意:该项检测工作非常重要,在收音机正式开始调试前,该项工作必须要做。表 11-5 给出了各三极管的三个极对地电压的参考值。

表 11-5 各三极管的三个极对地电压的参考值

工作电压:$E_C=3$ V				整机静态工作总电流:$I_O=10$ mA		
三极管	VT_1	VT_2	VT_3	VT_4	VT_5	VT_6
e	1	0	0.056	0	0	0
b	1.54	0.63	0.63	0.65	0.62	0.62
c	2.4	2.4	1.65	1.85	2.8	2.8

(3)试听

如果元器件质量完好,安装也正确,初测结果正常,即可进行试听。将收音机接通电源,慢慢转动调谐盘,应能听到广播声,否则应重复前面做过的各项检查,找出故障并改正,注意在此过程不要调中周及微调电容。

```
┌─────────────────────────────────────────────────┐
│ 印制电路板上元器件安装完毕 (暂不装线圈及扬声器)  │
└─────────────────────────────────────────────────┘
                         │
                         ▼
          ┌──────────────────────────────┐
          │   检查印制电路板上元器件及引线  │◄───────┐
          └──────────────────────────────┘         │
                         │                          │
                         ▼                          │
              ╱────────────────────╲      否         │
             ╱  整机电流合适吗？     ╲──────────────┘
             ╲ (参见步骤 (2) 初测)    ╱
              ╲────────────────────╱
                      │ 是
                      ▼
           ╱──────────────────────╲      否     ┌──────────────┐
          ╱  各引脚电位正确吗？      ╲──────────►│  查找故障      │
          ╲  顺序：VT₁~VT₆           ╱           │  并改正        │
          ╲ (测 VT₁ 时应焊上线圈)    ╱           └──────────────┘
           ╲──────────────────────╱
                      │ 是
                      ▼
            ╱──────────────────╲    否    ┌──────────────────┐
           ╱   试听有广播声吗？  ╲────────►│ 检查线圈引线、耳机插 │
           ╲                    ╱         │ 座等接法是否正确，耳 │
            ╲──────────────────╱          │ 机插座及嗽叭好坏     │
                      │ 是                └──────────────────┘
                      ▼
┌──────────────────────────────────────────────────┐
│ 调中频频率 465 kHz：调中周 T₄(绿)、T₃(白)            │
└──────────────────────────────────────────────────┘
                      │
                      ▼
┌──────────────────────────────────────────────────┐
│ 调频率范围：低端 (525 kHz)：调 T₂(黑)；             │
│ (装上刻度盘) 高端 (1605 kHz)：调 C′₁b (双联背面)     │
└──────────────────────────────────────────────────┘
                      │
                      ▼
┌──────────────────────────────────────────────────┐
│ 统调：低端 (525 kHz)：调磁棒线圈 T₁；               │
│ 高端 (1605 kHz)：调 C′₁a （双联背面）               │
└──────────────────────────────────────────────────┘
                      │
                      ▼
┌──────────────────────────────────────────────────┐
│ 固定扬声器；装面板及网罩；整理转动件等               │
└──────────────────────────────────────────────────┘
                      │
                      ▼
              ┌──────────────┐
              │   交检验        │
              └──────────────┘
```

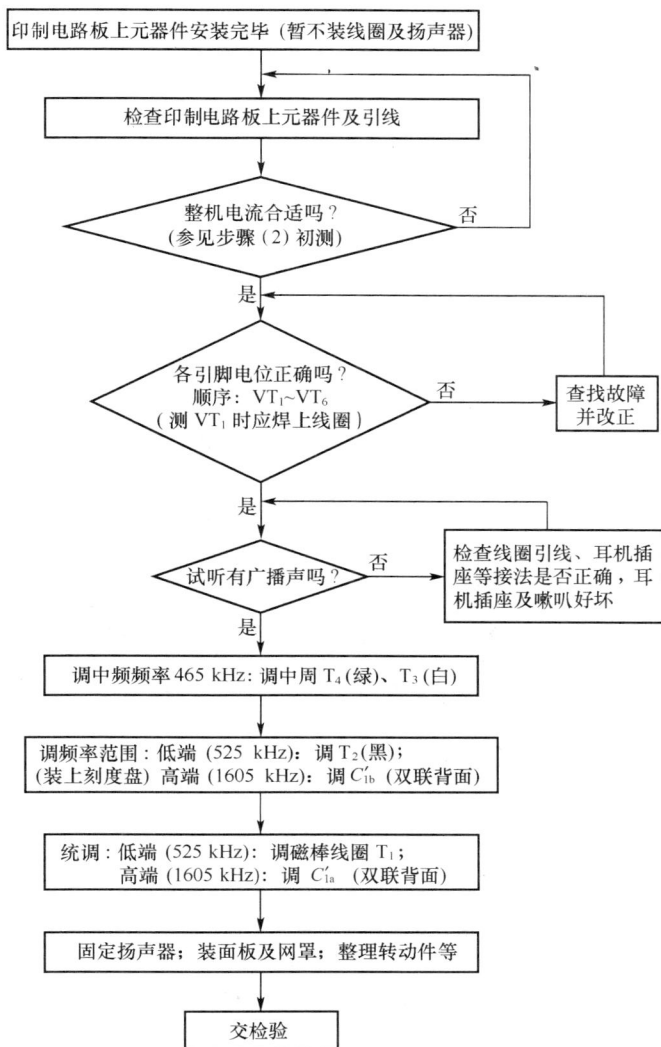

图 11-34　咏梅 838 型超外差式收音机的调试流程图

8.标准超外差式收音机的调试

收音机的调试是收音机生产过程中的一个重要内容,在调试前必须确保收音机有沙沙的电流声(或电台广播声),若听不到电流声或电台广播声,应先检查电路的焊接有无错误、元器件有无损坏、静态工作点是否正常,直到能听到声音,才可进行以下的调试步骤。

超外差式收音机的调试有三项内容:调中频、调覆盖和统调。

(1)调中频

中放电路是决定收音机灵敏度和选择性的关键,它的性能优劣决定了整机性能的好坏。调整收音机的中频变压器,使之谐振在 465 kHz 频率,这就是调中频的任务。

用调幅高频信号发生器进行调整的方法如下:

将音量电位器置于音量最大位置,将收音机调谐到无电台广播又无其他干扰的地方(或者将可调电容调到最大,即接收低频端),必要时可将振荡线圈初级或次级短路,使之停振。

使高频信号发生器的输出载波频率为 465 kHz,电平为 99 dB,调制信号的频率为 1000 Hz,调制度为 30%,该调幅信号由磁性天线接收作为调整的输入信号。

用无感螺丝刀微微旋转第一个中周的磁帽(白颜色),如图 11-35 所示,使示波器显示的波形幅度最大,若波形出现平顶,应减小信号发生器的输出,同时再细调一次。再用无感螺丝刀微微旋转第二个中周(绿颜色)的磁帽,使示波器显示的波形幅度最大。在调整中频变压器时,也可以用喇叭监听,当喇叭里能听到 1000 Hz 的音频信号,且声音最大,音色纯正,此时可认为中频变压器调整到最佳状态。

图 11-35 调中周时的可调元器件位置

(2)调覆盖

按照国标规定,收音机中波段的接收频率范围为 525~1605 kHz,实际在调整时要留有一定的余量,一般为 515~1625 kHz。对 515 kHz 的调整叫做低端频率调整,对 1625 kHz 的调整叫做高端频率调整。

低端频率调整:将可变电容器(调谐双联)旋到容量最大处,即机壳指针对准频率刻度的最低频端,将收音机调谐到无电台广播又无其他干扰的地方。

使高频信号发生器的输出频率为 515 kHz,电平为 99 dB,调制信号的频率为 1000 Hz,调制度为 30%,高频调幅信号由收音机的磁性天线接收,作为调整的输入信号。

用无感螺丝刀调整中波振荡线圈的磁芯(黑色中周),使示波器出现 1000 Hz 波形,并使波形最大,或直接监听收音机的声音,使收音机发出的声音最响最清晰。

高端频率调整:将可变电容器置容量最小处,这时机壳指针应对准频率刻度的最高频端。使高频信号发生器的输出频率为 1625 kHz,电平为 99 dB,调制信号的频率为 1000 Hz,调制度为 30%,高频调幅信号由收音机的磁性天线接收,作为调整的输入信号。

用无感螺丝刀调节并联在振荡线圈上的 C_{1b} 补偿电容器,如图 11-36 所示,使示波器的波形最大(或喇叭声音最响)。

这样收音机的频率覆盖就达到 515~1625 kHz 的要求了,但因为高低频端的谐振频率

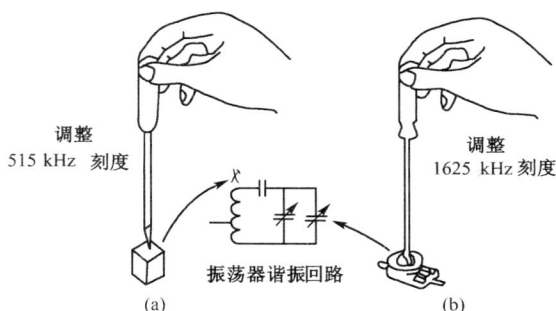

图 11-36 调整频率接收范围

的调整相互牵制,所以必须反复调节多次,直到整机的接收频率范围符合要求为止。

（3）统调

统调又称为调整灵敏度。输入回路与外来信号的频率是否发生谐振,决定了超外差式收音机的灵敏度和选择性（即选台功能）,因此,调整输入回路使它与外来信号频率发生谐振,可以使收音机的灵敏度和选择性提高。调整时,低频端要调整输入回路线圈在磁棒上的位置,高频端要调整输入回路的微调电容。

我国规定中波段的统调点为 630 kHz、1000 kHz 和 1400 kHz。

先统调低频率 630 kHz 端。将高频信号发生器的输出频率为 630 kHz,电平为 99 dB,调制信号的频率为 1000 kHz,调制度为 30%,该高频调幅信号作为调整的输入信号由收音机的磁性天线接收。将接收机调谐到刻度指示为 630 kHz 频率上,然后调整磁性天线线圈在磁棒上的位置,如图 11-37（a）所示,使整机输出波形幅度最大（或听到的收音机的声音最响最清晰）。

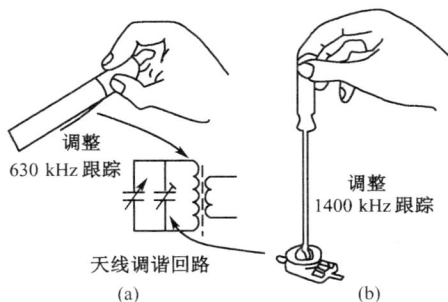

图 11-37 收音机的统调

接着统调高频端频率点,由调幅高频信号发生 1400 kHz 的信号,将接收机调谐到刻度指示为 1400 kHz 频率上,然后用无感螺丝刀调节磁性天线回路的 C_{1a} 补偿电容,如图 11-37（b）所示,使整机输出波形最大（或听到的收音机的声音最响最清晰）。

至此,收音机的调试工作结束。

【技能与技巧】 六管超外差式收音机的维修技巧

1. 维修基本方法

（1）信号注入法:收音机是一个信号捕捉、处理、放大系统,通过注入信号可以判定故障位置。用万用表 $R\times10$ 欧姆挡,红表笔接电池负极(地),黑表笔触碰放大器输入端(一般为三极管基极),此时扬声器可听到"咯咯"声。然后用手握螺丝刀金属部分去触碰放大器输入端,从扬声器听反应,此法简单易行,但响应信号微弱,不经三极管放大则听不到声音。

(2)电压测量法:用万用表测各级放大管的工作电压,可具体判定引起故障的元器件。

(3)测量整机静态工作总电流法:将万用表拨至 $250\ mA$ 直流电流挡,两表笔跨接于电源开关的两端,此时开关应置于断开位置,可测量整机的总电流。本机的正常总电流约为 $10\pm2\ mA$。

2.故障位置的判断方法

判断故障在低放之前还是低放之中(包括功放)的方法:

(1)接通电源开关,将音量电位器开至最大,喇叭中没有任何响声,可以判定低放部分肯定有故障。

(2)判断低放之前的电路工作是否正常,方法如下:将音量减小,万用表拨至直流电压挡。挡位选择 $0.5\ V$,两表笔并接在音量电位器非中心端的两端上,一边从低端到高端拨动调谐盘,一边观看电表指针,若发现指针摆动,且在正常播出时指针摆动次数约在数十次左右,即可断定低放之前电路工作是正常的。若无摆动,则说明低放之前的电路中也有故障,这时仍应先解决低放中的问题,然后再解决低放之前电路中的问题。

3.完全无声故障的检修方法

将音量电位器开至最大,用万用表直流电压 $10\ V$ 挡,黑表笔接地,红表笔分别触碰电位器的中心端和非接地端(相当于输入干扰信号),可能出现三种情况:

(1)触碰非接地端喇叭中无"咯咯"声,触碰中心端时喇叭有声。这是由于电位器内部接触不良,可更换或修理排除故障。

(2)触碰非接地端和中心端均无声,这时用万用表 $R\times10$ 挡,两表笔并接触碰喇叭引线,触碰时喇叭若有"咯咯"声,说明喇叭完好。然后将万用表拨至欧姆挡,点触 T_6 次级线圈两端,喇叭中如无"咯咯"声,说明耳机插孔接触不良,或者喇叭的导线已断;若有"咯咯"声,则把表笔接到 T_6 初级两组线圈两端,这时若无"咯咯"声,就是 T_6 初级线圈有断线。

(3)将 T_6 初级线圈中心抽头处断开,测量集电极电流

若电流正常,说明 VT_5 和 VT_6 工作正常,T_5 次级线圈无断线。

若电流为0,则可能是:R_7 断路或阻值变大;VT_7 短路;T_5 次级线圈断线;VT_5 和 VT_6 损坏(同时损坏情况较少)。

若电流比正常情况大,则可能是:R_7 阻值变小,VT_7 损坏;VT_5 和 VT_6 损坏;T_5 初、次级线圈有短路;C_9 或 C_{10} 有漏电或短路。

(4)测量 VT_4 的直流工作状态,若无集电极电压,则 T_5 初级线圈断线;若无基极电压,则 R_5 开路。C_8 和 C_{11} 同时短路较少,C_8 短路而电位器刚好处于最小音量处时,会造成基极对地短路。若红表笔触碰电位器中心端无声,碰触 VT_4 基极有声,说明 C_8 开路或失效。

(5)用干扰法触碰电位器的中心端和非接地端,喇叭中均有声,则说明低放工作正常。

4.无台故障的检修

无台故障是指将音量开大,喇叭中有轻微的"沙沙"声,但调谐时收不到电台。

(1)测量 VT_3 的集电极电压。若无,则 R_4 开路或 C_6 短路;若电压不正常,检查 T_4 是否

良好。测量 VT_3 的基极电压,若无,则可能 R_3 开路(这时 VT_2 基极也无电压),或 T_4 次级线圈断线,或 C_4 短路。注意,此时工作在近似截止的工作状态,所以它的发射极电压很小,集电极电流也很小。

(2)测量 VT_2 的集电极电压。无电压,是 T_4 初级线圈断线;电压正常而干扰信号的注入在喇叭中不能引起声音,是 T_4 初级线圈或次级线圈有短路,或槽路电容(200 pF)短路。

(3)测量 VT_2 的基极电压。无电压,是 T_3 次级线圈断线或脱焊;电压正常,但干扰信号的注入不能在喇叭中引起响声,是 VT_2 损坏;电压正常,喇叭有声。

(4)测量 VT_1 的集电极电压。无电压,是 T_2 次级线圈或初级线圈有断线。电压正常,喇叭中无"咯咯"声,为 T_3 初级线圈或次级线圈有短路,或槽路电容短路。如果中周内部线圈有短路故障,由于其匝数较少,所以较难测出,可采用替代法加以证实。

(5)测量 VT_1 的基极电压。无电压,可能是 R_1 或 T_1 次级线圈开路,或 C_2 短路;电压高于正常值,是 VT_1 发射结开路;电压正常,但无声,是 VT_1 损坏。

到此时如果仍收听不到电台广播,可进行下面的检查。

(6)将万用表拨至直流电压 10 V 挡,两表笔分别接于 R_2 的两端。用镊子将 T_2 的初级线圈短接一下,看表针指示是否减少(一般减少 $0.2\sim0.3$ V)。若电压不减小,说明本机振荡没有起振,振荡耦合电容 C_3 失效或开路,或 C_2 短路(VT_1 射极无电压),或 T_2 初级线圈内部断路或短路,双联电容质量不好;电压减小很少,说明本机振荡太弱,或 T_2 受潮,印制电路板受潮,或双联电容漏电,或微调电容不好,或 VT_1 质量不好,用此法同时可检测 VT_1 偏流是否合适。

若电压减小正常,可断定故障在输入回路。检查双联电容对地有无短路,电容质量如何,磁棒 T_1 初级线圈是否断线。

到此时收音机应能收听到电台播音,可以进行整机调试。

【项目实训报告】

1.画出本次实训的收音机电路原理详图、整机元器件布局图、整机电路配线接线图。

2.写出各部分电路的工作原理。

3.对出现的故障进行分析。

4.测量数据。

5.实训体会。

【项目考核方法】

采用单人逐项考核方法,教师对学生进行四次考核。

考核题目:收音机电路的安装、焊接和调试。

考核步骤:

1.识读收音机电路图。

2.收音机中各元器件的安装。

3.收音机中各元器件的焊接。

4.收音机电路的调试。

考核要求：

1. 收音机元器件和导线安装是否正确。

2. 收音机元器件焊接是否符合要求，有无焊接损坏件。

3. 收音机电路调试的结果是否满足技术指标要求。

【项目小结】

1. 电子元器件的装配顺序：整机安装要遵从先轻后重、先铆后装、先里后外、先低后高、先小后大、易碎后装，上道工序不得影响下道工序的安装原则。

2. 电子元器件引线成型方法要灵活应用。电子产品的安装需要使用专用安装工具和普通安装工具。

3. 导线在安装前要进行处理，尤其是导线的端头要按照工艺要求进行处理。线束捆扎成型的方法：线束捆扎、粘结、搭扣。

4. 手工焊接"五步操作法"法是基本焊接操作方法。

5. 拆焊工具是吸锡式电烙铁，要掌握使用吸锡式电烙铁操作技巧。

【项目练习题】

1. 线束捆扎成型的方法有几种？

2. 焊接的实质是什么？

3. 助焊剂在焊接中有什么作用？

4. 如何预防和避免烙铁头"烧死"现象？

5. 拆焊过程中要注意哪些问题？

项目 12

正弦波信号发生器的安装、焊接与调试

【知识目标】

1. 掌握正弦波信号发生器的结构和工作原理,学习运放芯片的正确使用。
2. 掌握正弦波信号发生器的调试和测量方法。

【技能目标】

1. 按照电路图设计 PCB 图。
2. 对电路中所用的元器件进行正确测量。
3. 完成正弦波信号发生器的装配和焊接。
4. 完成正弦波信号发生器的调试与测量。

【实施器材】

整个信号发生器的元件清单见表 12-1,若多波段开关买不到,则不用也可,只是整个电路的信号频率范围只能在一个波段内变化,至于信号到底在哪个波段,就看你将 RC 串并联网络中的哪两个相同容量的电容接在电路中了。若取电容为 C_{12} 和 C_{22}(图 12-1),则信号源的频率正好在音频范围内,为 100 Hz~1 kHz。

表 12-1 正弦波信号发生器元件清单

序 号	名 称	规 格	数量/个
1	磁片电容	104	4
2	高精度电容	1.5 μF	2
3	高精度电容	0.15 μF	2
4	高精度电容	0.015 μF	2
5	高精度电容	0.0015 μF	2
6	电解电容	470 μF/25 V	2
7	电解电容	100 μF/16 V	2
8	精密五环电阻	1 kΩ/0.125 W	2
9	精密五环电阻	10 kΩ/0.125 W	3
10	精密五环电阻	5.1 kΩ/0.125 W	1
11	多圈电位器	5 kΩ	1
12	三端集成稳压器	7812	1
13	三端集成稳压器	7912	1
14	集成运放	TL082	1
15	双联电位器	10 kΩ	1
16	单联电位器	50 kΩ	1
17	波段开关	双刀四掷	1
18	电源变压器	双 12 V/5 W	1
19	电源线		1
20	电路板		1

【知识链接】

集成运算放大器构成的正弦波信号发生器

采用集成运算放大器构成的正弦波信号发生器电路原理图如图 12-1 所示,图 12-2 是与其配套的电源电路图。整个电路可以在面包板上焊接而成,也可自制 PCB 图,效果会更好,图 12-3 是可供参考的元件排列位置图和 PCB 图。

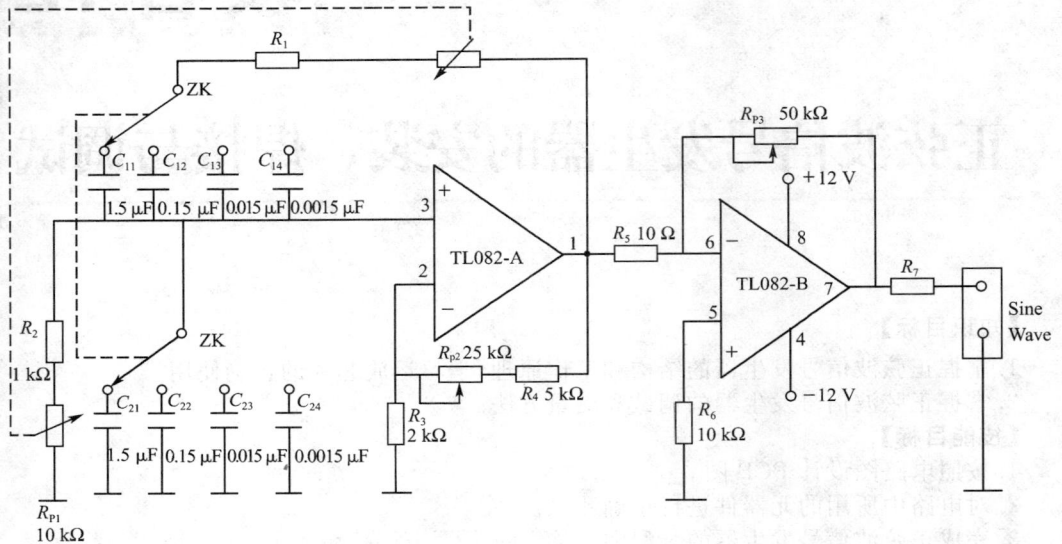

图 12-1 采用集成运算放大器构成的正弦波信号发生器电路原理图

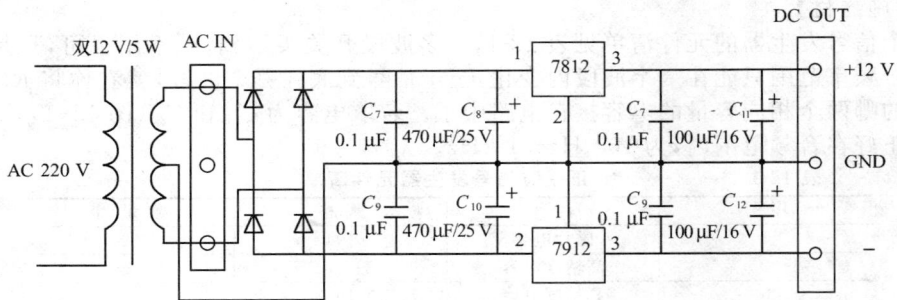

图 12-2 电源电路图

由图 12-1 可见,正弦波信号发生器电路由两级构成。第一级是一个 RC 文氏桥振荡器,通过双刀四掷波段开关 ZK 切换电容进行信号频率的粗调,每挡的频率相差 10 倍。通过双联电位器 R_{P1} 进行信号频率的细调,在该挡频率范围内频率连续可调。R_{P2} 是一个多圈电位器,调节它可以改善波形失真。若将 R_4 改成阻值为 3 kΩ 的电阻,则调节 R_{P2} 时,可以明显看出 RC 文氏桥振荡器的起振条件和对波形失真的改善过程。电路的第二级是一个反相比例放大器,调节单联电位器 R_{P3} 可以改变输出信号的幅度,本级的电压放大倍数最大为 5 倍,最小为零倍,调节 R_{P3} 可以明显看到正弦波信号从无到有直至幅度逐渐增大的情况。当然这级电路若采用同相比例放大器,则调节 R_{P3} 时,该级电路对前级信号源电路的影响明显减小,这是因为同相比例放大器的输入电阻比反相比例放大器的输入电阻大得多的缘故。通过正弦波信号发生器的制作,可以对电子电路的许多理论有更为深刻的理解和认识。

RC 文氏桥振荡器的振荡频率由公式 $f=1/(2\pi RC)$ 决定。通过计算可知,这个电路能

(a)

(b)

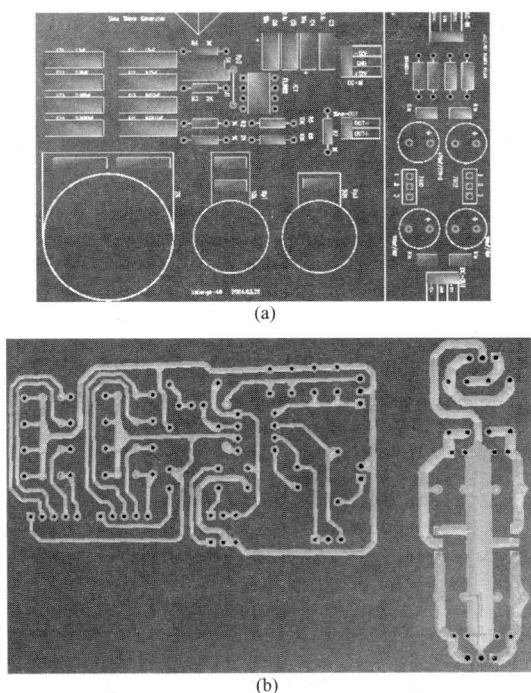

图 12-3 正弦波信号发生器元件排列位置图和 PCB 图

产生的信号频率范围为 10 Hz～100 kHz，覆盖了整个音频范围，所以若将信号源的输出接在一个音频功率放大器上，从喇叭的发声情况，就可以了解人耳对次声波、音频波和超声波的不同反应。当然，若同时在信号发生器的输出端接一个示波器，就可以对频率的高低与声调的高低有更直观的认识。

【项目操作步骤】

1. 元器件装配

元器件装配的难点有三个：一是波段开关上各个引线与 RC 串并联网络的电容的连接要正确；二是集成运放的管脚识别要正确；三是三端集成稳压器 7812 和 7912 的管脚功能不同，要正确识别。双刀四掷波段开关上的各个掷之间互成 $180°$ 角的两个电极是对应的，应该分别连到一对相同容量的电容上。TL082 是高速精密双运算放大器，采用双列直插式封装，在塑封的表面上有一个圆点，其对应的管脚就是 1 脚，然后按照逆时针顺序排列。电源板和信号发生器电路板之间要用三根导线进行电源的连接，保证供给 ±12 V 直流电。三端集成稳压器 7912 的管脚从左至右分别是地、输入端和输出端，而 7812 的管脚从左至右分别是输入端、地和输出端。

2. 电路调试

电路装配完毕并检查无误后即可进行调试。首先进行电源的调试，将变压器的初级接到 220 V 交流电上，用万用表的直流电压挡分别直接测量三端集成稳压电路的输出，只要器件本身和安装没有问题，应该有直流 ±12 V 电压的输出，若没有输出电压，则应该分别检查三端集成稳压器 7812 和 7912 的输入端有无 ±15 V 左右的直流电压。若有，则是 7812 和 7912 的问题，应该仔细检查 7812 和 7912 的连接是否正确，若连接正确，则肯定是 7812 和

7912 本身的问题,可用替换法进行判断。

电源调试完毕后,将电源与电路板连接,先用万用表分别测量集成运放 8 脚和 4 脚对地有无 ± 12 V 的直流电压,若电压正常,则可以将信号发生器的输出端与示波器相连,选择示波器的频率和幅度挡位,再仔细调节 R_{P2},即可看到正弦波形,要将此正弦波的失真调至最小。转动波段开关,信号频率应该有明显的变化,需要调节示波器才能保证对信号的跟踪,再仔细调节多圈电位器 R_{P2},保证在任一波段都有基本不失真的正弦波形。在每个波段,调节双联电位器 R_{P1} 时,可以看出信号频率的缓慢变化。调节单联电位器 R_{P3},可以明显看到信号幅度的变化,若幅度增大时信号失真,应再仔细调节 R_{P2},使信号不失真为止。装配完的正弦波信号发生器实物如图 12-4 所示。

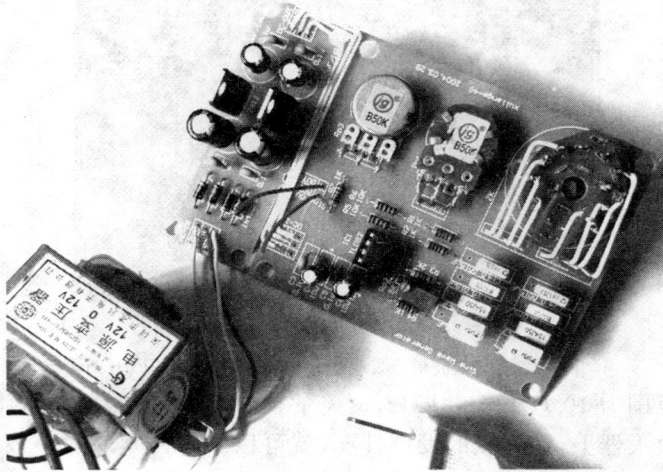

图 12-4　装配完的正弦波信号发生器实物

【实训报告】

1. 按实训内容要求整理实验数据。

2. 画出实训内容中的电路图、接线图和测量所得的波形图。

3. 对下列问题进行讨论并给出解决方案:

(1)能否将这个频率范围扩展为 10 Hz～100 kHz,需要变动什么元件? 是否可以无限制地进行频率扩展?

(2)为什么调节 R_{P3} 时,信号的频率也会跟随变化? 如何让信号频率不随幅度的变化而变化?

(3)若信号发生器的三个波段都有信号产生,只有一个波段没有信号,故障可能发生在何处?

(4)若信号发生器的四个波段都没有信号产生,故障可能发生在何处?

附 录

模拟电子技术的基本实验

实验一　固定偏置式三极管放大器

一、实验目的

1. 掌握三极管的基本测试方法。
2. 掌握三极管放大电路参数的测试方法。
3. 了解三极管放大电路的失真问题,分析失真的产生原因及其克服方法。

二、实验预备知识

三极管固定偏置式共发射极放大电路如图附录-1所示,通过调整 R_P 的阻值,就可以改变该放大电路的静态工作点 I_{BQ}、I_{CQ}、U_{CEQ}。给电路加上交流输入信号 u_i 后,得到输出电压 u_o,则电路的电压放大倍数 A_u 为

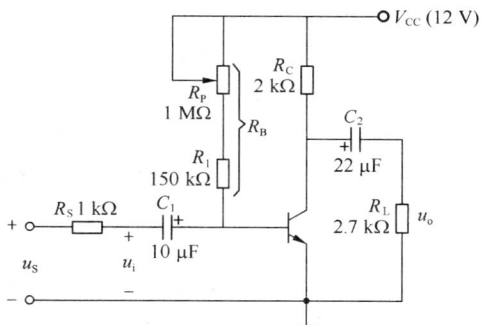

图附录-1　三极管固定偏置式共发射极放大电路

$$A_u = \frac{U_o}{U_i}$$

保持电路的输入信号 u_i 不变,将信号加到电路的 u_S 端,则可得到该电路的输入电阻 r_i 为

$$r_i = \frac{u_i}{u_s - u_i} R_S$$

该放大电路的输出电压为 u_o,断开负载电阻 R_L 后,输出电压变为 u_o',则该电路的输出电阻 r_o 为

$$r_o = \left(\frac{u_o'}{u_o} - 1 \right) R_L$$

三、实验器材

1. 不同类型的三极管和电阻若干。

2. 三极管固定偏置式共发射极放大电路实验电路。参照图附录-1 选择元件,在万能电路板上焊接而成。

3. 万用表、毫伏表各一只,示波器、信号发生器、可调稳压电源各一台。

四、实验步骤

1. 三极管管脚极性的测试

测试五个不同类型和规格的三极管,将测试结果填入表附录-1 中。

表附录-1　　　　　　　　　　　三极管的测试

三极管外形	三极管型号	三极管类型	基　极	集 电 极	发 射 极

2. 放大电路的测试

(1) 放大电路静态工作点的测试

按照图附录-1 所示完成电路连接,使 $u_i = 0$,取 $V_{CC} = 6$ V,调节电位器 R_P 使 $U_{BEQ} = 0.68$ V,测试出 U_{CEQ},计算出 I_{CQ},将测量和计算结果填入表附录-2 中。

表附录-2　　　　　　三极管固定偏置式共发射极放大电路的静态工作点的测试

R_B	V_{CC}	U_{CEQ}(测试值)	I_{CQ}(计算值)

(2) 放大电路动态指标的测试

开通信号发生器,调节其输出信号,使加在放大器的输入端信号 $u_i = 5$ mV,$f = 1$ kHz,用毫伏表测量出放大器的 u_o、u_o'、u_S,计算出 A_u、r_i、r_o,将测量和计算结果填入表附录-3 中。

表附录-3　　　　　　三极管固定偏置式共发射极放大电路动态参数的测试

$u_i = 5$ mV $f = 1$ kHz	测 量 值			计 算 值		
	u_S	u_o	u_o'	A_u	r_i	r_o

(3) 用示波器观察 u_i 和 u_o 的波形,读出其幅度和频率。

(4) 调节 R_P 使 R_B 值最大,测量出此时 U_{CEQ}、U_{BEQ} 的值,观察 u_o 的波形,并将结果填入表附录-4 中。

(5) 调节 R_P 使 R_B 值最小,测量出此时 U_{CEQ}、U_{BEQ} 的值,观察 u_o 的波形,并将结果填入表附录-4 中。

表附录-4　　　　　三极管固定偏置式共发射极放大电路的电压和波形失真测量

	U_{BEQ}	U_{CEQ}	u_o 波形
R_B 值最大			
R_B 值最小			

说明：当调节 R_P 使 R_B 至最大值或最小值时，若 u_o 波形不出现失真，可适当增加输入信号 u_i 的值。

五、实验报告

(1)简单说明测试 r_i、r_o 的方法。

(2)简单分析 R_L 对放大电路工作状态的影响。

(3)分析电路出现截止失真的原因，讨论克服截止失真的方法。

(4)分析电路出现饱和失真的原因，讨论克服饱和失真的方法。

(5)若电路的输出波形正、负半周同时出现失真，讨论这种失真的原因及克服方法。

实验二　带有负反馈的三极管放大器

一、实验目的

1.熟悉与掌握带有负反馈的放大电路的静态和动态的测试与调整。

2.了解负反馈对放大电路性能的影响。

二、实验预备知识

1.分压式电流串联负反馈放大电路静态工作点的求法

分压式电流串联负反馈放大电路如图附录-2 所示。

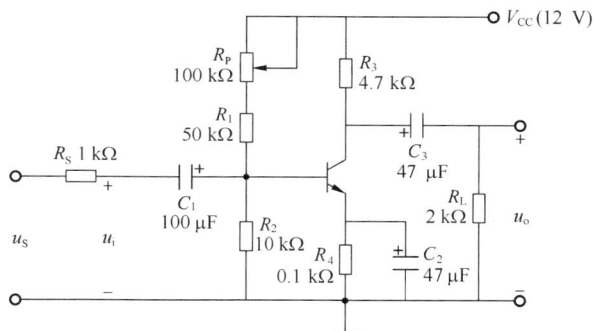

图附录-2　分压式电流串联负反馈放大电路

这个电路的静态工作点可由下列公式求出

$$U_{BQ} = \frac{R_2}{R_P + R_1 + R_2} V_{CC}$$

$$I_{CQ} \approx I_{EQ} = \frac{U_{BQ} - 0.7}{R_4}$$

$$U_{CEQ} = V_{CC} - I_{CQ}(R_3 + R_4)$$

可以看出,调节 R_P 的阻值,就可以调整该电路的静态工作点 I_{CQ}、U_{CEQ}。

2.分压式电流串联负反馈放大电路的动态指标

电路的电压放大倍数 A_u 为

$$A_u = \frac{U_o}{U_i}$$

该电路的输入电阻 r_i 为

$$r_i = \frac{u_i}{u_S - u_i} R_S$$

设有负载时放大电路的输出电压为 u_o,断开负载电阻 R_L 后,输出电压为 u_o',则该电路的输出电阻 r_o 为

$$r_o = \left(\frac{u_o'}{u_o} - 1\right) R_S$$

三、实验器材

1.在万能电路板上焊接好的分压式电流串联负反馈放大电路。

2.万用表、毫伏表各一只,稳压源、示波器、信号发生器各一台。

四、实验步骤

1.测试分压式电流串联负反馈放大电路的静态工作点

使 $u_S = 0$,调节 R_P 使 $U_{CEQ} = 3$ V,测量此时的 U_{BEQ},计算出 I_{CQ}。再将 C_2 断开,测量此时的 U_{BEQ},计算出 I_{CQ},将结果填入表附录-5 中。

表附录-5　　　　　　　　　　静态工作点的测试结果

	U_{CEQ}	U_{BEQ}（测量值）	I_{CQ}（计算值）
C_2 接入（无电流负反馈）	3 V		
C_2 断开（有电流负反馈）	3 V		

2.测试分压式电流串联负反馈放大电路的动态指标

使信号发生器的输出信号为 $u_i = 300$ mV,$f = 1$ kHz,加在信号输入端 u_S,测试 u_S、u_o。断开 R_L 后,再测试 u_o'。

3.断开 C_2,重复上述过程,并将测试结果填入表附录-6

表附录-6　　　　　　　　　　动态指标的测试结果

$u_i = 300$ mV, $f = 1$ kHz	u_S	u_o	u_o'	A_u	r_i	r_o
C_2 接入（无电流负反馈）						
C_2 断开（有电流负反馈）						

五、实验报告

1. 完成表格中的各项内容。
2. 分析在电路中引入电流串联负反馈后电路参数受到的影响。

实验三　集成运放的线性应用

一、实验目的

1. 了解集成运算放大器的组成和特点,熟悉其主要性能参数及检测、使用方法。
2. 掌握集成运算放大器线性应用的条件,熟悉运算放大器电路的组成和调试方法。
3. 学会用基本集成运算放大器组成简单的实用电路。

二、实验预备知识

1. 集成运放的符号识别

集成运算放大器有两个输入端和一个输出端,其中标有"一"端称为反相输入端,表示输出电压 u_o 与该输入端电压 u_- 相位相反;标有"十"端称为同相输入端,表示输出电压 u_o 与该输入端电压 u_+ 相位相同。

2. 集成运放的选用

在没有特殊要求的场合下,要尽量选用通用型集成运放,如 μA741(单运放)、LM358(双运放)、LM324(四运放)等。当在一个系统中需要使用多个放大器时,要尽量选用多运放集成电路,如 LM324、LF347 等四个运放封装在一起的集成电路。

3. 集成运放的电源和调零

集成运算放大器的电源供给方式有对称双电源供电方式和单电源供电方式。集成运放的调零是保证运算放大器组成的线性电路输入信号为零时,输出也是零,是对失调电压和失调电流进行的补偿。常用的调零方法有内部调零和外部调零。

4. 两个重要概念

集成运放工作在线性区时,两个输入端的电位相等,即 $u_+ = u_-$,常称为"虚短";两个输入端的输入电流约等于零,这又相当于断路,常称为"虚断"。这两个十分重要的概念在设计和分析集成运放时很有用,必须正确理解和掌握。

5. 集成运放 μA741

μA741 是美国仙童公司的产品,国产型号为 CF741。该器件具有高增益、宽共模和差模电压范围,无需外接补偿元件、无锁定现象,具有输出短路保护和失调电压能调到零的能力。

μA741(CF741)器件有圆形金属壳和双列直插式两种封装形式。图附录-3(a)所示即为常用双列直插式封装的集成运放 μA741 的管脚图。μA741 各管脚的功能:2 脚为"反相输入端",3 脚为"同相输入端",7 脚为"电源电压正极端",4 脚为"电源电压负极端",6 脚为"输出端",1 脚和 5 脚为"调零端"。

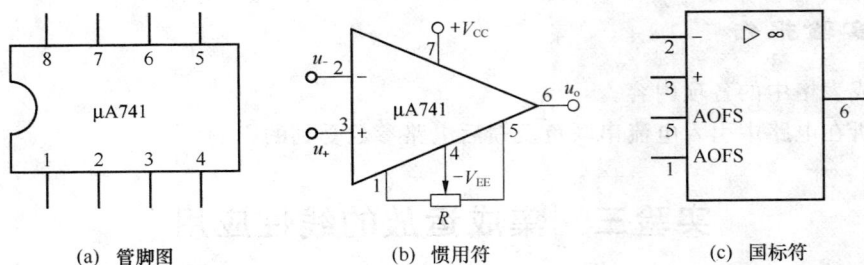

(a) 管脚图　　　　　　　(b) 惯用符　　　　　　(c) 国标符

图附录-3　集成运放 μA741 的管脚图和符号

三、实验器材

1. 万用表一只。

2. 集成运放器件(μA741)一个和阻容器件若干。

3. 音频信号发生器一台。

4. 示波器一台。

四、实验步骤

1. 器件检测

(1)集成运放器件好坏的简单检测

①将集成运放器件 μA741 接上正、负电源,用电压表分别测量两路电源为±15 V。电路接好后,经检查无误方可接通±15 V 电源。正电源 V_{CC} 接+15 V,负电源 V_{EE} 接-15 V。

②分别将同相输入端和反相输入端接地,检测输出 u_o 是否为 u_{omax} 值(电源±15 V 时),若是,则该器件基本良好,否则器件已损坏。

(2)输入失调电压 U_{io} 的测试

输入失调电压是指为了使输出电压为零在输入端加的补偿电压,它反映电路的不对称程度和调零的难易程度,其值越小越好。

①按图附录-4 所示完成连线。

②调整调零电位器 R_P,使输出电压 $u_o = 0$。

③用万用表测量 A 点的电压 U_i。

④计算 U_{io} 的值: $U_{io} = U_{id} = \dfrac{U_i}{100}$。

(3)电压传输特性的测试

①仍以图附录-4 构成测试电路。

②调整 R_P,改变集成运放输入电压的大小和正负,使 U_i 变化,分别观测对应电压 U_o 数值,填入表附录-7;去掉反馈电阻 R_F 后,测试开环电压传输特性。

表附录-7　　　　　　　　　　　集成运放电压传输特性的测试结果

U_i/mV								
U_o/V								

③用逐点描绘法,分别画出闭环和开环电压传输特性曲线。

2. 集成运放组成的运算电路及其测试

(1)反相比例运算电路

在反相比例运算电路中,输入信号从集成运放的反相输入端输入,其输出为

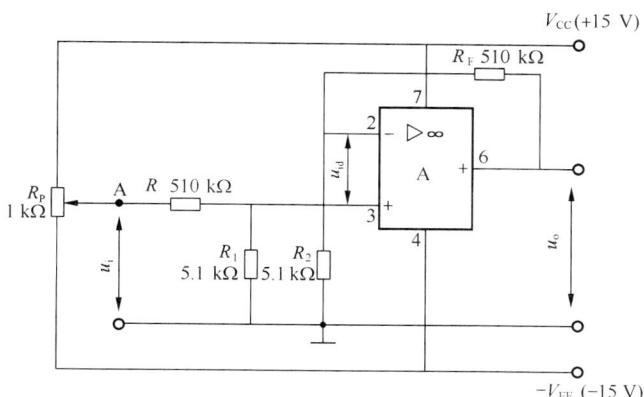

图附录-4　集成运放器件的参数检测电路

$$u_o = -\frac{R_F}{R_1}u_i$$

负号表示输出信号与输入信号极性相反。

（2）加法运算电路

在反相加法运算电路中，输入信号 u_{i1}、u_{i2}、u_{i3} 分别加到集成运放的反相输入端，则集成运放的输出为

$$u_o = -\left(\frac{R_F}{R_1}u_{i1} + \frac{R_F}{R_2}u_{i2} + \frac{R_F}{R_3}u_{i3}\right)$$

当 $R_1 = R_2 = R_3 = R$ 时，有

$$u_o = -\frac{R_F}{R}(u_{i1} + u_{i2} + u_{i3})$$

反相加法运算电路的输入电阻比较小，对前级信号源索取的电流比较大，对强度比较微弱的信号不太合适。同相加法运算电路的输入电阻特别大，对信号源索取的电流特别小，所以在仪器仪表电路中应用比较广泛。

（3）反相比例运算电路的测试

按反相比例运算电路连线，在输入端 u_i 加直流电压，按表附录-8所给的数值进行测试，并计算出电压增益；改变阻值后再进行测量，将测量结果填入表附录-8。

表附录-8　　　　　　反相比例运算电路加直流电压的测试结果

	U_I/mV	100	200	300	−300	−200	−100
	U_o（计算值）						
$R_1 = 10$ kΩ	U_o（测量值）						
	A_{uf}（计算值）						
	U_o（计算值）						
$R_1 = 51$ kΩ	U_o（测量值）						
	A_{uf}（计算值）						
	U_o（计算值）						
$R_1 = 510$ kΩ	U_o（测量值）						
	A_{uf}（计算值）						

将 u_i 改换为音频信号，取其频率为 1 kHz，幅度为 100 mV，按表附录-9所给的数值，用

示波器进行观测,记录波形,用毫伏表测定信号的大小并计算相应电压增益;改变阻值后再测量,并将结果填入表附录-9。

注意,在测量时,每次改变电阻 R_1 的阻值时应同时变化平衡电阻的阻值,保证 $R=R_1/R_F$。

表附录-9　　　　　　　　　反向比例运算电路加音频信号的测试结果

电阻	u_i 波形/mV	u_o 波形/mV	A_{uf}
$R_1=10$ kΩ			
$R_1=51$ kΩ			
$R_1=510$ kΩ			

（4）反相加法运算电路的测试

按照反相加法运算电路接线,R_1、R_2、R_3 取 10 kΩ,R_F 取 100 kΩ,平衡电阻 R 取 3.3 kΩ,输入信号 U_{i1}、U_{i2}、U_{i3} 的获取可按照如图附录-5 所示的电路进行连线得到,电位器 R_P 的下端接负电源,可以得到所需要的负电压。将输入信号 U_{i1}、U_{i2}、U_{i3} 接入反相加法运算电路中,按照表附录-10 的数据测量输出电压,并计算电压增益,将测量结果填入表附录-10。

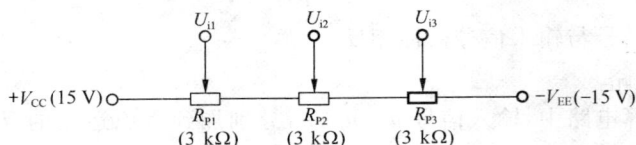

图附录-5　加法运算各输入端电压的获取电路

表附录-10　　　　　　　　反相加法运算电路加直流电压的测试结果

U_{i1}/mV	40	80	100	200	300
U_{i2}/mV	20	60	80	100	200
U_{i3}/mV	10	40	60	80	100
U_o(计算值)					
U_o(测量值)					
A_{uf}(计算值)					

五、实验报告

1. 整理实验数据,填入对应的数据表格中。

2. 将实测数值与理论计算值相比较,分析产生误差的原因。

3. 画出输入信号、输出信号对应的波形,并标明幅值和频率。

4. 记录实验中出现的不正常现象,说明解决问题的过程。

实验四　集成运放的非线性应用——电压比较器

一、实验目的

1. 掌握集成运算放大器的非线性特性。

2. 通过电压比较器的实验,进一步掌握电压比较器的电路组成及其特点。

3. 掌握用集成运放组成电压比较器的应用和测试方法。

二、实验预备知识

1.集成运算放大器的非线性特性

当集成运放电路为开环或正反馈状态时,集成运放就工作在非线性区,当输入电压有微小的变化,就将使电路的输出电压进入饱和区。

当 $u_i > U_{REF}$ 时,$u_o = U_{OL}$；

当 $u_i < U_{REF}$ 时,$u_o = U_{OH}$。

2.电压比较器

电压比较器中使用的集成运放都工作在非线性区,当电压比较器一个输入端接参考电压 U_{REF},另一个输入端接连续变化的模拟信号时,当 $u_i < U_{REF}$ 或 $u_i > U_{REF}$ 时,比较器的输出将在正、负两个饱和电平 U_{OH} 和 U_{OL} 之间跳变,即输出信号是数字量"**1**"或"**0**"。

（1）简单电压比较器

如图附录-6 所示,参考电压 U_{REF} 和输入信号 u_i 分别连接至集成运放的同相输入端和反相输入端,就组成了简单的电压比较器。图附录-6(a)为同相电压比较器,图附录-6(b)为反相电压比较器,当输入电压由低逐渐升高经过 U_{REF} 时,电路的输出电压就会发生跳变。

通常将比较器的输出电压从一个电平跳变到另一个电平时所对应的输入电压的值称为阈值电压或门限电压,简称阈值,用符号 U_{TH} 表示。在图附录-6 电路中,$U_{TH} = U_{REF}$。U_{TH} 可为正,也可为负或零,当 $U_{TH} = 0$ 时,电压比较器又称为过零电压比较器。

简单电压比较器可将输入的正弦波变为同频率的方波或矩形波,这样电压比较器实际就成为一个波形变换电路。实用的电压比较器电路如图附录-7 所示,在输出端加上限幅电路,使输出电压的大小不和电源电压有关而成为定值。为了防止输入信号过大损坏集成运放,可以在电压比较器的输入回路中串接电阻 R_1 和并联二极管。在图附录-7 中输出端的 R 为限流电阻,它与稳压管组成输出限幅电路,使输出电压 $u_o = \pm U_Z$。当 $u_i > U_{REF}$ 时,$u_o = U_{OL} = -U_Z$,当 $u_i < U_{REF}$ 时,$u_o = U_{OH} = +U_Z$。

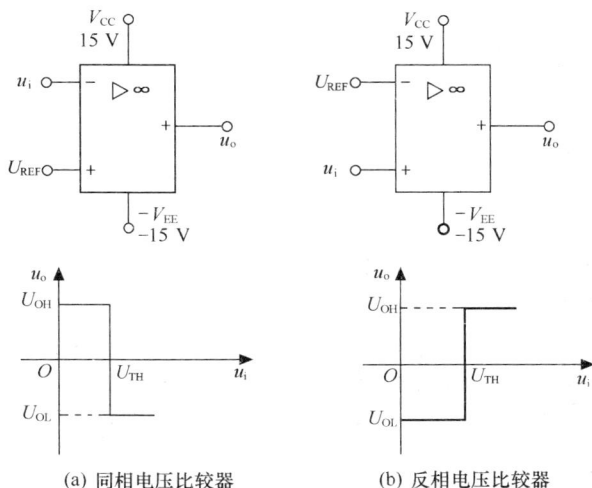

(a) 同相电压比较器　　(b) 反相电压比较器

图附录-6　简单电压比较器电路及输出波形

(2)滞回电压比较器

简单电压比较器的结构简单,灵敏度高,但抗干扰能力较差。滞回电压比较器能克服简单电压比较器抗干扰能力差的缺点。滞回电压比较器的电路如图附录-8所示,这是一个反相输入的滞回电压比较器。若将 u_i 和 U_{REF} 交换相接,则是一个同相输入的滞回电压比较器。滞回电压比较器具有两个阈值,是通过电路引入正反馈而获得的。

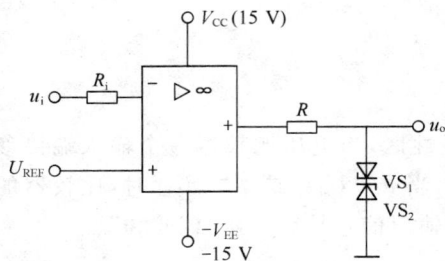

图附录-7 实用的电压比较器电路   图附录-8 滞回电压比较器的电路

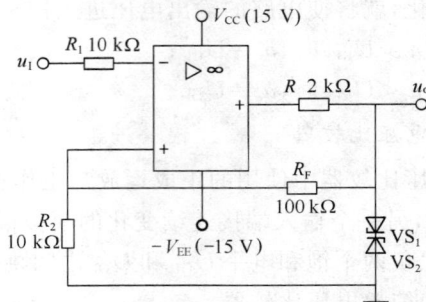

滞回电压比较器电路的两个阈值为

$$U_{TH1} = \frac{R_F U_{REF} + R_2 U_{OH}}{R_2 + R_F}$$

$$U_{TH2} = \frac{R_F U_{REF} + R_2 U_{OL}}{R_2 + R_F}$$

在图附录-8中,电路的参考电压 U_{REF} 接地,即 $U_{REF} = 0$,则

$$U_{TH1} = \frac{R_2 U_{OH}}{R_2 + R_F}$$

$$U_{TH2} = \frac{R_2 U_{OL}}{R_2 + R_F}$$

三、实验器材

1. 模拟电路实验电路板一块。
2. 万用表一只。
3. 集成运放器件和阻容件若干。
4. 音频信号发生器一台。
5. 示波器一台。
6. 可调双路直流稳压电源一台。

四、实验步骤

1. 用集成运放组成的简单电压比较器的测试

(1)按图附录-7连线,将输入端 U_{REF}、u_i 分别接直流电压,按表附录-11所给的电压值进行测试,用万用表观测输出电压,将结果填入表附录-11。

表附录-11 　　　　　简单电压比较器输入直流电压时输出电压的测试结果

U_{REF}/V	-1		0		1	
U_i/V	-2	0	-1	1	0	2
U_o(计算值)						
U_o(测量值)						

(2)将 U_{REF} 接地,输入信号 u_i 取自音频信号发生器,信号为 1 kHz、0.1 V 的正弦波,用示波器观察 u_i 和 u_o 波形,测量 u_o 的周期。再将 u_i 的幅值分别改为 1 V 和 2 V,观察 u_o 波形是否变化,将测量结果填在表附录-12 中。

表附录-12　在简单电压比较器中输入 1 kHz 正弦波信号时输出电压的测试结果

U_{im}/V	0.1	1	2
u_i 波形			
u_o 波形			
u_o 周期/s			

(3)保持输入信号的幅值不变,将其频率分别改为 500 Hz、2 kHz、10 kHz,观察输出波形是否有变化。将实验结果填入表附录-13 中。

表附录-13　在简单电压比较器输入不同频率正弦波信号时输出电压的测试结果

u_i 频率/Hz	500	2 k	10 k
u_i 波形			
u_o 波形			
u_o 周期/s			

2. 用集成运放组成的滞回电压比较器的测试

(1)按图附录-8 连线,将输入端 u_i 接直流电压,按表附录-14 所给的电压值改变输入电压,用万用表测量输出电压,将结果填入表附录-14 中。

通过测试计算出 $U_{TH1} = $ _____ , $U_{TH2} = $ _____ 。

表附录-14　　滞回电压比较器输入端接直流电压时输出电压的测试结果

U_i 由小到大/V	−10	−6	−4	−2	0	2	4	6	10
U_o(计算值)									
U_o(测量值)									
U_i 由大到小/V	10	6	4	2	0	−2	−4	−6	−10
U_o(计算值)									
U_o(测量值)									

(2)将输入端接入正弦波信号,音频信号发生器的输出信号分别调成 1 kHz、0.1 V 和 5 kHz、1 V 的正弦波,用示波器观察 u_i 和 u_o 波形,测量 u_o 的周期,观察波形是否变化,将测量结果填在表附录-15 中。

表附录-15　　滞回电压比较器输入正弦波信号时输出电压的测试结果

u_i	1 kHz,0.1 V	5 kHz,1 V
u_i 波形		
u_o 波形		
u_o 周期/s		

五、实验报告

1. 画出本次实验的电路图和仪器仪表的连接图。

2. 填写数据表格,将实测值与计算值相比较,分析产生误差的原因。

3. 总结实验情况,对故障进行分析,说明解决问题的方法。

实验五 正弦波信号发生器

一、实验目的

1. 了解用集成运算放大器组成的信号发生器电路的特性。
2. 掌握信号发生器电路的工作原理和测量方法。
3. 通过调试熟练掌握仪器的使用方法。

二、实验预备知识

1. 正弦波信号发生器电路

正弦波信号发生器电路由放大器、反馈网络、选频网络和稳幅电路组成。

若反馈网络是由 RC 串并联网络组成，则称为文氏桥正弦波振荡器，电路如图附录-9所示。在电路中，RC 串并联网络为选频网络和反馈网络，集成运放 A 为一个同相放大器，VD_1、VD_2 用来稳定振荡器的输出幅度。改变 R_P 可以使电路满足振幅平衡条件，起振条件为 $R_F > 2R_1$，式中 R_F 为负反馈电阻，是 R_P 上端到滑动端之间的电阻，R_1 为 R_P 滑动端到地之间的电阻。

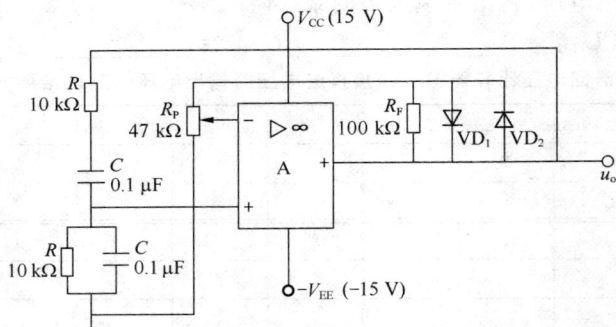

图附录-9 文氏桥正弦波振荡器电路

2. 文氏桥正弦波振荡器的振荡频率

文氏桥正弦波振荡器的振荡频率为

$$f_0 = \frac{1}{2\pi RC}$$

显然，只要改变电路中的电阻或电容的数值，就可以方便地改变电路的振荡频率。必须注意，改变电阻值或电容值时，要同时改变串联电路和并联电路中的电阻值和电容值。在实际工程中，是采用双联电阻或双联电容来达到同时改变串联电路和并联电路中的电阻和电容数值的。

三、实验器材

1. 模拟电路实验电路板一块。
2. 万用表一只。

3. 集成运放器件和阻容件若干。

4. 音频信号发生器和示波器各一台。

四、实验步骤

按图附录-9 连接电路,调整电位器 R_P,使电路振荡,用示波器观察输出电压 u_o 的波形,测试 u_o 的电参数,将测量结果填在表附录-16 中。

表附录-16　　　　　　　　**正弦波信号发生器电路波形的测试结果**

参数　　　　　u_o	波　形	测　量　频　率	计　算　频　率
$R=10\ \text{k}\Omega$、$C=0.1\ \mu\text{F}$			

五、实验报告

1. 画出本次实验所用的电路图和测量仪器接线图。

2. 填写数据表格,将实验数据与理论计算值相比较,分析产生误差的原因。

3. 实验总结,若出现故障,对故障进行分析,说明解决问题的方法。

实验六　集成功率放大器

一、实验目的

1. 掌握功率放大电路的组成和特点。

2. 掌握集成功率放大器的使用方法。

3. 掌握集成功放电路性能指标的测试方法。

二、实验预备知识

集成功率放大器具有体积小、功耗小、保真度好、频率响应范围宽、焊点少、可靠性好等优点,D2006 是一种单电源供电、额定输出功率达 6 W 的集成功率放大器。

集成功率放大器 D2006 的外形如图附录-10 所示,其各个管脚的功能见表附录-17。

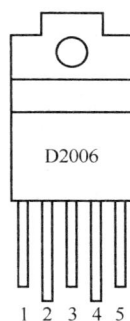

图附录-10　集成功率放大器 D2006 的外形

表附录-17　　　**集成功率放大器 D2006 各管脚的功能**

管脚序号	1	2	3	4	5
功能	输入端	输入接地端	输出接地端	输出端	电源正极

三、实验器材

1. 信号发生器、示波器、直流稳压电源各一台。

2. 交流毫伏表和万用表各一只。

3. 电路板一块。

4. 集成电路 D2006 一个和阻容件若干。

四、实验步骤

由 D2006 组成的集成功率放大器电路如图附录-11 所示。在图中 C_1 为输入耦合电容，C_2 为输出耦合电容，R_L 为扬声器，R_P 为音量电位器。

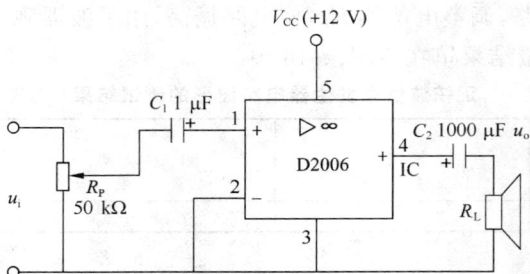

图附录-11　由 D2006 组成的集成功率放大器电路

操作步骤如下：

(1)按照图附录-11 将电路装配好。

(2)调节直流稳压电源，使之输出＋12 V 电压，将＋12 V 电压接到集成功放电路中。

(3)调节信号发生器，使之输出幅值为 20 mV、频率为 1 kHz 的正弦波信号，接到电路的输入端，用毫伏表测量输出电压 u_o。

(4)在电路的输出端接上示波器，观察 u_o 波形，读出幅值。

(5)调节 R_P，观察电路的交越失真现象；再调节 R_P，使输出波形不失真，测出此时的 u_o，计算出 P_o。

(6)接入扬声器，试听扬声器发出的声音，调节 R_P，听声音的变化。

五、实验报告

1.画出电路接线图，记录、整理各项实验数据。

2.讨论交越失真的产生原因和解决方法。

实验七　直流稳压电源

一、实验目的

1.了解直流稳压电源的作用及其组成。

2.掌握电源变压器电路、桥式整流电路、滤波电路和稳压电路的工作原理。

3.掌握常用三端集成稳压器的选型及应用方法。

二、实验预备知识

1.直流稳压电源的作用和组成

直流稳压电源是由交流电网供电，经整流和滤波后得到直流电，但这种直流电的性能很差，输出电压不稳定，不能直接用于要求比较高的电子设备中。为了提高直流电源输出电压的稳定性,还要在电路里加上稳压电路。所以一般直流稳压电源都是由变压、整流、滤波和稳压四部分组成。

2. 直流稳压电源的类型

直流稳压电源的种类很多,从使用的元件类型来分,可分为由分立元件组成的直流稳压电源和用集成电路组成的直流稳压电源。用集成电路组成的直流稳压电源的体积小,使用调整方便,性能稳定,而且成本低,因此得到了广泛应用。

使用集成电路的直流稳压电源,又分为三端固定式、三端可调式、多端固定式、多端可调式、正电压输出式、负电压输出式等。

对现在使用比较多的三端集成稳压电源来说,按照集成电路的型号分类又有 CW78 系列、CW79 系列、W2 系列、WA7 系列、WB7 系列、FW5 系列、CW×17/×37 系列。

CW78 系列和 CW79 系列都是固定输出的三端集成稳压器件,虽然应用比较广泛,但如果需要输出电压可调的场合,就不如用三端可调式集成稳压器件方便。三端可调式集成稳压器件的典型产品为 CW×17/×37 系列。CW×17 系列为输出正电压型,CW×37 系列为输出负电压型。在具体规格上,CW117、CW137 系列为军用型产品,CW217、CW237 系列为工业型产品,CW317、CW337 系列为民用型产品。

国产三端可调式集成稳压器件 CW317 和 CW337 的外形和管脚如图附录-12 所示,其主要的性能参数见表附录-18。

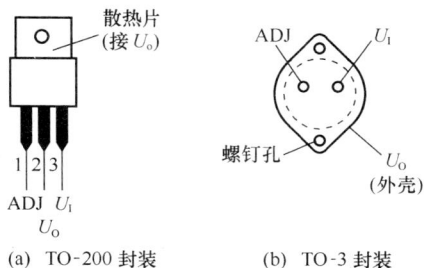

图附录-12　CW317 和 CW337 的外形和管脚

表附录-18　　CW×17/CW×37 系列集成稳压器的性能参数表

型 号	输 出 电 流	输 出 电 压
CW117L/217L/317L	0.1 A	
CW117M/217M/317M	0.5 A	1.2～37 V
CW117/217/317	1.5 A	
CW137L/237L/337L	0.1 A	
CW137M/237M/337M	0.5 A	1.2～37 V
CW137/237/337	1.5 A	

3. 三端可调式集成直流稳压电源的元器件选择

三端可调式集成直流稳压电源的实际电路如图附录-13 所示。

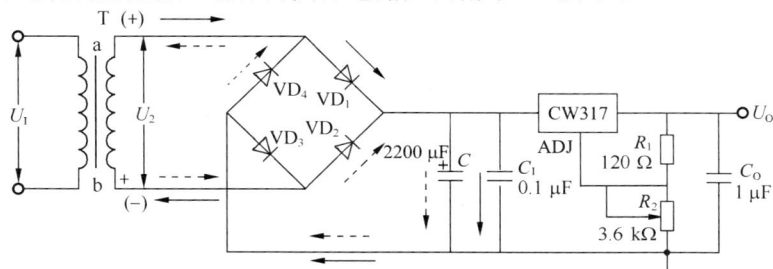

图附录-13　三端可调式集成直流稳压电源的实际电路

这个电路由四部分组成,每一部分的器件可按照下述方法进行选择:

(1)变压部分

变压部分的作用是把电网的 220 V 交流电压通过变压器变成所需要的交流电压值。如实验要求电路的输出电压从 1.25~35 V 之间可调,输出电流为 1.5 A,则变压器的一次绕组电压为 220 V,二次绕组的输出电压应至少为 37 V,电流为 $(1.5\sim2)I_L$,一般可取 $2I_L$,则二次绕组的输出电流应为 3 A,可根据以上数据选择变压器的型号。

(2)整流部分

现在的稳压电源几乎都采用桥式整流电路。桥式整流电路对二极管的最大输出电流和耐压要求是

$$I_{VD} = \frac{1}{2}I_L = 0.75 \text{ A}$$

$$U_{VD} = (2\sim3)\sqrt{2}\times37 = (105\sim157) \text{ V}$$

按照这个技术指标,查阅半导体手册,选 2CZ55C 型二极管比较合适。

(3)滤波部分

对于要求输出电流不大的稳压电源来说,采用电容滤波是最好的选择。滤波电容减小了经过整流的脉动成分,对提高输出电压有一定的作用。电容器的选择一般是根据容量和额定耐压两个指标进行选取

$$C \geqslant 2\times\frac{T}{R_L}$$

$$U_C = (1.5\sim2)U_2$$

则

$$C = 2\times\frac{0.02}{23} = 1739 \text{ }\mu F$$

电容器额定耐压系数取 2,则

$$U_C = 2U_2 = 74 \text{ V}$$

应选取电容器的系列生产值,可选容量为 2200 μF、耐压值为 160 V 的电解电容器。

(4)稳压部分

稳压部分按照要求可选取集成稳压器 CW317 进行稳压。CW317 型稳压器为三端可调式稳压器,输出电压和输出电流均能满足上述要求。按照图附录-13 进行连接,则电路的输出电压可在 1.25~35 V 之间连续可调,输出电流为 1.5 A。

三、实验器材

1.1 kVA/AC 220 V/0~220 V 自耦变压器一台。

2.2CZ55C 型二极管四只。

3.2200 μF/160 V 电解电容一个,0.1 μF 涤纶电容一个,1 μF/50 V 电解电容一个。

4.CW317 型三端可调式稳压集成电路一块。

5.3.6 kΩ 可调电位器一个,120 Ω 电阻一个。

6.万用表一只,示波器一台。

四、实验步骤

1.按图附录-13 接线,连接变压器时要注意分清输入端和输出端;连接整流部分时,要注意二极管的正、负极不要接错;安装滤波电容时要注意电容的正、负极;连接稳压部分时,要将三端可调式稳压器 CW317 的 1 端接 ADJ、2 端接 U_O、3 端接 U_1。

2.连接完毕经检查无误后通电,观察几分钟,元器件无冒烟、发烫情况下,可用万用表测试 U_2、U_C、U_{ADJ} 及 U_O 的电压值,用示波器测量输出电压的交流波形。

3.调整电位器 R_P,用万用表监测输出电压值,直至达到要求。

五、实验报告

1.画电路图,列元器件清单,记录变压、整流、滤波和稳压的测试数据。

2.分析论证测试的实验结果,若有故障,记录排除故障的方法。

3.分析三端可调式集成稳压器的输出电压 U_O 是否满足下式

$$U_O = 1.25 \times (1 + R_2/R_1)$$

参考文献

1. 席德勋. 现代电子技术. 北京:高等教育出版社,1999

2. 彭端. 应用电子技术. 北京:机械工业出版社,2004

3. 《无线电》杂志社. 无线电元器件精汇(第二版). 北京:人民邮电出版社,2005

4. 《电子报》编辑部. 电子报合订本. 成都:四川科学技术出版社,1995~2008

5. 国家质量技术监督局. 电气简图用图形符号(GB/T 4728.12). 北京:中国标准出版社,2004

6. 《电子制作》杂志社. 电子制作合订本. 北京:电子制作杂志社,1998~2008

7. 张树江,王成安. 模拟电子技术(基础篇). 大连:大连理工大学出版社,2005

8. 王成安,张树江. 模拟电子技术(实训篇). 大连:大连理工大学出版社,2005

9. 沈任元,吴勇. 模拟电子技术基础. 北京:机械工业出版社,2000

10. 李刚. 现代仪器电路——电路设计的器件解决方案. 北京:科学技术文献出版社,2000

11. 何希才. 新型集成电路及其应用实例. 北京:科学出版社,2003

12. 王煜东. 传感器及应用. 北京:机械工业出版社,2005

13. 沙占友. 特种集成电源最新应用技术. 北京:人民邮电出版社,2000

14. 何希才,姜余祥. 新型稳压电源及其应用. 北京:国防工业出版社,2002

15. 王成华,王友仁,胡志忠. 电子线路基础教程. 北京:科学出版社,2004